高等院校自动化系列规划教材

单片机原理与接口技术

（第3版）

马淑华　高　军　蔡　凌　主编

北京邮电大学出版社
www.buptpress.com

内容简介

本书以AT89S51单片机为主体，系统且全面地介绍了该单片机的基本原理以及具体的应用实例，内容分为基础原理篇和编程实践篇。基础原理篇详细介绍了该单片机的工作原理、存储器结构、指令系统、程序设计与调试、I/O接口、中断、定时器以及串行通信接口。编程实践篇从工程设计和应用的角度给出了单片机的具体应用实例，包括KEIL C编程平台、I/O接口编程及应用、键盘和显示应用、中断的应用、基于温度传感器DS18B20和EEPROM 24C04等的扩展应用。每个实例都给出了对应的电路以及相应的汇编程序和C语言程序，以便读者在系统掌握单片机基本原理的基础上，初步具备独立设计满足工程要求、符合现场实际环境、稳定可靠的应用系统的能力。

本书集作者多年的教学经验和科研实践，在编写过程中力求内容上的典型性、先进性和实用性，可作为高等院校自动化及相关专业本科生的教材和研究生的教学参考书，也可供从事单片机应用开发的技术人员参考。

图书在版编目(CIP)数据

单片机原理与接口技术 / 马淑华，高军，蔡凌主编. -- 3版. -- 北京：北京邮电大学出版社，2018.6(2022.11重印)

ISBN 978-7-5635-5409-6

Ⅰ. ①单… Ⅱ. ①马… ②高… ③蔡… Ⅲ. ①单片微型计算机—基础理论②单片微型计算机—接口技术 Ⅳ. ①TP368.1

中国版本图书馆CIP数据核字(2018)第057481号

书　　名：单片机原理与接口技术(第3版)
著作责任者：马淑华　高　军　蔡　凌　主编
责 任 编 辑：徐振华　王　义
出 版 发 行：北京邮电大学出版社
社　　址：北京市海淀区西土城路10号(邮编：100876)
发 行 部：电话：010-62282185　传真：010-62283578
E-mail：publish@bupt.edu.cn
经　　销：各地新华书店
印　　刷：保定市中画美凯印刷有限公司
开　　本：787 mm×1 092 mm　1/16
印　　张：18.25
字　　数：474千字
版　　次：2005年10月第1版　2007年8月第2版　2018年6月第3版　2022年11月第3次印刷

ISBN 978-7-5635-5409-6　　定价：43.00元

再版前言

单片微型计算机(Single Chip Microcomputer)简称单片机，是将CPU、存储器、总线、I/O接口电路集成在一片超大规模集成电路芯片上，是典型的嵌入式微控制器。单片机的诞生是计算机发展史上的一个新的里程碑。

由于单片机具有体积小、功能全、可靠性好、价格低廉的突出优点，因而问世后广泛应用于工业控制、仪器仪表、交通运输、通信设备、办公设备、家用电器等众多领域，使得许多领域的自动化水平和自动化程度得以大幅度提高，成为现代电子系统中最重要的智能化器件之一。单片机的广泛推广和应用，反过来也进一步使单片机本身得到了迅速的发展，使单片机不断地更新换代并逐渐改进和完善各方面的功能。

单片机的典型代表是Intel公司在20世纪80年代初研制出来的MCS-51系列单片机，并很快在我国得到广泛的推广和应用。之后ATMEL公司将其先进的Flash技术与Intel公司的80C51核心技术相结合，生产了AT89系列单片机，在继承MCS-51单片机的基础上，增加了Flash存储器，进一步推动了单片机市场的发展。ATMEL公司的单片机从AT89系列发展到AT89C系列，现在已发展到AT89S系列。AT89系列和AT89C系列已逐渐退出市场，被新型的AT89S系列单片机所取代。AT89S系列单片机增加了看门狗(WDT)、SPI、ISP等技术，性能价格比进一步提高，应用更加方便、可靠。

由于单片机技术的广泛应用性，我国高等工科院校普遍开设了单片机及其相关课程。掌握单片机、应用单片机已成为科研人员必备的技能之一。为了使学校教学与科学技术的飞速发展紧密地联系起来，本书以AT89S51单片机为基础，按照基础原理篇和编程实践篇两部分编写。基础原理篇主要叙述单片机的基本原理以及内部硬件的特点与组成，是单片机应用和提升的基础。主要包括AT89S51单片机的基本结构、存储器结构、指令系统、程序设计与调试、I/O接口、中断、定时器、串行通信接口。编程实践篇根据我们多年的教学和科研经验给出了单片机的应用实例，包括应用电路以及相应的汇编程序和C语言程序，以便提供真实完整的实例，为学生掌握单片机的应用设计和编程提供坚实的基础。编程实践篇包括KEIL C编程平台、I/O接口编程及应用、键盘和显示应用、中断的应用、基于温度传感器DS18B20和EEPROM 24C04等的扩展应用，以便学生举一反三，融会贯通。

单片机的应用对于很多学生来说似乎入门很难，根据我们多年的教学和科研应用的经验，对于单片机的学习有以下建议。①由外及里：先掌握单片机的整体功能，包括引脚个数，每个引脚能实现的功能，单片机的电源范围以及最小系统的结构等。②寄存器先行：单片机编程主要是对寄存器和RAM进行读写，所以一定要清楚包含的寄存器个数、名称、用法、寄存器的初始状态、命令位的功能、RAM的大小、地址空间等。③编程熟练：所有的单片机应用最后都要落实到程序的编写,所以一定要掌握单片机的编程语言,包括指令形式、语法结构、指令如何应用等。④应用实践:单片机是一门实践性很强的技术,必须经过实际的调试和运行才能深入理解,所以必须勤练才能对整个单片机系统有深入的理解。有两种方法可以进行单片机的训练,以单片机实验箱或者开发系统为平台的实际系统调试,或者以KEIL C和Proteus平台为基础的软硬件虚拟调试。⑤扩展延拓:单片机本身不是万能的,有许多局限,如单片机身不具备键盘显示功能,而我们实际应用时需要进行人机交互,所以需要扩展键盘和显示电路;有的单片机不具备A/D转换功能,而实际系统中却需要有这样的功能,所以就需要扩展A/D。当然还有很多其他的功能需要扩展,所以要掌握如何进行扩展,将单片机组成在系统中,延拓其功能。注意在进行外围芯片扩展时,一定要将用到的芯片的数据手册通读,包括芯片功能、引脚、封装、电路如何设计和如何编程等。

本书编写人员通过广泛的调研及科学合理的策划,对教材内容及体系结构进行了细致认真的审定和推敲,确定了编写大纲。全书由马淑华、高军、蔡凌具体组织编写工作并担任主编。谷琼婵编写第1章和第2章,舒冬梅编写第3章,蔡凌编写第4章和第5章1~3节内容,孙文义编写第5章4~5节及第6、7章,马淑华编写第8章到第10章,高军编写第11章到第14章。高军、马淑华、孙文义进行了学习板的调试工作,张宝健进行了单片机原理实验的具体开设安排和实验项目的调试工作,研究生张永欣进行了相关的图文录入工作。

本书第1版在东北大学秦皇岛分校及其他院校应用,效果较好,并入选教育部组织的"十一五"国家级规划教材。本书的编写得到了东北大学秦皇岛分校控制工程学院、郑州轻工学院电气信息工程学院、辽宁工程技术大学电气工程系领导的大力支持,编者在此表示感谢。

本书力求与作者的科研经历相结合,但限于编者水平,书中不足之处在所难免,恳请读者批评指正。

编　者
2017年9月

目　　录

基础原理篇

编程实践篇

基础原理篇

第 1 章　单片机概述

进入 20 世纪 60 年代，世界在大规模和超大规模集成电路的制造水平和工艺上取得了飞速的进步。1971 年，美国的 Intel 公司研究并制造了 140004 微处理器芯片。该微处理器是将以往分立的运算器、控制器和寄存器集成在一块芯片上，因此又称为中央处理单元（CPU）。140004 微处理器芯片是世界上第一个微处理器芯片，以它为核心组成的 MCS-48 计算机是世界上第一台微型计算机。微型计算机就是以微处理器为核心，采用系统总线技术，配以采用了大规模或超大规模集成电路的存储器、I/O 接口电路、I/O 设备所组成的计算机。

单片机（Single Chip Microcomputer 或 One Chip Microcomputer ）的全称为单片微型计算机，是微型计算机家族中的一个分类，是将 CPU、存储器、总线、I/O 接口电路集成在一片超大规模集成电路芯片上。单片机具有体积小、功能全、价格低廉的突出优点，同时其软件也非常丰富，并可将这些软件嵌入到其他产品中，使其他产品具有丰富的智能。单片机所具有的这些优点使之问世后得到了迅速的发展，广泛应用在工业控制、仪器仪表、交通运输、通信设备、办公设备、家用电器等众多领域，成为现代电子系统中最重要的智能化器件。

1.1　单片机的发展历史

单片机的发展经历了 4 个阶段：初级阶段、技术成熟阶段、发展和推广阶段及 16 位单片机阶段。

1. 第一阶段

1974—1976 年，是单片机的初级阶段。

这一阶段单片机的主要特点是功能和结构都比较简单，芯片内只包含了 8 位的 CPU、64 B 的随机读写数据存储器（RAM）和 2 个并行输入/输出（I/O）接口。并且由于受制造水平和工艺的限制，芯片采用了双片结构，还需要外接一个内含 ROM、定时/计数器和并行 I/O 接口电路的芯片才能构成一台完整的单片微型计算机，还没有形成真正意义上的单片机。

2. 第二阶段

1976—1980 年，是单片机技术走向成熟的阶段。

这一阶段的单片机在性能和结构上有所提高和改进，但其性能仍然比较低，因此也将这一阶段的单片机称为低性能单片机阶段。

虽然这一阶段单片机的性能仍然比较低，但随着超大规模集成电路制造水平和工艺的进步，形成了真正的单片结构。这一阶段的典型代表是美国 Intel 公司于 1976 年推出的 MCS-48 系列单片机，这是第一代通用的单片机。这一通用系列单片机的推出，开辟了单片机的市场，促进了单片机技术的迅猛发展和进步。这一系列单片机的基本型产品为 8048，其内含 8 位的 CPU、64 B 的 RAM 数据存储器、1 KB 的 ROM 程序存储器、一个 8 位的定时/计数器和

27根I/O口线,表1.1列出了MCS-48系列单片机的型号和性能。从表1-1中可以看到,其P8748H和P8749H是片内ROM采用了EPROM形式的8048AH和8049AH,从这一阶段开始可以方便地改写控制程序。

表1.1 MCS-48系列单片机的型号和性能

型　号	CPU	ROM	RAM	定时/计数器	I/O口线
8035AHL	8位	无	64 B	1×8位	15
8039AHL	8位	无	128 B	1×8位	15
8040AHL	8位	无	256 B	1×8位	15
8048AH	8位	1 KB	64 B	1×8位	27
8049AH	8位	2 KB	128 B	1×8位	27
8050AH	8位	4 KB	256 B	1×8位	27
P8748H	8位	1 KB EPROM	64 B	1×8位	27
P8749H	8位	2 KB EPROM	128 B	1×8位	27

3. 第三阶段

1980—1983年,是单片机技术的发展和推广阶段。

进入20世纪70年代末80年代初,在超大规模集成电路制造水平和工艺得到迅猛发展的同时,微处理器技术也得以迅速发展,在这一阶段单片机技术更加成熟。

这一阶段单片机性能有了很大的提高,虽然CPU仍然是8位,但频率已经提高到了12 MHz。芯片内ROM最多达到8 KB,并开始普遍应用EPROM ,寻址范围达到了64 KB,芯片内RAM的数量最少也达到了128 B,I/O口线的数量也达到了32位,因此又将这一阶段称为高性能单片机阶段。

进入70年代后期,许多半导体公司看到了单片机巨大的市场前景,纷纷加入到这一领域的开发研制之中,推出了多个品种的系列机。这一阶段的典型代表是Intel公司于1980年推出的MCS-51系列单片机,表1.2给出了MCS-51系列单片机部分产品的型号和性能。

表1.2 MCS-51系列单片机的型号和性能

<table>
<tr><th colspan="2">型　号</th><th>CPU</th><th>ROM</th><th>RAM</th><th>定时/计数器</th><th>I/O口线</th></tr>
<tr><td rowspan="5">8051</td><td>8031AH</td><td>8位</td><td>无</td><td>128 B</td><td>2×16位</td><td>32</td></tr>
<tr><td>8051AH</td><td>8位</td><td>4 KB</td><td>128 B</td><td>2×16位</td><td>32</td></tr>
<tr><td>8051BH</td><td>8位</td><td>4 KB</td><td>128 B</td><td>2×16位</td><td>32</td></tr>
<tr><td>8751AH</td><td>8位</td><td>4 KB EPROM</td><td>128 B</td><td>2×16位</td><td>32</td></tr>
<tr><td>8751BH</td><td>8位</td><td>4 KB EPROM</td><td>128 B</td><td>2×16位</td><td>32</td></tr>
<tr><td rowspan="3">8052</td><td>8032BH</td><td>8位</td><td>无</td><td>256 B</td><td>3×16位</td><td>32</td></tr>
<tr><td>8052BH</td><td>8位</td><td>8 KB ROM</td><td>256 B</td><td>3×16位</td><td>32</td></tr>
<tr><td>8752BH</td><td>8位</td><td>8 KB EPROM</td><td>256 B</td><td>3×16位</td><td>32</td></tr>
</table>

续表

型　号		CPU	ROM	RAM	定时/计数器	I/O 口线
80C51	80C31BH	8 位	无	128 B	2×16 位	32
	80C51BH	8 位	4 KB ROM	128 B	2×16 位	32
	80C51BHP	8 位	4 KB ROM	128 B	2×16 位	32
	87C51	8 位	4 KB EPROM	128 B	2×16 位	32
	83C51FA	8 位	8 KB ROM	256 B	3×16 位	32
	87C51FA	8 位	8 KB EPROM	256 B	3×16 位	32

从表 1.2 中可以看到，8031 芯片内没有 ROM，使用时需要外接 EPROM 芯片，其他与 8051 完全相同，8051AH 和 8051BH 的区别是可以对 8051BH 芯片中 ROM 内的程序进行加密，防止被他人改写或抄袭。8751 是芯片内采用了 EPROM 的 8051。8751AH 和 8751BH 的区别是 8751BH 芯片中设有二级保密位，而 8751AH 芯片中只设有一级保密位。8051 和 80C51 的区别是 8051 采用 HMOS 工艺制造，而 80C51 采用 CHMOS 工艺制造，CHMOS 工艺技术先进，它同时具有 HMOS 的高速度和 CMOS 的低功耗的优点，除制造工艺的区别外，其他均兼容。

8052 是增强型的 8051，除与 8051 完全兼容外，还增加了 128 B 的片内 RAM、4 KB 的 ROM 或 EPROM、1 个定时/计数器、1 个中断源。

对比表 1.1 和表 1.2 不难看到，代表着单片机两个发展阶段的典型产品在性能方面都有了哪些提高。

虽然在 20 世纪 90 年代后期，美国 Intel 公司出于公司发展战略的考虑将主要精力集中在了 CPU 的研发和生产上，并逐步退出了单片机的市场，但 MCS-51 的核心技术仍然是多家单片机研发和生产公司竞相采用的内核技术。

4. 第四阶段

1983 年到现在，这一阶段单片机技术的发展主要体现在内部资源的增加和实时处理功能的加强方面，增加了多通道 10 位的 A/D 转换器、高速输入/输出部件(HSIO)、脉宽调制输出装置(PWM)、外围传送服务功能等，CPU 的位数达到了 16 位、32 位，因此又称这一阶段为 16 位单片机阶段。这一阶段的典型代表是 Intel 公司于 1983 年推出的 MCS-96 系列单片机，表 1.3 为 MCS-96 系列单片机的部分产品的型号和主要性能。

表 1.3　MCS-96 系列单片机部分产品的型号和性能

型　号	ROM	RAM	A/D	HSIO/EPA	PWM	定时/计数器	I/O 口线
8398	8 KB	232 B	4×10	HSIO	1	2×16 位	48
8397BH	8 KB	232 B	8×10	HSIO	1	2×16 位	68
8397JF	16 KB	488 B	8×10	HSIO	1	2×16 位	68
83C198	8 KB	232 B	4×10	HSIO	1	2×16 位	52
83C196KB	8 KB	232 B	8×10	HSIO	1	2×16 位	68
83C196KC	16 KB	488 B	8×10	HSIO	3	2×16 位	68
83C196KR	16 KB	744 B	8×10	EPA	—	2×16 位	68
83C196MC	16 KB	488 B	13×10	EPA	—	2×16 位	84

1.2 AT89系列单片机及主要特性

由1.1节中已经了解到,在20世纪90年代后期美国Intel公司出于公司发展战略的考虑将主要精力集中在了CPU的研发和生产上,并逐步退出了单片机的市场,但在单片机的发展和应用历史中,MCS-51系列单片机已经得到科技界和工业界广大用户最广泛的认可。虽然许多半导体公司看到了单片机巨大的市场前景并纷纷加入到这一领域的开发研制,并为满足各种不同的需求推出了多个品种的系列机,这些单片机产品还采用了多种创新技术,产品的性能和可靠性都有了极大的改进和提高,但这些单片机产品大都采用了8051的核心技术作为其内核,例如美国ATMEL公司研发的AT89系列、ADI公司的ADμC系列、Philips公司研发的80C51系列、Motorola公司推出的M68HC05系列等。

AT89系列单片机是美国ATMEL公司的产品。ATMEL公司成立于20世纪80年代中期,公司成立后将研发方向定位为新型半导体存储技术,并很快取得了成效,在Flash存储器技术领域取得了优势,并创造性地将Flash存储器技术注入到单片机产品中,将Flash存储器技术与Intel公司的MCS-51的核心技术相结合,在20世纪末推出了AT89多种系列单片机。

AT89系列单片机的内部功能、引脚的数量和排列方式、指令系统与MCS-51系列单片机完全兼容,因此对于以MCS-51系列产品为基础的应用系统而言,十分容易进行替换。AT89单片机拥有着较庞大的家族系列,每一系列下都有多个型号,而每个型号还有多个具体的型号。AT89多种系列单片机可分为低档型、标准型和高档型3个系列,下面对这3个系列的AT89单片机的主要性能进行系统的介绍,以求从整体上对AT89系列单片机有一个了解。

1.2.1 低档型AT89系列单片机的基本特性

低档型AT89系列单片机是AT89多种系列单片机中的低档型产品。

所谓低档型指的是在标准型的结构基础上,为了适应一些简单的控制系统的需要而适当地减少一些功能部件,形成一种体积更加小巧、功能简化或单一、价格更加低廉的单片机。本小节中对AT89C1051系列中的AT89C1051U、AT89C2051和AT89C4051单片机的基本特性作一简单的介绍和比较。

1. AT89C1051U单片机的基本特性

- 8031CPU;
- 1 KB的快速擦写Flash存储器,用于程序存储,可擦写次数为1 000次;
- 芯片内数据存储器空间包括64 B的芯片内RAM(00H～3FH)和128 B的特殊功能寄存器SFR区域(80H～FFH);
- 15条可编程I/O口线;
- 2个可编程16位定时器;
- 具有6个中断源、5个中断矢量、2级优先权的中断系统;
- 1个可编程的UART(Universal Asynchronous Receiver and Transmitter,通用异步收发器)串行通信口;
- 具有“空闲”和“掉电”两种低功耗工作方式;

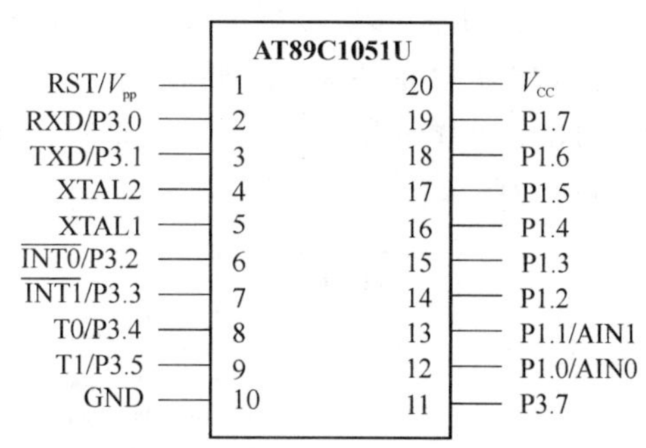

图 1.1 AT89C1051U 单片机的引脚排列

- 可编程的 2 级程序锁定位；
- 工作电源的电压为 2.7～6.0 V；
- 完全静态操作模式为 0～24 MHz；
- 内部含有一个模拟比较器；
- 可直接驱动 LED。

AT89C1051U 单片机的引脚排列如图 1.1 所示。

2. AT89C2051 单片机的基本特性

AT89C2051 单片机的引脚排列与 AT89C1051U 单片机的引脚排列完全相同。与 AT89C1051U 单片机相比，AT89C2051 增加了 64 B 的片内 RAM。

3. AT89C4051 单片机的基本特性

AT89C4051 单片机的引脚排列与 AT89C1051U 单片机的引脚排列完全相同。与 AT89C2051 相比，AT89C4051C 除增加了 2 KB 的片内 ROM 外，还增加了电压掉电检测功能。所谓电压掉电检测就是当电源电压 V_{CC} 下降到检测门限电压以下，并重新升高超过检测门限电压延迟 15 ms 后，单片机内部将自动产生一个复位信号。

1.2.2 标准型 AT89 系列单片机的基本特性

标准型 AT89 系列单片机包括 AT89C51、AT89C52、AT89S51 和 AT89S52。由于标准型 AT89 系列单片机与 MCS-51 完全兼容，又有着优良的特性以及较高的性能价格比，因此成为 AT89 多种系列单片机家族中的主流机型。在标准型 AT89 单片机的基础上适当减少或增加部分硬件，则可方便地形成低档型 AT89 系列单片机或高档型 AT89 系列单片机。

1. AT89C51 的主要工作特性

- 8031CPU；
- 4 KB 的快速擦写 Flash 存储器，用于程序存储，可擦写次数为 1 000 次；
- 256 B 的 RAM，其中高 128 B 字节地址被特殊功能寄存器 SFR 占用；
- 32 条可编程 I/O 口线；
- 2 个可编程 16 位定时器；
- 具有 6 个中断源、5 个中断矢量、2 级优先权的中断系统；
- 一个数据指针 DPTR；
- 1 个可编程的全双工串行通信口；
- 具有“空闲”和“掉电”两种低功耗工作方式；
- 可编程的 3 级程序锁定位；
- 工作电源的电压为(5±0.2)V；
- 振荡器最高频率为 24 MHz；
- 编程频率 3～24 MHz，编程电流 1 mA，编程电压 V_{PP} 为 5 V 或 12 V。

PDIP 封装形式的 AT89C51 单片机的引脚排列如图 1.2 所示。

从图 1.2 看到，从低档型 AT89 系列单片机进入到标准型 AT89 系列单片机后其引脚数由 20 个增加到了 40 个，其中的 I/O 口线由 15 条增加到了 32 根，并增加了多个控制信号，串行通信口由通用异步收发器变成全双工,程序锁定位由 2 级增加到 3 级。

2. AT89C52 的主要工作特性

AT89C52 单片机的引脚排列除 P1.0 口和 P1.1 口与 AT89C51 有所不同外,其他均相同,如图1.3所示。

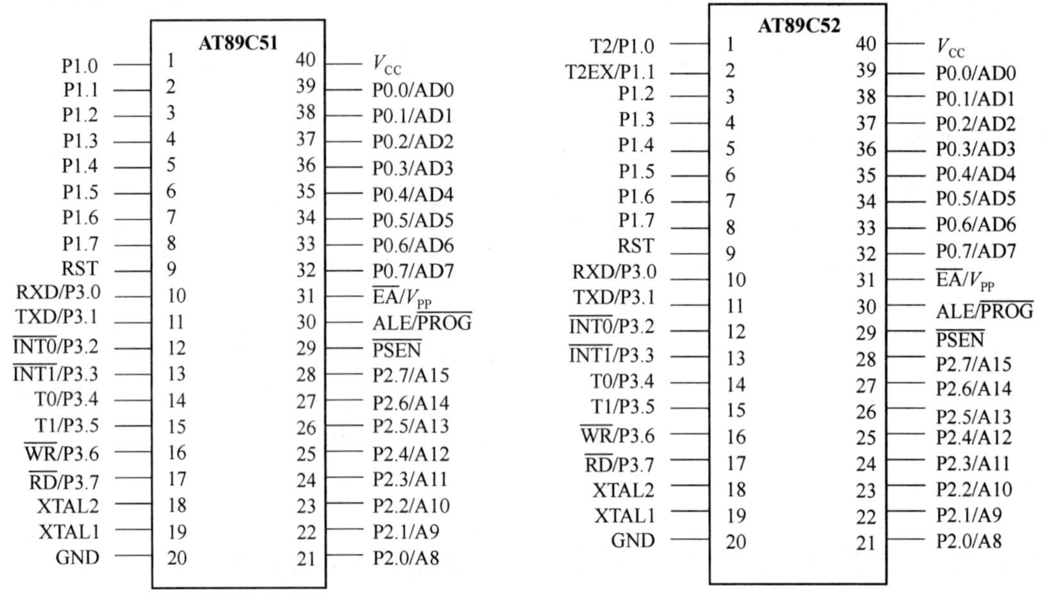

图 1.2 PDIP 封装形式的 AT89C51 单片机引脚排列

图 1.3 PDIP 封装形式的 AT89C52 单片机引脚排列

3. AT89S51 的主要工作特性

AT89S51 单片机是一种低功耗、具有在线编程 Flash 程序存储器的单片机。所谓在线编程(ISP,In System Program)指的是允许单片机芯片在不离开电路板或不离开设备的情况下,实现固化和擦除操作,在线编程给单片机用户的研发和使用带来了极大的方便。AT89S51 与 AT89C51 单片机的工作特性相比较,主要增加了以下功能:

- 增加了在线编程功能,使程序的修改和调试极其方便,而且编程和校验也更加方便、灵活;
- 数据指针由 1 个增加到 2 个,使对扩展外部数据存储器的访问更加方便;
- 增加了看门狗定时器 WDT,使单片机应用系统的抗干扰能力得到提高;
- 增加了断电标志 POF;
- 增加了掉电状态下的中断恢复方式。

AT89S51 单片机的引脚排列与 AT89C51 的引脚排列基本相同,只是在 6、7、8 引脚增加了串行编程和校验时的串行数据输入、输出和移位脉冲输入功能。

4. AT89S52 的主要工作特性

与 AT89S51 单片机相比,AT89S52 单片机主要增加了以下的功能特性:

- 芯片内的 Flash 程序存储器由 4 KB 增加到 8 KB;
- 芯片内的数据存储器由 128 B 增加到 256 B;
- 芯片内新增加了一个定时器 T2,芯片内定时器总数增加到 3 个(T0、T1 和 T2);

- 中断源由原来的 6 个增加到 8 个，中断矢量由 5 个增加到 6 个。

AT89S52 单片机的引脚排列与 AT89S51 的引脚排列基本相同，只是在引脚 1（P1.0）和引脚 2(P1.1)增加了定时器 2 的外部计数输入和触发器输入。

1.2.3　高档型 AT89 系列单片机的基本特性

所谓高档型单片机是指在标准型单片机结构的基础上，增加一部分功能部件，使之具备比标准型单片机更高、更优良的性能。

高档型 AT89 系列单片机包括了 AT89C51RC、AT89S8252、AT89S53 和 AT89C55WD 等。

1. AT89C51RC 单片机

AT89C51RC 单片机是在 AT89C52 基础上开发的高档型单片机，其主要工作特性如下：

- 8031CPU；
- 32 KB 的 Flash 程序存储器，可擦写次数为 1 000 次；
- 512 B 的片内数据存储器 RAM(不包括 128 B 的特殊功能寄存器 SFR)；
- 32 条可编程 I/O 口线(P0～P3)；
- 3 个可编程 16 位定时器 T0、T1 和 T2；
- 具有 8 个中断源、6 个中断矢量、2 级优先权的中断系统；
- 双数据指针 DPTR0 和 DPTR1；
- 1 个可编程的全双工串行通信口；
- 1 个看门狗定时器 WDT；
- 具有“空闲”和“掉电”两种低功耗工作方式；
- 可编程的 3 级程序锁定位；
- 断电标志 POF；
- 工作电源的电压为 4.0～5.5 V；
- 振荡器最高频率为 33 MHz。

与 AT89C52 单片机相比，AT89C51RC 单片机主要增加了以下的功能特性：

- 芯片内的 Flash 程序存储器由 8 KB 增加到 32 KB；
- 芯片内的数据存储器由 256 B 增加到 512 B；
- 数据指针由 1 个增加到 2 个；
- 增加了看门狗定时器 WDT；
- 退出掉电工作方式时，由 AT89C52 单片机的单纯硬件复位增加了中断响应后复位的功能；
- 增加了断电标志 POF。

AT89C51RC 单片机的引脚排列与 AT89C52 的引脚排列完全相同。

2. AT89S8252 单片机

与前面介绍的各种 AT89 系列单片机不同，AT89S8252 单片机除 Flash 程序存储器外还增加了可擦写 10 万次的 2 KB EEPROM 存储器，中断系统增加到了 9 个中断源，具有 SPI (Serial Peripheral Bus)串行总线接口，其主要工作特性如下：

- 8031CPU；
- 8 KB 的快速擦写 Flash 程序存储器，可擦写次数为 1 000 次；

- 2 KB 的 EEPROM 程序存储器,可擦写 10 万次;
- 256 B 的片内数据存储器 RAM(不包括 128 B 的特殊功能寄存器 SFR);
- 32 条可编程 I/O 口线;
- 3 个可编程 16 位定时器;
- 具有 9 个中断源、6 个中断矢量、2 级优先权的中断系统;
- 双数据指针 DPTR0 和 DPTR1;
- 1 个可编程的 UART 串行通信口;
- 具有“空闲”和“掉电”两种低功耗工作模式;
- 可编程的 3 级程序锁定位;
- 断电标志 POF;
- SPI 外围扩展串行口;
- 工作电源的电压为 4.0～6.0 V;
- 振荡器最高频率为 24 MHz。

AT89S8252 单片机的引脚排列与 AT89S52 的引脚排列基本相同,只是在引脚5(P1.4)新增加了从器件选择线$\overline{SS}$的功能。

3. AT89S53 单片机

AT89S53 单片机是在 AT89C52 基础上开发的增强型产品,与 AT89C52 相比增加了如下功能:

- 芯片内的 Flash 程序存储器由 8 KB 增加到 12 KB;
- 新增加了 SPI 外围扩展串行口;
- 对 Flash 程序存储器可使用串行口进行编程和校验;
- 数据指针由 1 个增加到 2 个;
- 增加了看门狗定时器 WDT;
- 退出掉电工作方式时可采用外部中断方式;
- 中断源由 8 个增加到 9 个;
- 具有断电标志 POF。

AT89S53 单片机的引脚排列与 AT89S8252 的引脚排列完全相同。

4. AT89C55WD 单片机

AT89C55WD 单片机也属于 AT89C52 的增强型产品,与 AT89C52 相比增加了如下功能:

- 芯片内的 Flash 程序存储器由 8 KB 增加到 20 KB;
- 新增加了 SPI 外围扩展串行口;
- 最高工作频率由 AT89C52 的 24 MHz 提高到 33 MHz;
- 数据指针增加到 2 个;
- 增加了看门狗定时器 WDT;
- 退出掉电工作方式时可采用外部中断方式;
- 增加了断电标志 POF。

AT89C55WD 单片机的引脚排列与 AT89SC52 的引脚排列完全相同。

1.2.4　AT89 系列单片机型号的编码说明及封装形式

1. 编码说明

AT89 系列单片机型号的编码由前缀、型号和后缀 3 部分组成，格式如表 1.4 所示。

表 1.4　AT89 系列单片机型号的编码

前缀	型号			分隔符	后缀
AT	89	C	×××× （最多 4 位）	—	××××
		LV			
		S			

前缀 AT 表示该产品由美国 ATMEL 公司生产。型号又分为 3 部分：其中 89 的 9 表示单片机内含 Flash 存储器；第二部分中的 C 代表产品采用 CMOS 技术生产，LV 表示产品为低压产品，S 表示该型号的产品支持在线编程；型号的最后部分最多 4 位，表示产品的具体型号，如 51、52、2051 等。

型号编码的后缀由 4 个参数组成，每个参数又有不同的参数值代表不同的意义，如表 1.5 所示。

表 1.5　AT89 系列单片机型号的后缀说明

位	内　容	含　义
第 1 位 代表可以支持的最高系统时钟频率	12	振荡频率最高为 12 MHz
	16	振荡频率最高为 16 MHz
	20	振荡频率最高为 20 MHz
	24	振荡频率最高为 24 MHz
第 2 位 代表封装形式	D	CERDIP
	J	表示塑料芯片载体，PLCC 封装
	L	表示陶瓷芯片载体，LCC 封装
	P	表示塑料双列直插 PDIP 形式封装
	S	表示用 SOIC 形式封装
	Q	表示用 PQFP 形式封装
	A	表示用 TQFP 形式封装
第 3 位 代表应用级别	C	表示商业用产品，温度范围 0～+70 ℃
	I①	表示工业用产品，温度范围 −40～+85 ℃
	A	表示汽车用产品，温度范围 −40～+125 ℃
	M	表示军用产品，温度范围 −55～+150 ℃
第 4 位	空	处理工艺为标准工艺
	/813	处理工艺采用 MIL-STD-883 标准
	L	表示无引线芯片载体

① 需要说明的是，由于欧美要求使用无铅 IC，所以 ATMEL 公司将推出带“U”的单片机，取代原来带“I”的型号。如 AT89S52-24AU 将取代 AT89S52-24AI。

例如某单片机的型号为 AT89C52-20AC,该型号代表的含义:ATMEL 公司生产的含有 Flash 存储器的单片机,采用 CMOS 技术生产,内部为 51 结构,频率为 20 MHz,采用 TQFP 形式封装,商业用产品,温度范围 0～+70℃。

2. 单片机的封装形式

单片机的封装形式有 PDIP、TQFP、PLCC 等多种形式,各种封装形式的说明如下。

PDIP (Plastic Dual Inline Package)——塑封双列直插式封装,可直接插入标准插座或焊在印制板上。

PQFP (Plastic Quad Flat Package)——塑封方形贴片式封装,可直接将引脚敷贴在印制板上焊牢。

TQFP (Thin Plastic Gull Wing Quad Flat Pack)——塑封超薄封装形式方形贴片式封装,芯片厚度约为 1.00 mm,可直接将引脚敷贴在印制板上焊牢。

PLCC (Plastic J-Leaded Chip Carrie)——塑封方形引脚插入式封装,可将引脚直接插入到对应的标准插座内。

SOIC (Plastic Gull Wing Small Outline)——双列贴片式封装,可将引脚敷贴在印制板上焊牢。

其中,PDIP、TQFP、PLCC 封装的 AT89S52 如图 1.4 所示。

(a) PDIP封装形式的AT89S52

正面　　背面

(b) PLCC封装形式的AT89S52

正面　　背面

(c) TQFP封装形式的AT89S52

图 1.4　AT89S52 封装图

1.2.5　部分 ATMEL 单片机的升级替代及推荐产品

由于 IC 制造技术及单片机技术的迅速发展，新的功能更全、性能更好的单片机应运而生，使一些早期的单片机产品由于各种原因已渐渐退出市场，为保证早期开发的产品及设备的正常应用，各公司在推出新的产品时考虑与同类型早期产品的兼容性。ATMEL 公司网站(www.atmel.com)2006 年提供的不建议在新产品开发中继续使用的单片机型号及推荐产品如表 1.6 所示。

表 1.6　ATMEL 公司产品替代及推荐产品表

序号	早期产品	产品描述	替代或推荐产品
1	AT89C51①	4 KB Flash 的 80C31 系列单片机	AT89S51
2	AT89C52①	4 KB Flash 的 80C32 系列单片机	AT89S52
3	AT89LV51①	2.7 V 工作电压，4 KB Flash 的 8031 系列单片机	AT89LS51
4	AT89LV52①	2.7 V 工作电压，4 KB Flash 的 8032 系列单片机	AT89LS52
5	AT89LV53②	低电压，可直接下载 12 KB Flash 单片机	AT89S8253
6	AT89LS8252②	低电压，可直接下载 8 KB Flash，2 KB EEPROM 单片机	AT89S8253
7	AT89S53②	在线编程，12 KB Flash 单片机	AT89S8253
8	AT89S8252②	在线编程，12 KB Flash，2 KB EEPROM 单片机	AT89S8253
9	T89C51RB2①	16 KB Flash 高性能单片机	AT89C51RB2
10	T89C51RC2①	32 KB Flash 高性能单片机	AT89C51RC2
11	T89C51RD2①	64 KB Flash 高性能单片机	AT89C51RD2

注：① 不推荐在新的产品设计中应用，可用替代产品。
② 新产品设计中建议采用推荐产品。

1.3　单片机的应用

为满足各种各样的系统对控制功能的不同需求，以单片机为控制核心构成的控制系统在规模、结构、功能等方面将会有很大的不同，根据规模可概括、笼统地划分为基本应用系统和扩展应用系统两类。

1. 基本应用系统

单片机基本应用系统没有扩展的程序存储器 ROM、数据存储器 RAM、扩展的 I/O 接口等扩展部件，除单片机外仅配置了电源、时钟电路、输入/输出设备和复位电路，是最小的单片机应用系统，如图 1.5 所示。

在许多的智能仪器和设备开发中可以利用单片机最小系统实现。如：利用最小系统实现的发光二极管循环点亮系统，各种设备的开关状态检测，或控制系统执行机构的开关控制(或 PWM 输出)等。

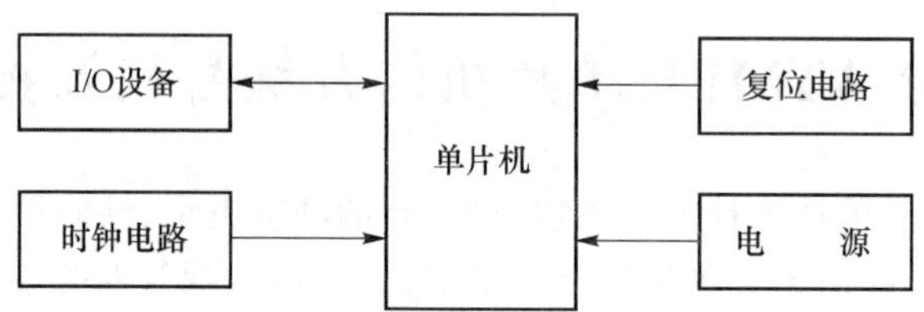

图 1.5　最小的单片机应用系统

图 1.6 为最小系统在锅炉水位控制系统中的应用。其中：L1、L2、L3 分别为正常、超上限、超下限指示灯，用 P0.0～P0.2 控制；正常水位、超上限水位、超下限水位分别由 P1.0～P1.2 检测，为输入信号；超上限报警、超下限报警声音输出由 P1.3、P1.4 控制；加、停水阀门由 P1.5 控制。

单片机通过检测 P1.0～P1.2 状态监测锅炉水位的状态，进而进行指示灯、报警、阀门的控制。正常水位时 L1 点亮，超上限报警时 L2 点亮，并同时声音报警；超下限报警时 L3 点亮，并同时声音报警。

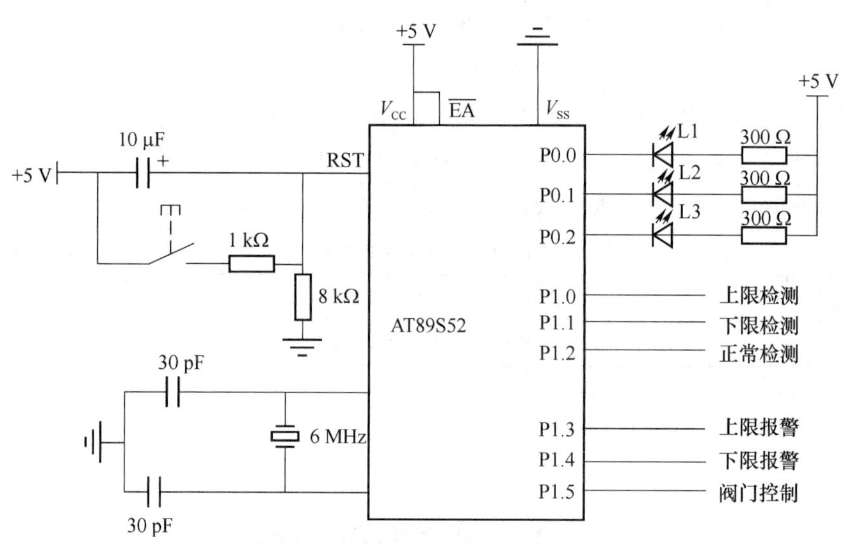

图 1.6　最小系统在锅炉水位检测系统中的应用

2. 扩展应用系统

当控制系统的功能比较复杂，单片机的内部资源满足不了控制功能的需求时，需要对单片机的资源进行扩展。图 1.7 为单片机扩展应用系统的结构图。

从图中可以看出，单片机的扩展以并行口/串行口作为总线，在外部扩展了程序存储器 ROM、数据存储器 RAM、串行口/并行口及 A/D 转换器和 D/A 转换器，以满足各种系统对控制功能的不同需求。

扩展应用系统一般应用在较复杂的系统中。如：利用单片机扩展系统实现的模拟量数据采集，模拟量输出控制，或者与计算机、打印机进行数据的传输和打印等。

图 1.8 为利用扩展应用系统实现的锅炉水位检测和控制系统。液位传感器检测液位信号，因液位信号为模拟信号，需通过信号调理电路，然后再经过 A/D 转换器转换成数字信号传输给单片机。单片机根据一定的算法（如 PID）进行计算得到输出控制量（数字量），但因执行

机构为模拟器件，所以需经过 D/A 转换再经过信号调理电路进行控制。液位数据可以打印或传输给计算机。键盘用于输入一些控制参数或水位给定值等。液晶（或数码管）显示液位的实时值、输入参数或系统的状态信息等。

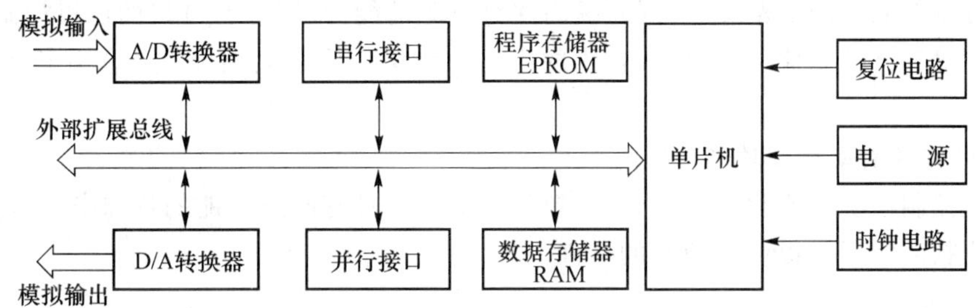

图 1.7　单片机扩展应用系统的结构图

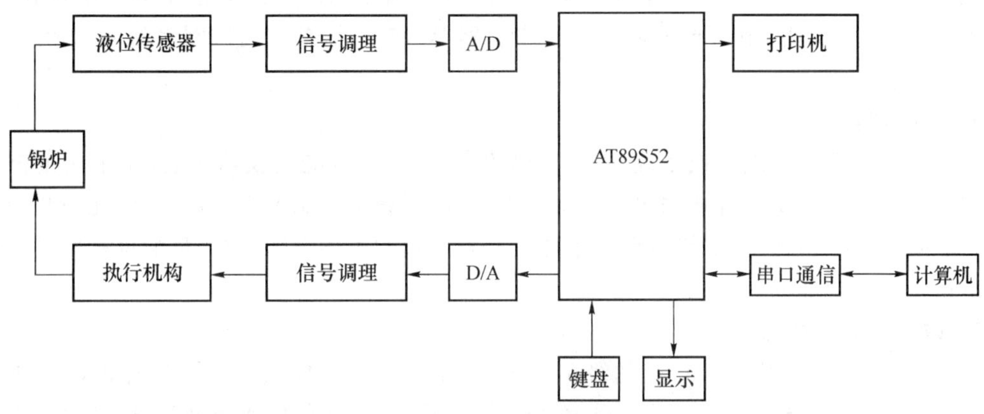

图 1.8　扩展应用系统在锅炉水位控制系统中的应用

1.4　单片机的发展趋势

AT89 系列单片机从低档型到高档型，基本结构没有发生质的变化，主要是单片机的资源有所增加，伴随着单片机性能的不断提高和存储器容量的进一步增加。

从第一代单片机到时至今日各大公司推出的各种型号单片机的功能及资源，可以看到单片机正朝着更高性能、更高容量、进一步微型化、多品种、多规格的方向发展，主要体现在如下几个方面。

1. CPU 技术的进一步提高

CPU 的运算速度、处理能力进一步提高。为了进一步提高 CPU 的处理能力，双 CPU 结构、增加数据总线的宽度、改进指令的执行队列等技术已经开始应用或正在研发之中。

2. 存储器容量的进一步增加和存储器本身技术水平的提高

16 位单片机中 ROM 和 RAM 的容量进一步增大，如飞思卡尔 16 位单片机 MC9S12UF32 具有 32 KB 的 Flash EEPROM、3.5 KB 的 RAM，EPROM、EEPROM、Flash 存储器普遍使用在各种型号的单片机中。特别是 Flash 存储器的使用，使擦除和编程完全是电气实现，大大提高了编程和擦写的速度，并可实现在线编程。

3. I/O 口的改进

在单片机发展历程进入第 4 代后,单片机的 I/O 口开始呈现多样化和多功能化的趋势,包括可编程并行口、可编程串行口、串行扩展口、多位的 A/D 转换器、高速输入输出部件(HSIO)、脉宽调制输出 PWM 等,同时提高并行口驱动能力、增加 I/O 口的逻辑控制功能等多项软硬件技术都已开始应用,这些新技术的应用将会从整体上大幅度提高单片机系统的实时处理能力。

4. 提供特殊的串行口功能

为适应控制系统网络化的需求,一些单片机提供了具有网络功能的特殊串行口,为应用单片机构造控制网络系统提供了便利的条件。

5. 系统的单片化

随着超大规模集成电路制造水平和工艺的不断发展和提高,一些外围电路的功能将会被并入或集成到单片机的芯片内部,包括多位的 A/D 转换器、D/A 转换器、DMA 控制器、频率合成电路、锁相环电路、中断控制器、CRT 控制器等,将一个单片机控制系统集成在一块芯片上。

6. 超小型化

对一些比较简单的设备或系统(例如简单的家电设备、智能化仪器仪表、小单元报警系统等)的控制,并不需要功能特强的单片机来实现,只需要满足控制的需求即可,因此一些功能相对简单、体积更小、功耗小、价格低廉的单片机有着广阔的市场空间,超小型的单片机成为单片机家族的重要组成部分。

7. 微巨机的单片化

美国在 1992 年研发了 i80860 超级单片机,这是一个功能极其强大的单片机,其 CPU 的运算速度达到了 1.2 亿次每秒,可实现 32 位的整数运算和 64 位的浮点数运算,芯片内集成有一个三维图形处理器,i80860 超级单片机配以必要的外设可组成一个超级图形工作站。可以这样认为,随着超大规模集成电路制造水平和工艺的不断发展和提高,今日的高级台式计算机和笔记本电脑会在不远的将来被单片化的计算机取代。

第 2 章　AT89S51 单片机的基本结构

ATMEL 公司在 AT89C 系列单片机的基础上，推出了以 MCS-51 核心技术为其内核并且采用该公司高性能、低功耗、非易失性存储器技术的 AT89S 系列单片机，包括 AT89S51、AT89S52、AT89S53 和 AT89S8252。与 AT89C 系列相比，AT89S 系列的运算速度有了很大的提高，在功能上新增加了双数据指针、定时监视器（又称看门狗）等，能更好地满足各种不同的应用需要。

本章将重点介绍 AT89S51 单片机的硬件组成结构、AT89S51 的 CPU、AT89S51 的封装及引脚功能、复位电路、AT89S51 振荡器、时钟电路、时序及工作方式以及单片机最小系统。在本章对 AT89S51 的存储器仅做简单的介绍，这样使读者对 AT89S51 单片机有一个较为系统的认识，更为详细的内容将在第三章中讨论。

2.1　AT89S51 单片机的主要特性

AT89S51 单片机是 AT89S 系列中的增强型产品，采用了 ATMEL 公司技术领先的 Flash 存储器，是一种低功耗、高性能、采用 CMOS 工艺制造的 8 位单片机，即 CPU 的处理能力为 8 位二进制。AT89S51 单片机的主要特性如下：

- 8 位字长的 CPU；
- 可在线 ISP 编程的 4 KB 片内 Flash 存储器；
- 128 B 的片内数据存储器；
- 可编程的 32 根 I/O 口线（P0～P3）；
- 4.0～5.5 V 电压操作范围
- 2 个可编程定时器；
- 双数据指针 DPTR0 和 DPTR1；
- 具有 6 个中断源、5 个中断矢量、2 级优先权的中断系统；
- 具有“空闲”和“掉电”两种低耗工作方式；
- 3 级程序锁定位；
- 全双工的 UART 串行通信口；
- 1 个看门狗定时器 WDT；
- 具有断电标志位 POF；
- 振荡器和时钟电路的全静态工作频率为 0～33 MHz；
- 与 MCS-51 单片机产品完全兼容。

2.2 AT89S51单片机的结构

AT89S51单片机的原理结构如图2.1所示。单片机主要由内部的运算器、控制器、RAM、锁存器、驱动器等组成。

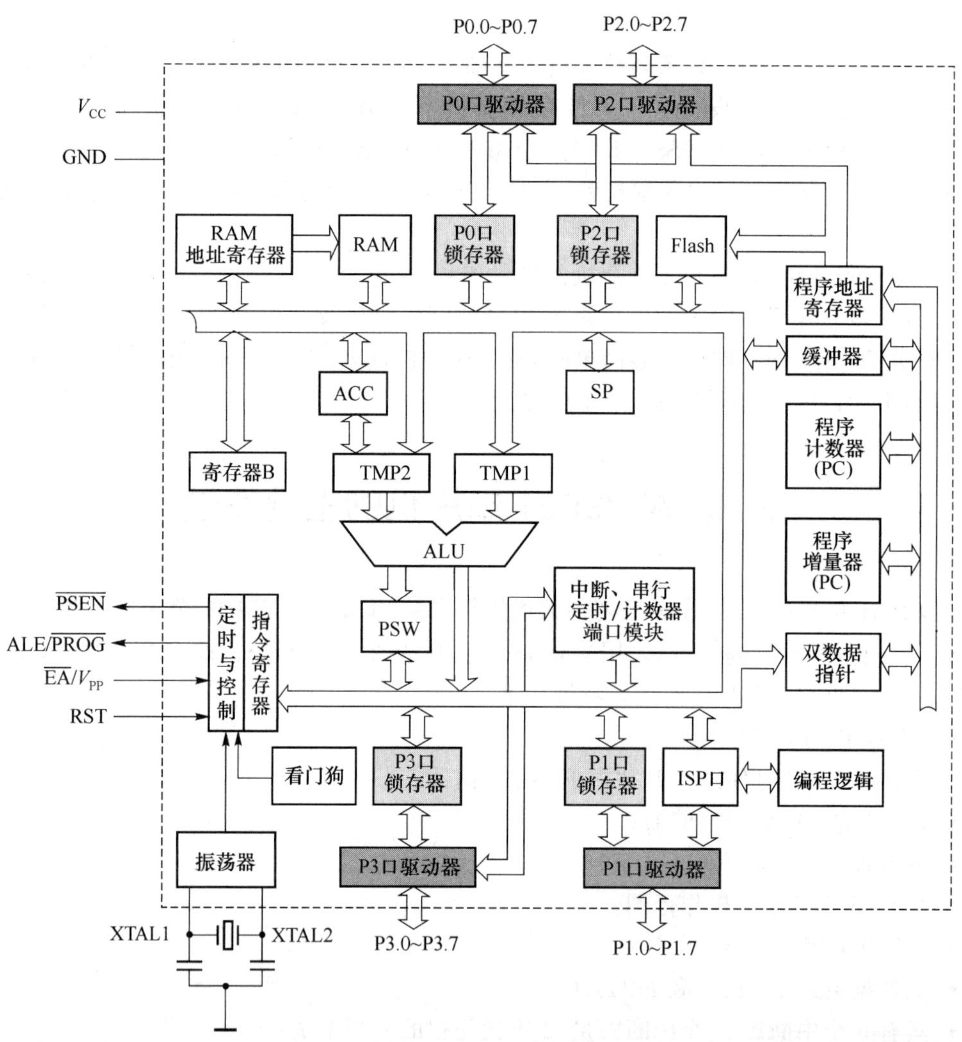

图2.1 AT89S51单片机原理结构框图

AT89S51单片机对外呈现出包含指定功能的引脚,通过这些引脚实现外围电路和芯片的连接,完成相应的功能。

AT89S51单片机内部集成4个可编程的并行I/O口(P0～P3),每个输出接口电路都具有锁存器和驱动器,输入接口电路都具有三态门控制。

CPU和外围设备进行信息交换都要通过接口电路来进行。CPU的数据处理速度要远高于外围设备,同时各外围设备的数据处理速度也不尽相同。因此CPU与外围设备之间进行信息交换时要解决处理速度的匹配问题,以有效地提高CPU的工作效率;与此同时还要对外围设备进行驱动,I/O接口电路正是为了上述问题而设计的。

2.3　AT89S51 单片机的封装及引脚功能

AT89S51 单片机有 PDIP、TQFP 和 PLCC 三种封装形式，本节以 PDIP 封装形式的 AT89S51 单片机为主线，介绍 3 种封装形式的 AT89S51 单片机的引脚及功能。

2.3.1　PDIP 封装的 AT89S51 单片机引脚及功能

PDIP 封装的 AT89S51 单片机引脚排列如图 2.2 所示。各引脚的名称、序号及简要功能说明见表 2. 1。

1. 多功能 I/O 口引脚 P0～P3 口

(1) P0 口 39～32 引脚

8 位并行、双向、开漏输出的 I/O 口，作为输出时可驱动 8 个 LS 型 TTL 负载。该口内无上拉电阻，由两个 MOS 管串接，既可断开漏极输出又可处于高阻状态，因此称为双向、漏级开路 I/O 口。(可参考第 6 章内容)

当单片机访问片外程序存储器和数据存储器时，该口分时作为低 8 位地址线和数据总线，即分时复用。

当对片内 Flash 存储器编程时，该口接收指令的字节代码。而对 Flash 中程序进行校验时，该口输出指令的字节代码，程序校验时需要外接 10 kΩ 的上拉电阻。

该口作为通用 I/O 口使用时，需要外接上拉电阻。做输入口使用时，需对每个引脚写入“1”让其成为高阻抗输入口，这时该口为准双向 I/O 口。

(2) P1 口 1～8 引脚

具有内部上拉电阻的 8 位、准双向 I/O 口，可驱动 4 个 TTL 负载。当编程和校验程序时定义为低 8 位的地址线，用做输入时需要先将每个引脚置成“1”。

	AT89S51		
P1.0	1	40	V_{CC}
P1.1	2	39	P0.0/AD0
P1.2	3	38	P0.1/AD1
P1.3	4	37	P0.2/AD2
P1.4	5	36	P0.3/AD3
MOSI/P1.5	6	35	P0.4/AD4
MISO/P1.6	7	34	P0.5/AD5
SCK/P1.7	8	33	P0.6/AD6
RST	9	32	P0.7/AD7
RXD/P3.0	10	31	$\overline{EA}/V_{PP}$
TXD/P3.1	11	30	ALE/$\overline{PROG}$
$\overline{INT0}$/P3.2	12	29	$\overline{PSEN}$
$\overline{INT1}$/P3.3	13	28	P2.7/A15
T0/P3.4	14	27	P2.6/A14
T1/P3.5	15	26	P2.5/A13
$\overline{WR}$/P3.6	16	25	P2.4/A12
$\overline{RD}$/P3.7	17	24	P2.3/A11
XTAL2	18	23	P2.2/A10
XTAL1	19	22	P2.1/A9
GND	20	21	P2.0/A8

图 2.2　PDIP 封装的 AT89S51 单片机引脚排列

表 2.1 采用 PDIP 封装形式的 AT89S51 单片机各引脚及功能说明

序号	引脚名称	引脚序号	功能说明
1	P0 口	32～39	8 位并行双向的 I/O 口,访问外部存储器时,可作为低 8 位地址线/数据总线复用
2	P1 口	1～8	通用 8 位准双向 I/O 口,编程和校验时作为低 8 位地址线
3	P2 口	21～28	通用 8 位准双向 I/O 口,访问外部存储器时,可作为高 8 位地址线
4	P3 口	10～17	通用 8 位准双向 I/O 口,还提供了一些第二功能
5	RST	9	复位信号输入端,高电平有效
6	$\overline{\text{EA}}/V_{PP}$	31	访问芯片内部和芯片外部程序存储器的选择信号/编程电压
7	$\overline{\text{PSEN}}$	29	外部程序存储器读选通信号,低电平有效
8	ALE/$\overline{\text{PROG}}$	30	低 8 位地址锁存信号/编程脉冲输入
9	XTAL2 XTAL1	18～19	芯片内振荡器反相放大器的输出端和输入端
10	V_{CC}	40	电源电压的输入引脚,4.0～5.5 V
11	GND	20	电源地引脚

(3) P2 口 21～28 引脚

具有内部上拉电阻的 8 位、准双向 I/O 口,可驱动 4 个 TTL 负载。

访问片外的程序存储器和数据存储器时,该口作为高 8 位地址线。而当只需要 8 位地址时,该口将输出特殊功能寄存器 P2 中的内容。

编程和校验程序时,该口接收高字节地址和一些控制信号。

(4) P3 口 10～17 引脚

具有内部上拉电阻的 8 位、准双向 I/O 口,可驱动 4 个 TTL 负载。

作为普通 I/O 口的输入口使用时,应该先将该口的各引脚写“1”。除此之外,P3 口还提供了一些第二功能,应用中以第二功能居多,见表 2.2。

表 2.2 AT89S51 单片机 P3 口的第二功能

引脚	第二功能	说明
P3.0	RXD	串行数据接收
P3.1	TXD	串行数据发送
P3.2	$\overline{\text{INT0}}$	外部中断 0 请求
P3.3	$\overline{\text{INT1}}$	外部中断 1 请求
P3.4	T0	定时器 0 外部事件计数输入
P3.5	T1	定时器 1 外部事件计数输入
P3.6	$\overline{\text{WR}}$	外部 RAM 写选通
P3.7	$\overline{\text{RD}}$	外部 RAM 读选通

2. 复位、控制和选通引脚

共有 4 根控制信号线,RST、$\overline{\text{EA}}/V_{PP}$、$\overline{\text{PSEN}}$和 ALE/$\overline{\text{PROG}}$。

(1) RST(9 脚)

该引脚为复位信号输入端,高电平有效。在振荡器稳定工作情况下,该引脚被置成高电平并持续 2 个机器周期以上时,系统复位。

当定时监视器 WDT(看门狗)溢出时,该引脚置成高电平并持续 98 个振荡周期(即 98/f_{osc})。

(2) $\overline{EA}/V_{PP}$(31 脚)

$\overline{EA}$为访问芯片内部和芯片外部程序存储器的选择信号。$\overline{EA}$为低电平(接地)时,对程序存储器的操作限定在外部程序存储器进行,地址为 0000H～FFFFH。$\overline{EA}$为高电平(接电源电压 V_{CC})时,CPU 首先从芯片内程序存储器(0000H～0FFFH)的 0000H 单元开始读取所存储的指令代码;若芯片外部有扩展的程序存储器,则 CPU 在执行完芯片内部程序存储器中的程序后,自动转向去执行外部程序存储器中的程序,其地址为 1000H～FFFFH。

V_{PP}为片内 Flash 存储器的编程电压。对片内 Flash 存储器进行编程时,该引脚接编程电压 V_{PP}(11.5～12.5 V);对程序进行校验时,该引脚接电源电压 V_{CC}。

(3) ALE/$\overline{PROG}$(30 脚)

低字节地址锁存允许信号/编程脉冲输入端。当单片机系统需要进行外围芯片扩展时,ALE 为低 8 位地址锁存信号并直接与外接地址锁存器的引脚相连,即 ALE 的下降沿将 P0 口输出的低 8 位地址锁存到外接的地址锁存器中,以实现低 8 位地址和数据的分时复用。当对 Flash 存储器编程时,该引脚用做编程脉冲($\overline{PROG}$)输入端;在非访问外围器件期间,ALE 连续输出 1/6 振荡频率的正脉冲,可作为外部计数或时钟信号。

(4) $\overline{PSEN}$(29 脚)

$\overline{PSEN}$为外部程序存储器读选通信号,低电平有效。CPU 读取外部程序存储器中的指令代码时,被读取的指令代码被送至 P0 口;读写片外数据存储器 RAM 时,$\overline{PSEN}$无效。

3. 外部晶振引脚

XTAL1(19 脚):芯片内振荡器反相放大器和时钟发生器的输入端。

XTAL2(18 脚):芯片内振荡器反相放大器的输出端。

2.3.2 PLCC 和 TQFP 封装的 AT89S51 单片机引脚及功能

图 2.3 是采用 PLCC(Plastic J-Leaded Chip Carrie)封装形式的引脚排列图,这是一种方形塑封、引脚插入式封装,可将引脚直接插入到对应的标准插座内,引脚数为 44。

PLCC 封装形式各引脚的功能与 PDIP 封装形式各引脚的功能相同,只是引脚序号与 PDIP 封装形式的引脚序号不同,另外 PLCC 封装形式在方形的四边上各有一个 NC 引脚。

图 2.4 是采用 TQFP(Thin Plastic Gull Wing Quad Flat Pack) 封装形式的引脚排列图,这是一种塑封超薄封装形式、方形贴片式封装,芯片厚度约为 1.00 mm,可直接将引脚敷贴在印制板上焊牢。

TQFP 封装形式的 AT89S51 单片机引脚数量 44 根,也是在四边上各有一个 NC 引脚。各引脚的功能与 PDIP 和 PLCC 封装形式各引脚的功能相同。

2.4 AT89S51 单片机内部结构

AT89S51 单片机的原理结构如图 2.1 所示。单片机主要由内部的运算器、控制器、RAM、锁存器、驱动器等组成。关于单片机的存储器在第 3 章有详细介绍。

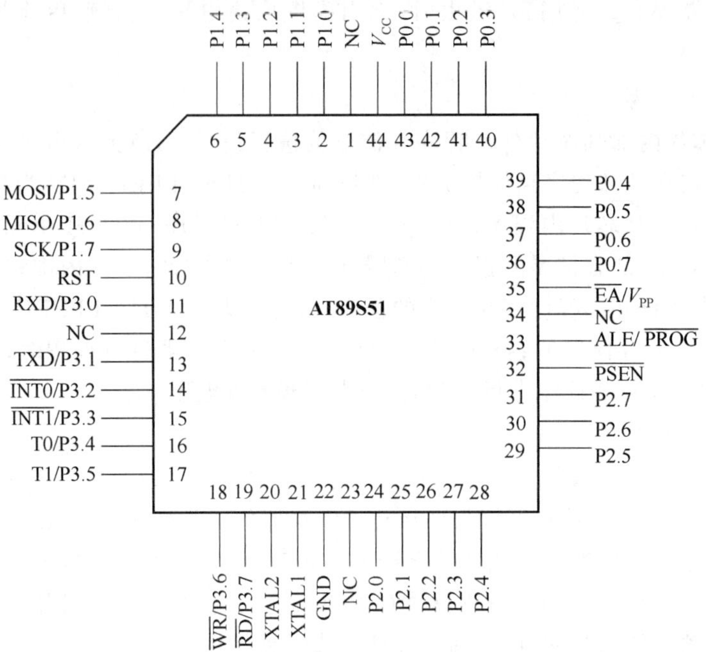

图 2.3　PLCC 封装形式的 AT89S51 单片机引脚排列图

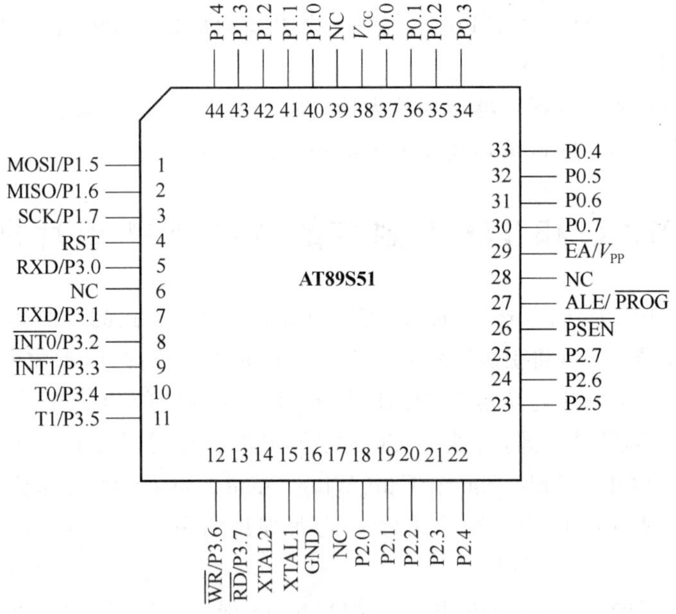

图 2.4　TQFP 封装形式的 AT89S51 单片机引脚排列图

2.4.1　AT89S51 单片机 CPU 的运算器

运算器的功能是进行算术逻辑运算、位处理操作和数据的传送，主要包括算术/逻辑运算单元 ALU、累加器 ACC、寄存器 B、暂存器 TMP1 和 TMP2、程序状态字 PSW 等。

寄存器(Register)，是中央处理器内的组成部分。寄存器是有限存储容量的高速存储部件，它们可用来暂存指令、数据和地址。在中央处理器的控制部件中，包含的寄存器有指令寄存器(IR)和程序计数器。

1. 算术/逻辑运算单元 ALU(Arithmetic and Logic Unit)

算术/逻辑运算单元 ALU 是运算器的核心部件，用来完成基本的算术运算、逻辑运算和位处理操作。AT89S51 单片机为用户提供了丰富的指令系统和较高的指令执行速度。能够进行加减乘除算术运算，与、非、或、异或、左移、右移等逻辑运算，字节交换及十进制调整运算等。另外该单片机具有很强的“位”处理功能 ，可以进行位检测，位与、位非、位或、求补等操作，方便用户编程。

2. 暂存器 TMP1 和 TMP2

从原理结构图 2.1 中可以看到，暂存器 TMP1 和 TMP2 作为 ALU 的两个输入，暂时存放参加运算的数据。TMP1 和 TMP2 中数据由 CPU 自动存入，不需要用户程序写入。

3. 累加器 ACC(Accumulator)

累加器 ACC(或 A)是一个 8 位寄存器，是 CPU 工作过程中使用频度最高的寄存器。ACC 既是 ALU 运算所需数据的来源之一，同时 CPU 的数据传送大多通过累加器 ACC 来实现，因此 ACC 又是数据传送的中间站。

4. 寄存器 B

执行乘法和除法指令时，需要同时使用寄存器 B 和累加器 ACC。执行乘法或除法指令之前，将需要参与运算的乘数或除数存放于寄存器 B 中，而被乘数或者被除数则存放于累加器 ACC 中，在 ALU 中完成乘法或者除法运算。乘法或除法运算指令执行完成后，乘积的高 8 位或除法的余数保存在寄存器 B 中，乘积的低 8 位或者除法的商则保存在 ACC 累加器中。

寄存器 B 主要用在乘除运算中，执行非乘除运算时也可以作为一般用途的寄存器使用。

5. 程序状态字寄存器 PSW (Program Status Word)

程序状态字寄存器 PSW 是一个 8 位的标志寄存器，用来存放当前指令执行后的有关状态，为以后指令的执行提供状态条件，因此一些指令的执行结果会影响 PSW 的相关状态标志。程序状态字 PSW 中各位的状态通常是指令执行过程中自动生成，如 CY、AC、OV、P，同时 AT89S51 单片机的 PSW 是可编程的，通过程序可以改变 PSW 中各位的状态标志。

程序状态字 PSW 各位的状态标志定义如图 2.5 所示，其字节地址为 D0H，复位后的初始值为 00H。

位地址	D7H	D6H	D5H	D4H	D3H	D2H	D1H	D0H	
PSW	Cy	AC	F0	RS1	RS0	OV	—	P	字节地址 D0H

图 2.5　PSW 各位的状态标志

各位代表的含义为。

Cy (Carry)：进位或借位标志位。

若当前执行指令的运算结果产生进位或借位，该标志被置成 Cy＝1，否则 Cy＝0。在执行位操作指令时，Cy 作为位累加器使用，指令中用 C 代替 Cy。

AC (Auxiliary Carry)：辅助进位标志位。

又称为半字节进位或借位标志位。在执行加减指令时，如果低半字节(低 4 位)向高半字节(高 4 位)产生进位或借位，即 D3 向 D4 位有进位或借位，则 AC＝1，否则 AC＝0。该标志主要用在BCD码运算中(更多信息请参见第5章)。

F0:用户标志位。

由用户根据需要进行置位、清0或检测。在程序中可以用做某些状态的标志位。

RS1、RS0:工作寄存器组选择位。

AT89S51内部数据存储器的容量为128 B,地址范围为00H～7FH,其中有4组工作寄存器,占据了地址00H～1FH的32 B存储单元,每组工作寄存器有8个工作寄存器,对应符号(R0～R7),每个工作寄存器既可以使用每个工作寄存器的直接字节地址00H～1FH寻址,也可以用其名称R0～R7寻址。当使用工作寄存器的名称寻址时,由PSW中RS1和RS0两位给出待寻址工作寄存器所在的组。因此改变程序状态字寄存器PSW中RS1和RS0的内容,便可以选择不同的工作寄存器。

OV (Overflow):溢出标志位。

所谓溢出是指运算结果数值的绝对值超过了单片机允许表示的数据最大值,该标志位表示有符号数加减运算和除法运算时是否产生了溢出。执行有符号数加减运算指令时,如果运算结果超出了目的寄存器所能够表示的十进制有符号数的范围(－128～＋127),硬件自动置位溢出标志位即OV＝1,否则OV＝0。除法运算中,若寄存器B中除数为0,则OV＝1,表示除法无意义;否则OV＝0。

十进制数据的0～127对应16进制的0～7FH;十进制数据的－128～－1对应16进制的80H～FFH。即当用8位字长数据表示有符号数时,0～FFH数据范围内的0～7FH表示正数,而80H～FFH代表负数。

该标志的意义在于执行运算指令后,根据该标志位的值判断运算结果是否正确。

—:保留位,无定义。

P (parity):奇偶校验标志位。

用来指示累加器ACC中数据的奇偶性,该位始终跟踪指示ACC中1的个数,硬件自动置1或清0。若逻辑运算后累加器ACC中“1”的个数为偶数,P＝0,若“1”的个数为奇数则P＝1。如ACC中内容为56H,对应的P＝0,而ACC为57H时,则P＝1。该位常用于校验串行通信中数据传送是否正确(详见9.4.3)。

PSW是一个可读写的寄存器。Cy,AC,OV,P的状态通常在指令执行过程中自动由硬件置位或清零,同时也可以通过程序对这些位进行设置。RS1,RS0以及F0的状态值需要通过程序写入改变。

2.4.2 控制器

CPU中的控制器是控制读取指令、识别指令并根据指令的性质协调、控制单片机各组成部件有序工作的重要部件,是CPU乃至整个单片机的中枢神经。

控制器由指令寄存器IR、指令译码器ID、程序计数器PC、堆栈指针SP、双数据指针DPTR0和DPTR1、定时及控制逻辑电路等组成。控制器的主要功能是控制指令的读入、译码和执行,并对指令的执行过程进行定时和逻辑控制。根据不同的指令协调单片机各个单元进行有序工作。

1. 程序计数器PC(Program Counter)

AT89S51单片机中的程序计数器PC是一个16位计数器,存放下一条将要执行程序的地址，地址范围为 0000H～FFFFH，可对 64 KB 的程序存储器空间进行寻址，是控制器中最重要和最基本的寄存器。

系统复位时，PC 的内容为 0000H，表示程序必须从程序存储器地址 0000H 单元开始执行。

2. 指令寄存器 IR(Instruction Register)

指令寄存器 IR 是专门用来存放指令代码的专用寄存器。从程序存储器读出指令代码后，被送至指令寄存器中暂时存放，等待送至指令译码器中进行译码。

3. 指令译码器 ID(Instruction Decoder)

指令译码器的功能是根据指令寄存器 IR 送来的指令代码的性质，通过定时逻辑和条件转移逻辑电路产生执行此指令所需要的控制信号。

4. 堆栈指针 SP(Stack Pointer)

堆栈是一段特殊的存储空间，主要功能是暂时存放数据和地址，从栈底向栈顶方向存放数据，通常用来保护断点和现场。堆栈操作遵循先进后出(FILO，First In Last Out)的原则。AT89S51 单片机在片内数据存储器 RAM 中开辟堆栈区，允许用户通过软件定义片内 RAM 的某一连续区域单元作为堆栈区，其栈顶的地址由堆栈指针 SP 指示。

堆栈指针 SP 是一个特殊的 8 位增量寄存器，储存最后被压入栈的元素的地址，该元素可以是数据也可以是数据对应的地址。堆栈指针寄存器 SP 在堆栈操作中使用。执行数据进栈指令时(如 PUSH 指令)，SP 首先自动加 1，然后将欲进栈的数据压存入由 SP 指示的堆栈单元；执行数据出栈指令时(如 POP 指令)，将 SP 所指示的堆栈存储单元的数据推出栈并存放到指定到存储单元，然后将 SP 自动减 1。

单片机上电或复位后，堆栈指针 SP 的初始值为 07H，指示栈底为 08H 单元，即数据从 08H 单元开始存放。由于栈底的 08H 与工作寄存器组 1 区(08H～0FH)重叠，所以在实际编程时，一般在程序初始化时对 SP 重新进行定义，以便在内部数据存储器 RAM 中开辟一个合适的堆栈区域，如将 SP 定义为 60H 单元。

虽然 SP 所能够指示的存储深度为 0～255 个存储单元，但由于 80H～FFH 空间是特殊功能寄存器区，所以程序中一般将 SP 设置在 20H～7FH 之间。

5. 双数据指针寄存器 DPTR0 和 DPTR1(Data Pointer)

在 AT89S51 单片机中，内含 2 个 16 位的数据指针寄存器 DPTR0 和 DPTR1。数据指针寄存器的主要功能是存放 16 位地址，用来寻址外部数据存储器和程序存储器(间接寻址)。

数据指针寄存器 DPTR0 和 DPTR1 是两个独特的 16 位寄存器，即可以用做 16 位的数据指针使用，也可分开以 8 位的寄存器单独使用(DP0L、DP0H、DP1L、DP1H)。DPTR0 与 DPTR1 在指令中统一用 DPTR 表示，如 MOVX A，@DPTR，即在具体的程序执行中，每一时刻只能对 DPTR0 或者 DPTR1 操作，所以需要事先通过程序确定 DPTR 对应的是 DPTR0 还是 DPTR1。设置特殊功能寄存器 SFR 中的辅助寄存器 AUXR1 能够实现对 DPTR0 或 DPTR1 的选择。

AUXR1 是一个不可进行位寻址的特殊功能寄存器，其复位值=×××××××0B，默认为 DPTR0，字节地址为 0A2H。AUXR1 各位定义及格式如图 2.6 所示。

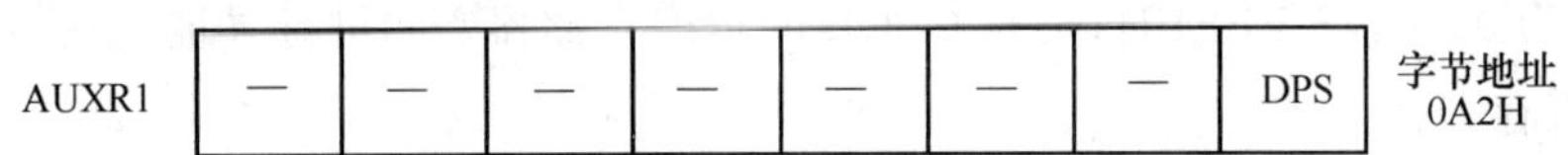

DPS:数据指针选择位。

图 2.6　AUXR1 位定义及格式

当 DPS=0 时,选择数据指针 DPTR0;当 DPS=1 时,选择数据指针 DPTR1。

2.5　单片机最小系统

单片机最小系统,也称做单片机最小应用系统,是指用最少的元器件组成单片机可以工作的系统。单片机最小系统的三要素就是电源、晶振、复位电路,如图 2.7 所示。

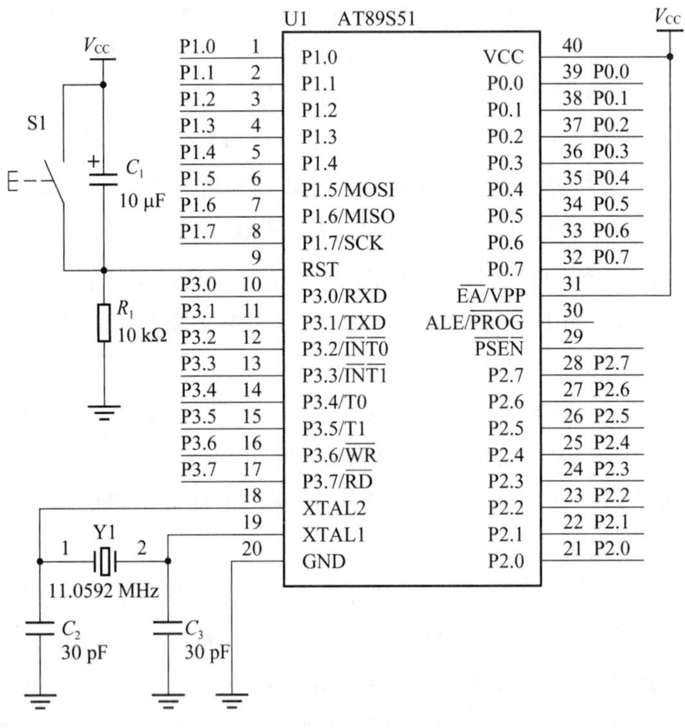

图 2.7　单片机最小系统图

2.5.1　振荡器

单片机工作所需要的时钟信号由时钟电路产生,只有在时钟信号的控制下,单片机才能够有序的工作。

振荡器是用来为单片机提供一个基准的工作频率即时钟信号,单片机根据这个频率运行程序及控制外部设备。振荡器按照指定的频率产生波形,单片机基于振荡器波形完成各种操作。所有指令的执行都是根据振荡器的节拍执行。

单片机振荡器的产生一般有两种方式,由单片机内部产生的内部时钟方式或者外部电路产生后再接入单片机的外部时钟方式。内部时钟方式需要外接石英晶体振荡器和电容器件。外部时钟方式一般利用有源晶体振荡器。AT89S51 芯片内部,有一个振荡器电路和时钟发生器,在引脚 XTAL1 和 XTAL2 之间接入晶体振荡器和电容后构成内部时钟方式。外部时钟方式是将外部振荡器产生的信号直接加载到振荡器的输入端,作为 CPU 的时钟源。由于内部时钟方式连接简单,成本低,所以大多数的单片机均采用内部时钟方式,图 2.8 为两种方式的电路连接。

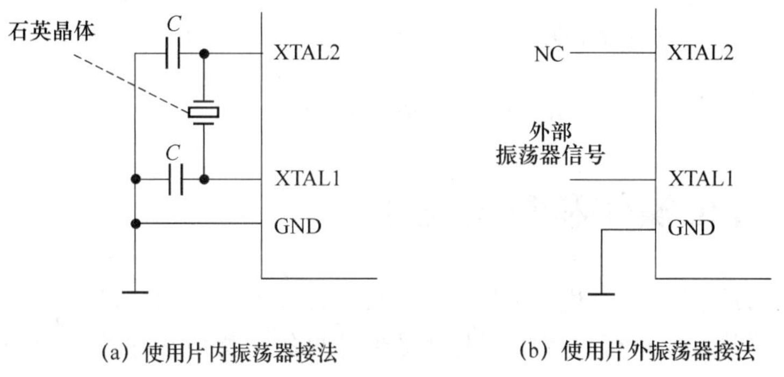

图 2.8　AT89S51 振荡器的连接方式

AT89S51 单片机内部,引脚 XTAL2 和引脚 XTAL1 连接着一个高增益反相放大器,XTAL1 引脚是反相放大器的输入端,XTAL2 引脚是反相放大器的输出端,振荡器电路的工作原理如图 2.9 所示。

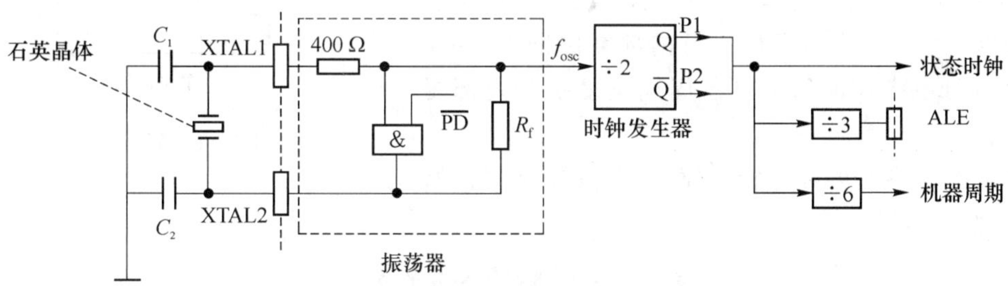

图 2.9　AT89S51 振荡器工作原理

芯片内的时钟发生器是一个二分频触发器,振荡器的输出 f_{osc} 为其输入,输出为两相的时钟信号(状态时钟信号),频率为振荡器输出信号 f_{osc} 的 1/2。状态时钟经三分频后为低字节地址锁存信号 ALE,频率为振荡器输出信号 f_{osc} 的 1/6,经六分频后为机器周期信号,频率为 $f_{osc}/12$。C_1、C_2 一般取 20～30 pF,陶瓷电容。

采用外部时钟方式时,外部振荡器的输出信号接至 XTAL1,XTAL2 悬空。有源晶振一般有 4 个引脚,是一个完整的振荡器。有源晶振通常的用法:一脚悬空,二脚接地,三脚接输出,四脚接电源,如图 2.10 为有源晶体振荡器实物图。有源晶振信号质量好,比较稳定,而且连接方式相对简单,不需要额外的配置电路。相对于无源晶体,有源晶振的缺陷是其信号电平是固定的,需要选择好合适输出电平,灵活性较差,而且价格高。

(a) 无源晶振

(b) 有源晶振

图 2.10 有源晶体振荡器实物图

2.5.2 复位操作和复位电路

复位(Reset)操作是使单片机的CPU以及系统各部件处于初始状态,保证单片机从初始状态开始运行。单片机在运行过程中可能会受到外界的干扰使程序陷入死循环或"跑飞",发生这种情况时需要将单片机复位,以重新启动运行。

1. 复位操作

RST引脚是复位信号的输入端口,高电平有效。在时钟振荡器稳定工作情况下,该引脚若由低电平上升到高电平并持续2个机器周期以上,如图2.11所示,系统实现一次复位操作。单片机在RST高电平有效后的第二个机器周期开始执行内部复位操作,并在RST变为低电平前的每个机器周期重复执行内部复位操作。

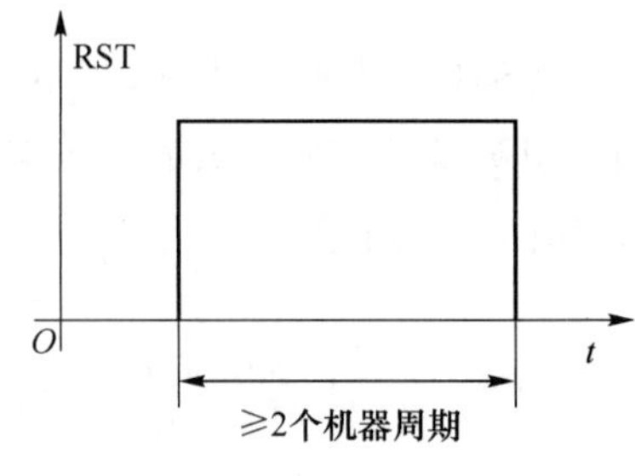

图 2.11 复位波形

复位操作将使大部分特殊寄存器SFR置成初始值,如表2.3所示。

表 2.3 特殊寄存器 SFR 的复位值

序号	寄存器名称	寄存器符号	复位值
1	程序计数器	PC	0000H
2	P0～P3口锁存器	P0～P3	FFH
3	堆栈指针	SP	07H
4	数据指针DPTR0的低8位、高8位	DP0L、DP0H	00H
5	数据指针DPTR1的低8位、高8位	DP1L、DP1H	00H
6	电源控制寄存器	PCON	0×××0000B
7	定时器0和1控制、模式寄存器	TCON、TMOD	00H
8	定时器0低8位、高8位	TL0、TH0	00H

续 表

序号	寄存器名称	寄存器符号	复位值
9	定时器 1 低 8 位、高 8 位	TL1、TH1	00H
10	辅助寄存器	AUXR	×××0 0××0B
11	串行口控制寄存器	SCON	00H
12	辅助寄存器 1	AUXR1	×××× ×××0B
13	中断允许寄存器	IE	0×00 000B
14	中断优先级寄存器	IP	××00 0000B
15	程序状态字寄存器、累加器、寄存器 B	PSW、ACC、B	00H

复位使特殊寄存器 SFR 的内容归于复位值有着重要的意义。

(1) 程序计数器 PC＝0000H，复位后从程序存储器的 0000H 单元开始执行程序。

(2) P0～P3 口的复位值＝FFH，复位后的各 I/O 口为高电平、双向，可以进行输入或输出操作。

(3) 堆栈指针 SP 的复位值＝07H，意味着栈底为 08H 单元，与工作寄存器组占据的存储单元 00H～1FH 发生重叠，须通过软件对 SP 进行重新定义。

(4) 程序状态字寄存器 PSW 的复位值＝00H，因此其工作寄存器组的选择位 RS1 和 RS0 的值均为 0，表示在复位后选择 0 组工作寄存器。

在表 2.3 中没有列出的特殊寄存器 SFR，复位后其值随机或无定义。

2. 复位电路

复位操作有手动复位和上电自动复位，图 2.12(a)为一种上电自动复位电路，图 2.12(b)为具有上电自动复位和手动复位两种操作方式的复位电路。

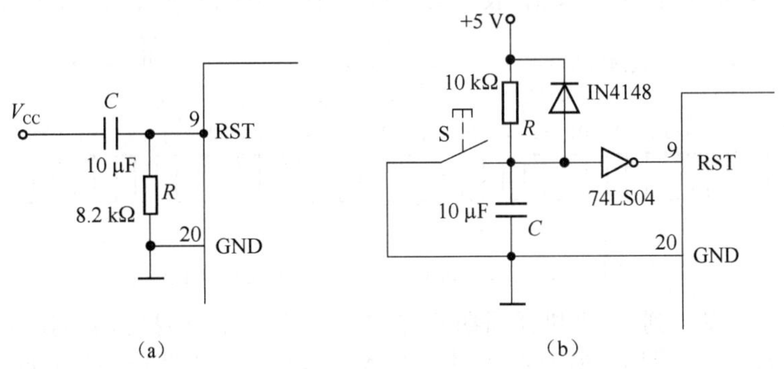

图 2.12　两种复位电路

在复位电路上电的瞬间，由于电容上的电压不能突变，因此 RST 引脚出现高电平。RST 引脚出现的高电平将会随着对电容 *C* 的充电过程而逐渐回落，经过 3～5 个充电时间周期后，电容充电结束，RST 引脚变为低电平。为了保证 RST 引脚出现的高电平持续两个机器周期以上的时间，需要合理地选择其电阻和电容的参数值，电阻和电容参数的取值需随着时钟频率的不同而变化。

在单片机应用系统中，除单片机本身需要复位外，有些外部扩展接口电路等也需要复位，所以需要一个系统的同步复位信号。

为了系统可靠地工作，CPU 应在系统所有芯片都开始初始化完成后再开始对芯片的读写。因此硬件电路应保证单片机复位后 CPU 开始工作时,所有的外部扩展接口电路全部复位完毕,即外部扩展接口电路的复位操作完成在前,单片机的复位操作完成在后。也可以采用软件的方式提供这种保证,在复位程序的开始部分加入延时,然后再开始对单片机进行初始化操作。

2.6 单片机时序

时钟电路用于产生单片机工作所需要的时钟信号,在时钟信号的调控下,单片机就如同一个复杂的同步时序电路,严格的按照规定的时序进行工作。而时序规定了指令执行过程中各控制信号之间的相互关系。

1. 时序的定时单位

AT89S51 的时序定时单位有 4 个:节拍 P、状态 S、机器周期和指令周期。

(1) 节拍 P

又称为振荡周期,当振荡信号采用内部时钟方式产生时,其数值为 $1/f_{osc}$,分为 P1 节拍和 P2 节拍,如图 2.13 所示,节拍宽度为振荡器输出的振荡信号周期即 $1/f_{osc}$。P1 节拍通常用来完成算术逻辑操作,P2 节拍通常用来完成内部寄存器之间的数据传送。

(2) 状态 S

规定一个状态包含两个节拍,状态的前半个周期对应的节拍称为 P1,后半个周期对应的节拍叫 P2。

(3) 机器周期

如果将一条指令的执行划分为几个基本操作,则完成一个基本操作所需要的时间即为机器周期。规定 6 个状态为一个机器周期,依次表示为 S1～S6。由于一个状态包含两个节拍,因此一个机器周期包含有 12 个节拍,表示为:S1P1、S1P2、…、S6P1、S6P2,如图 2.13 所示。

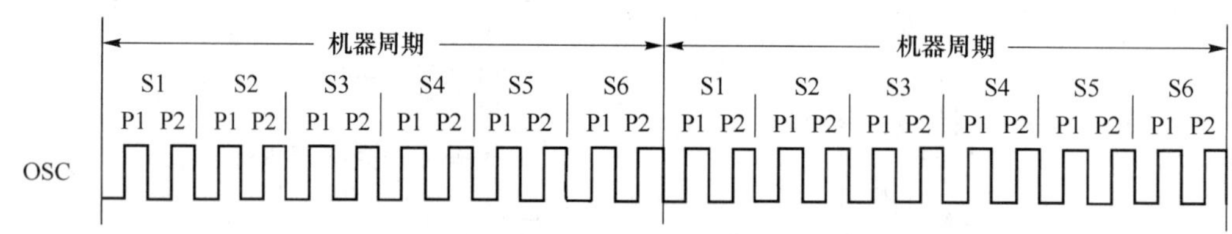

图 2.13 AT89S51 的时钟信号和定时单位

从图 2.13 中可以看到,一个机器周期共有 12 个振荡周期,即机器周期就是振荡器输出信号 f_{osc} 12 分频后的信号周期。若晶振频率为 12 MHz,则一个机器周期的时间为 1 μs。

(4) 指令周期

指令周期定义为执行一条指令所需要的时间。指令周期根据所执行指令的不同,可包含 1～4 个机器周期。

根据指令代码的长度,可将指令分为单字节指令、双字节指令、三字节指令。执行这些不同长度的指令所需要的机器周期数也是不同的,有单字节单周期指令、双字节单周期指令、单字节双周期指令、双字节双周期指令、三字节双周期指令和单字节四周期指令(单字节的乘除指令)。

2. 单片机的指令执行过程

一条指令的执行过程可以分为读取指令和执行指令两个阶段。读取指令阶段是根据程序计数器 PC 所指示的地址，从程序存储器中读出将要执行的指令代码并送至指令寄存器 IR 中，进入执行指令阶段将指令寄存器 IR 中的指令代码送至译码器译码，产生相应的控制信号以完成指令的执行。

3. 单字节单周期指令时序

对于单字节单周期指令，从读取指令代码到完成指令的执行只需要一个机器周期，其时序如图 2.14(a)所示。

在低字节地址锁存允许信号 ALE 第一次有效(S1P2)时，指令代码从程序存储器中读出并被送至指令寄存器 IR 中，从 S1P2 开始执行指令，到第一个机器周期结束时完成指令的执行。由于是单字节指令，因此在 ALE 第二次有效(S4P2)时读取的指令代码将被丢弃，同时程序计数器 PC 的内容也不加 1。

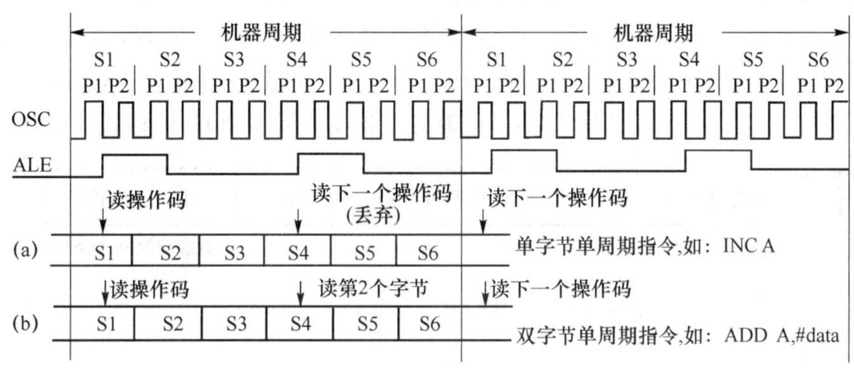

图 2.14　典型单/双字节单周期指令时序

图 2.14 中看到，一个机器周期里 ALE 信号出现了两次，这意味着在一个机器周期内可以读取两次程序存储器中所存储的指令代码，提高了处理速度。

4. 双字节单周期指令的时序

图 2.14(b)为典型双字节单周期指令时序。ALE 第一次有效时读出指令代码的第一个字节，ALE 第二次有效时读出指令代码的第二个字节。与单字节单机器周期指令不同的是，对于双字节单周期指令，两次读取的指令代码均为有效，并在一个机器周期的 S6P2 结束时完成指令的执行。

5. 单字节双周期指令的时序

图 2.15 为典型的单字节双周期指令时序。

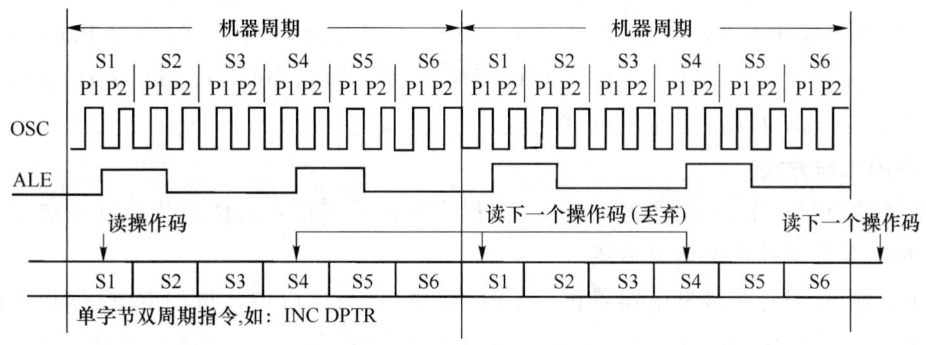

图 2.15　典型单字节双周期指令时序

对于单字节双周期类指令,第一次读取指令代码有效,其余后面的三次读代码均被丢弃,执行该类指令需要 2 个机器周期。

2.7 AT89S51 的低功耗工作方式

为了降低单片机运行时的功率消耗,AT89S51 提供了“空闲”和“掉电”两种低功耗工作方式,所以单片机除了正常程序工作方式外,还可以用低功耗工作方式(又称省电方式)运行。采用 12 MHz 晶体振荡器,Vcc=4.0～5.5 V 时,AT89S51 正常工作时的电流最大值为 25 mA,空闲方式的电流最大值为 6.5 mA,掉电方式的电流最大值为 50 μA(Vcc=5.5 V)。

AT89S51 单片机的两种低功耗工作方式须通过软件设置才能实现,设置 SFR 中电源控制寄存器 PCON 的 PD 和 IDL 位。电源控制寄存器 PCON 是一个不可进行位寻址的寄存器,其复位值=0××× 0000B,地址=87H。电源控制器寄存器 PCON 的格式如图 2.16 所示:

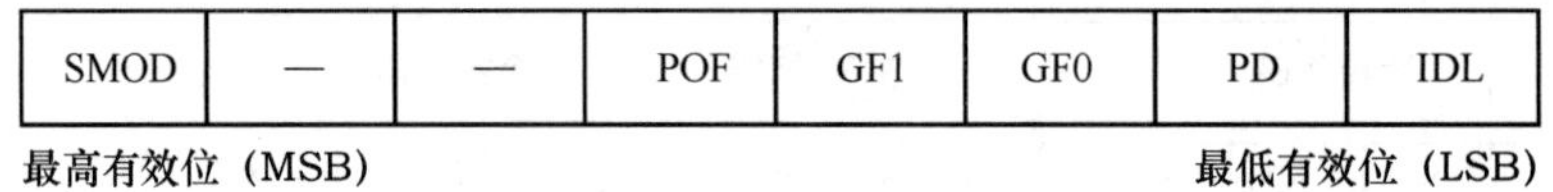

图 2.16　电源控制寄存器 PCON 的格式

各位的功能如下。

SMOD:波特率倍增位,串行通信时使用。SMOD=1,串行通信工作方式 1、2、3 的波特率加倍;复位时 SMOD=0,原设置的波特率不变。

POF:断电标志位。

GF1:通用标志位 1。

GF0:通用标志位 0。

PD:掉电方式控制位,PD=1 时进入掉电方式。

IDL:空闲方式控制位,IDL=1 时进入休闲方式。

电源断电标志位 POF 占据电源控制寄存器 PCON 的 D4 位,当电源上电时 POF 被置成 1,POF 也可使用软件置 1 或者清 0。复位时对 POF 无影响。

图 2.17 为低功耗工作方式的原理图。如图中所示,单片机执行完将 IDL 置 1 的指令后,$\overline{IDL}$为 0,则与门输出为 0,CPU 无时钟,停止工作,进入空闲工作方式;而将 PD 置成 1 后,$\overline{PD}$=1,与门输出为 0,时钟发生器输入为 0,无时钟信号输出,中断、串行口、定时/计数器以及 CPU 都停止工作,单片机进入掉电工作方式。

1. 空闲工作方式

在程序执行过程中,如果不需要 CPU 工作可以设置 IDL=1,使单片机进入空闲工作方式,其目的是降低单片机的功率消耗。

空闲方式下,因为时钟发生器不再为 CPU 提供时钟,所以单片机的 CPU 停止工作进入休眠状态。此时,振荡器仍然运行,单片机内的所有外设(包括中断系统、定时/计数器、串行口)继续工作,CPU 进入空闲工作方式时,片内 RAM 和所有特殊功能寄存器 SFR 中的内容保持不变,ALE 和$\overline{PSEN}$的输出为高电平。

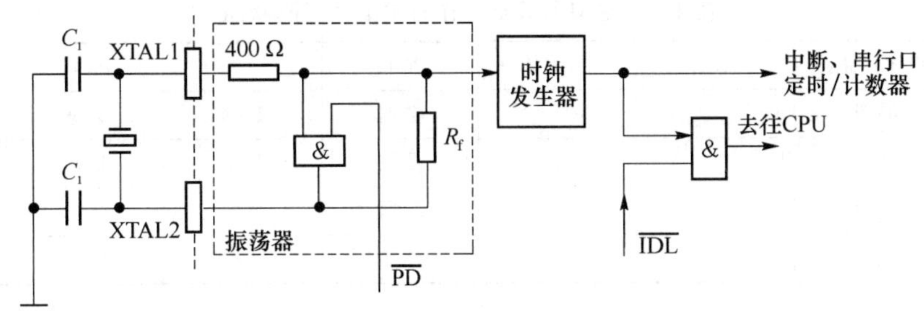

图 2.17 低功耗工作方式原理图

空闲工作方式的退出：AT89S51 单片机退出空闲方式有中断响应方式和硬件复位方式两种。

任何一个可允许的中断申请被响应时，电源控制器寄存器 PCON 的 IDL 位同时将会被芯片内硬件自动清零，单片机结束空闲工作方式，执行完中断服务程序返回后，从设置进入空闲方式指令的下一条指令处恢复程序的执行，单片机返回到正常的工作方式。

只要 RST 引脚上出现持续 2 个以上机器周期的复位信号，单片机便可结束空闲工作方式而返回到正常工作方式，并从设置进入空闲方式指令的下一条指令处恢复程序的执行。

需要注意的是：复位操作需要 2 个机器周期的时间才可完成。采用硬件复位方法退出空闲方式时，若 RST 引脚出现复位脉冲时，导致 PCON 的 IDL 清零，进而退出空闲工作方式。但退出空闲工作方式所需时间小于 2 个机器周期，即单片机已经退出空闲工作方式并返回到正常工作方式后，复位操作还没有完成。虽然在从退出空闲工作方式到复位操作完成这一期间，复位算法已经开始控制单片机的硬件并禁止对片内 RAM 的访问，但不禁止对端口引脚的访问。为了避免对端口或外部数据存储器等出现意外的写操作，在设置进入空闲工作方式指令后面的几条指令中，应该尽量避免读写端口或外部数据存储器的指令。

2. 掉电工作方式

从图 2.17 可以看出，当电源控制器寄存器 PCON 的 PD 位置 1 时，进入时钟振荡器的信号被封锁，振荡器停止工作，时钟发生器没有时钟信号输出，单片机内所有的功能部件停止工作，但片内 RAM 和 SFR 中内容保持不变。

掉电工作方式的退出：AT89S51 单片机退出掉电工作方式也有硬件复位和任何一种有效的外部中断两种方法。

进入掉电工作方式时，V_{CC}电源电压由正常工作方式下的＋5 V 下降到＋2 V，以达到低功耗运行的目的。退出掉电工作方式前 V_{CC}电源须先恢复到正常的工作电压＋5 V，并维持一个足够长的时间(约 10 ms)，使内部振荡器重新启动并稳定之后才可进行复位操作，以退出掉电工作方式。

采用外部中断的方法退出掉电工作方式时，这个外部中断必须使系统恢复到系统全部进入掉电工作方式之前的稳定状态，因此该外部中断启动后约 16 ms 中断服务程序才开始工作。

当单片机采用硬件复位的方法退出低功耗工作方式时，将引起所有寄存器的初始化，但不改变芯片内数据存储器 RAM 中的内容。

空闲工作方式和掉电工作方式期间有关的外部引脚的状态如表 2.4 所示。

表2.4 空闲和掉电工作方式期间引脚状态

方式	程序存储器	ALE	$\overline{\text{PSEN}}$	P0口	P1口	P2口	P3口
空闲	内部	1	1	数据	数据	数据	数据
空闲	外部	1	1	浮空	数据	地址	数据
掉电	内部	0	0	数据	数据	数据	数据
掉电	外部	0	0	浮空	数据	数据	数据

习　题

1. AT89S51单片机的主要特性有哪些?

2. AT89S51单片机CPU中的运算器主要由哪些逻辑部件构成?这些逻辑部件的主要作用有哪些?

3. 了解并熟悉PDIP形式封装的AT89S51单片机各引脚的功能。

4. $\overline{\text{PSEN}}$、$\overline{\text{RD}}$和$\overline{\text{WR}}$信号的各自选通作用是什么?

5. 写出PSW控制字各位的定义。

6. 怎样选择双数据指针寄存器DPTR0和DPTR1?

7. 何谓复位操作?复位操作后,AT89S51单片机程序计数器PC、堆栈指针和程序状态字寄存器PSW的复位值是什么?这些复位值对单片机有什么意义?

8. 分析复位电路的工作原理。

9. 若$f_{osc}=24$ MHz,则AT89S51单片机的振荡周期和机器周期各为多少?

10. 分析各种字节各种机器周期指令的时序。

11. 为什么在某些情况下使单片机进入低功耗方式?如何实现低功耗工作方式?

12. 何谓空闲工作方式?空闲工作方式的主要特征是什么?如何退出空闲工作方式?

13. 何谓掉电工作方式?掉电工作方式的主要特征是什么?如何退出掉电工作方式?

第 3 章　AT89S51 存储器及总线扩展

随着超大规模集成电路制造工艺和技术的飞速发展，用于单片机的存储器已经全部实现了半导体集成电路芯片化，在存储速度、存储容量等方面都有了大幅度的提高，出现了采用多种技术、工艺制造的各具优点和特色的存储器。本章将详细介绍 AT89S51 单片机的程序存储器和数据存储器结构，以及如何进行总线扩展和地址确定。

3.1　存储器概述

1. 各种存储器的特点

存储器主要分为随机读写存储器 RAM 和只读存储器 ROM，RAM 一般用做存储数据，掉电后数据会丢失，如若需要保存 RAM 中的数据需要后备电源；ROM 一般用做程序存储器，掉电后信息仍然会保留。表 3.1 为各种存储器的简要归纳，从中可以了解各种存储器的特点。

表 3.1　各种存储器归纳

存储器分类	存储器名称	主要特点
半导体随机读写存储器 RAM	双极型 RAM	工作速度快，功率消耗大，集成度低，价格贵。仅适合应用于对运算速度要求很高的计算机中
	静态 MOS 型 RAM	集成度较高，功率消耗低，价格便宜，运算速度较快，非破坏性读出不需要刷新，断电后所存数据丢失。其制造工艺限制了集成度的提高
	动态 MOS 型 RAM	集成度高，功率消耗更低，价格便宜，运算速度较快。破坏性读出需要刷新，硬件电路复杂
	集成随机存储器 iRAM	将动态 MOS 型 RAM 和动态刷新控制器集成在一块芯片上，集动态型 RAM 和静态型 RAM 的优点于一体
只读存储器 ROM	掩膜存储器 ROM	其所存储的信息必须由厂家在生产过程中固化，适合批量生产，价格低廉
	可编程只读程序存储器 PROM	可由用户通过专用固化器自行固化，一经固化不能改写，价格较为便宜
	紫外光擦写只读存储器 EPROM	可多次重复擦写，固化速度快，操作方便，价格便宜，集成度高。必须脱机擦写，擦写时间长，需要专业的固化器和擦除器
	电可擦写只读存储器 E^2PROM	不需要脱机擦写，可在线编程，无须外加编程电源和脉冲，无须专用的擦写设备，擦写速度快，操作简单，容量较小，价格较为昂贵
	电可擦写闪速只读存储器 Flash	除具有 E^2PROM 的优点外，其擦写速度极快，掉电后数据不会丢失

2. AT89S51 的内部数据存储器

AT89S51 内部数据存储器为静态 MOS 型 RAM,容量为 128 B,地址范围为 00H～7FH,其内部数据存储器的数据断电后会丢失。

3. AT89S51 的闪速存储器 Flash

AT89S51 单片机的程序存储器采用的是 Flash 闪速存储器,闪速存储器 Flash 是一种新型的存储器,是 EPROM 技术和 E^{2}PROM 技术有机结合的产物。如表 3.1 所列,紫外光可擦写只读存储器 EPROM 的最大优点是集成度高,价格便宜,电可擦写只读存储器 E^{2}PROM 的最大优点是不需要脱机擦写,可在线编程,Flash 存储器结合了这两种存储器的技术优点,兼有可在线编程、可多次重复擦写、集成度高、价格便宜的优点。

Flash 存储器具有可在线编程、访问速度快、不易挥发的特点。Flash 存储器一个突出的优点是支持在线编程,允许芯片在不离开电路板或不离开设备的情况下,实现固化和擦除操作,这给程序员带来了极大的便捷,提高了开发效率。同时它具有较强的抗干扰能力,允许电源有 10%的噪声波动。另外,Flash 存储器的不易挥发性使它在掉电后不需要后备电源供电就可以长期可靠地保存数据。

Flash 存储器具有约 60 ns 快速读写的优点。它的编程速度超过 EPROM 和 E^{2}PROM,其典型值为 10 μs/Byte,比 EPROM 快了一个数量级之多,比 E^{2}PROM 快将近三个数量级。同时,Flash 存储器可在几秒的时间内完成全片擦除。

3.2 数据存储器

AT89S51 单片机的数据存储器地址空间分为芯片内部和外部两个部分,这是与程序存储器相同的地方。与程序存储器不同的是使用不同的指令访问内部数据存储器和外部数据存储器,使用 MOV 类指令访问内部数据存储器,使用 MOVX 类指令访问外部数据存储器。外部数据存储器最大地址空间为 64 KB,地址范围为 0000H～FFFFH。

AT89S51 内部数据存储器的容量为 128 B,地址范围为 00H～7FH,其内部数据存储器地址空间分布情况如图 3.1 所示。

00H～07H	08H～0FH	10H～17H	18H～1FH	20H～2FH	30H～7FH
工作寄存器组 0	工作寄存器组 1	工作寄存器组 2	工作寄存器组 3	位寻址区	字节寻址区

图 3.1　AT89S51 单片机内部数据存储器存储空间分布图

从图 3.1 中可以看到,整个 128 B 的地址空间分为 3 个区域:工作寄存器区、可按位寻址的 RAM 区和按字节寻址的 RAM 区。

工作寄存器区内共有 4 组工作寄存器,4 组工作寄存器的地址分别为 00H～07H、08H～0FH、10H～17H、18H～1FH,总共占据了 32 B 的存储单元。每组工作寄存器对应 8 个工作寄存器,其名称为 R0,R1,R2,…,R7。改变程序状态字寄存器 PSW 中 RS1 和 RS0 的内容,便可以选择不同的工作寄存器,作为 CPU 的当前工作寄存器组。若程序中不需要 4 组工作寄存器,其余的寄存器可做一般 RAM 单元。工作寄存器组一般用于中断服务程序或子程序调用,为了保护数据，进入中断服务程序后选用与主程序不同的工作寄存器组。工作寄存器组与 RS1、RS0 的对应关系如表 3.2 所示。

表 3.2　工作寄存器组与 RS1、RS0 的对应关系

RS1	RS0	寄存器组	片内 RAM 地址
0	0	0	00H～07H
0	1	1	08H～0FH
1	0	2	10H～17H
1	1	3	18H～1FH

如当前工作寄存器组为工作寄存器组 0，则 R0 对应 00H 单元，R7 对应 07H 单元；若选择工作寄存器组 1，则 R0 对应 08H 单元，R7 对应 0FH 单元，依此类推。对 R0～R7 的操作则是对当前工作寄存器组的操作。复位后默认工作寄存器组 0。

内部数据存储器 20H～2FH 共 16 B(128 Bit)的存储空间为可按位寻址的 RAM 区域，如表 3.3 所示。可以对这个存储空间按位寻址，即可按位进行读/写操作，这为单片机应用系统的开发带来了极大的便利，用户可以利用这些可按位读/写的 RAM 单元，将应用系统中表示设备运行状态的一些标志存放在这些存储单元中。对于可按位寻址的 16 B RAM 存储空间，未被按位使用的存储单元仍然可以作为一般按字节寻址的 RAM 使用，充分地利用了有限的数据存储器 RAM 空间。

表 3.3　内部 RAM 位寻址区的位地址

单元地址	MSB			位地址				LSB
2FH	7F	7E	7D	7C	7B	7A	79	78
2EH	77	76	75	74	73	72	71	70
2DH	6F	6E	6D	6C	6B	6A	69	68
2CH	67	66	65	64	63	62	61	60
2BH	5F	5E	5D	5C	5B	5A	59	58
2AH	57	56	55	54	53	52	51	50
29H	4F	4E	4D	4C	4B	4A	49	48
28H	47	46	45	44	43	42	41	40
27H	3F	3E	3D	3C	3B	3A	39	38
26H	37	36	35	34	33	32	31	30
25H	2F	2E	2D	2C	2B	2A	29	28
24H	27	26	25	24	23	22	21	20
23H	1F	1E	1D	1C	1B	1A	19	18
22H	17	16	15	14	13	12	11	10
21H	0F	0E	0D	0C	0B	0A	09	08
20H	07	06	05	04	03	02	01	00

3.3 特殊功能寄存器SFR

AT89S51芯片内设有128 B的特殊功能寄存器区,其特殊功能寄存器增加到了26个。AT89S51的片内特殊功能寄存器占用256 B的高128 B(80H～FFH)地址,如图3.1所示。AT89S51片内特殊功能寄存器的名称、地址空间、符号和复位值如表3.4所示。

表3.4 特殊寄存器SFR名称、符号、地址和复位值

序号	寄存器名称	寄存器符号	地址	复位值
1	P0口锁存器	P0 *	80H	FFH
2	堆栈指针	SP	81H	07H
3	数据指针DPTR0的低8位	DP0L	82H	00H
4	数据指针DPTR0的高8位	DP0H	83H	00H
5	数据指针DPTR1的低8位	DP1L	84H	00H
6	数据指针DPTR1的高8位	DP1H	85H	00H
7	电源控制寄存器	PCON	87H	0×××0000B
8	定时器/计数器0和1控制寄存器	TCON *	88H	00H
9	定时器/计数器0和1模式控制寄存器	TMOD	89H	00H
10	定时器/计数器0低8位	TL0	8AH	00H
11	定时器/计数器1低8位	TL1	8BH	00H
12	定时器/计数器0高8位	TH0	8CH	00H
13	定时器/计数器1高8位	TH1	8DH	00H
14	辅助寄存器	AUXR	8EH	×××0 0××0B
15	P1口锁存器	P1 *	90H	FFH
16	串行口控制寄存器	SCON *	98H	00H
17	串行数据缓冲器	SBUF	99H	×××× ××××B
18	P2口锁存器	P2 *	0A0H	FFH
19	辅助寄存器1	AUXR1	0A2H	×××× ×××0B
20	WDT复位寄存器	WDTRST	0A6H	×××× ××××B
21	中断允许控制寄存器	IE *	0A8H	0×00 000B
22	P3口锁存器	P3 *	0B0H	FFH
23	中断优先级控制寄存器	IP *	0B8H	××00 0000B
24	程序状态字寄存器	PSW *	0D0H	00H
25	累加器	ACC *	0E0H	00H
26	寄存器B	B *	0F0H	00H

表3.4的顺序是按照寄存器地址的顺序给出的,特殊功能寄存器SFR并没有占满80H～FFH的存储单元,仅占用了128 B中的26 B存储单元,而留有一些空闲的存储单元。用户不可以访问这些空闲的存储单元,一旦不慎访问了这些存储单元将得不到正确的结果,这些存储

单元可用于今后新型单片机的研发。

对特殊功能寄存器 SFR 的访问只允许采用直接寻址的指令，否则将会出现错误，这点在今后编程时请注意。表中标记 * 的特殊功能寄存器的字节地址能被 8 整除，这些寄存器不仅可以按字节寻址，同时也可以按位寻址。AT89S51 共有 11 个可以按位寻址的寄存器，除此之外其他的特殊功能寄存器都不能按位寻址。

可按位寻址的特殊功能寄存器的位地址，如表 3.5 所示。

表 3.5　可按位寻址的特殊功能寄存器的位地址

SFR	最高有效位			位符号/位序号/位地址			最低有效位		字节地址
B	B.7	B.6	B.5	B.4	B.3	B.2	B.1	B.0	F0H
	F7	F6	F5	F4	F3	F2	F1	F0	
ACC	ACC.7	ACC.6	ACC.5	ACC.4	ACC.3	ACC.2	ACC.1	ACC.0	E0H
	E7	E6	E5	E4	E3	E2	E1	E0	
PSW	Cy	AC	F0	RS1	RS0	OV	—	P	D0H
	PSW.7	PSW.6	PSW.5	PSW.4	PSW.3	PSW.2	PSW.1	PSW.0	
	D7	D6	D5	D4	D3	D2	D1	D0	
IP	—	—	—	PS	PT1	PX1	PT0	PX0	B8H
	IP.7	IP.6	IP.5	IP.4	IP.3	IP.2	IP.1	IP.0	
	BF	BE	BD	BC	BB	BA	B9	B8	
P3	P3.7	P3.6	P3.5	P3.4	P3.3	P3.2	P3.1	P3.0	B0H
	B7	B6	B5	B4	B3	B2	B1	B0	
IE	EA	—	—	ES	ET1	EX1	ET0	EX0	A8H
	IE.7	IE.6	IE.5	IE.4	IE.3	IE.2	IE.1	IE.0	
	AF	AE	AD	AC	AB	AA	A9	A8	
P2	P2.7	P2.6	P2.5	P2.4	P2.3	P2.2	P2.1	P2.0	A0H
	A7	A6	A5	A4	A3	A2	A1	A0	
SCON	SM0	SM1	SM2	REN	TB8	RB8	TI	RI	98H
	SCON.7	SCON.6	SCON.5	SCON.4	SCON.3	SCON.2	SCON.1	SCON.0	
	9F	9E	9D	9C	9B	9A	99	98	
P1	P1.7	P1.6	P1.5	P1.4	P1.3	P1.2	P1.1	P1.0	90H
	97	96	95	94	93	92	91	90	
TCON	TF1	TR1	TF0	TR0	IE1	IT1	IE0	IT0	88H
	TCON.7	TCON.6	TCON.5	TCON.4	TCON.3	TCON.2	TCON.1	TCON.0	
	8F	8E	8D	8C	8B	8A	89	88	
P0	P0.7	P0.6	P0.5	P0.4	P0.3	P0.2	P0.1	P0.0	80H
	87	86	85	84	83	82	81	80	

表 3.5 中可以看到，一些特殊功能寄存器没有位名称，如 P0、P1 等。在位寻址指令中，可以使用“字节地址.位”“寄存器名称.位”、位地址或者位名称来直接寻址。

3.4 Flash 程序存储器

1. Flash 程序存储器

AT89S51 单片机芯片内配置了 4 KB 的可编程 Flash 程序存储器,用于存储用户程序。地址为 0000H～0FFFH。当使用片内 Flash 程序存储器时,需要将引脚 $\overline{EA}$=1(接通电源电压 V_{CC})。

当引脚 $\overline{EA}$=1(接通电源电压 V_{CC})时,CPU 开始从芯片内程序存储器的 0000H 单元开始读取指令代码。程序计数器 PC 是一个 16 位的计数器,存放下一条将被读取的指令代码在程序存储器中的地址,程序计数器 PC 中地址数据的变化轨迹决定了控制程序的执行流程。当开机或复位后,PC 中的地址数据为 0000H,因此开机或复位后总是从程序存储器的 0000H 存储单元开始读取指令代码。

2. Flash 存储器中的中断矢量区

AT89S51 单片机共有 6 个中断源,6 个中断标志,5 个中断矢量地址,如表 3.6 所示。当中断源发出中断请求,CPU 响应中断后便转移到中断服务程序执行。程序存储器中为中断服务程序保留了一段特殊的区域,即 0003H～002AH 存储单元被特殊保留,专门留给中断服务程序使用,被称为中断矢量区,中断矢量地址即为中断服务程序入口地址。

表 3.6 中断源名称、中断标志和中断矢量地址

中断源名称	中断标志位	中断矢量地址
外部中断 0 ($\overline{INT0}$)	IE0	0003H
定时器 0(T0)中断	TF0	000BH
外部中断 1($\overline{INT1}$)	IE1	0013H
定时器 1(T1)中断	TF1	001BH
串行口中断	TI	0023H
	RI	

从表 3.6 中可以看到,各中断矢量地址的间隔为 8 个字节,即为每个中断服务程序留有 8 个字节的存储空间。一般情况下这 8 个字节容纳不下一个中断服务程序,因此在各中断矢量地址处存放的不是中断服务程序,而是无条件转移指令 AJMP 或 LJMP,执行该指令便能够转去执行中断服务程序。因此在无条件转移指令 AJMP 或 LJMP 中给出的地址才是实际存放中断服务程序的存储单元地址,可以认为中断矢量区实际存放的是中断服务程序的入口地址。

另外当上电或复位后,CPU 总是从程序存储器的 0000H 单元开始读取指令代码,而 0003H～002BH 为中断矢量区,因此需要在程序存储器的 0000H～0002H 存储单元存储一条跳转指令,使程序的执行跳过中断矢量区而转到程序的真正起始地址。例如,主程序的起始地址为 0060H,则必须在 0000H～0002H 存储单元存储一条跳转到 0060H 的指令,即 AJMP 0060H 或 LJMP 0060H。

3.5　总线扩展及地址分配

AT89S51 单片机有很强的外部扩展能力，大部分常规集成电路芯片可用于单片机的扩展电路。扩展的内容主要有总线、程序存储器、数据存储器、I/O 口扩展、A/D 和 D/A 扩展、中断扩展等。但由于受管脚数目的限制，AT89S51 单片机 P0 口是分时复用的地址/数据总线，而且与 I/O 口线复用，为了将地址总线与数据总线分离出来，以便同片外的电路正确连接，需要在单片机外部增加地址锁存器，构成片外三总线结构，即地址总线、数据总线和控制总线结构，如图 3.2 所示。

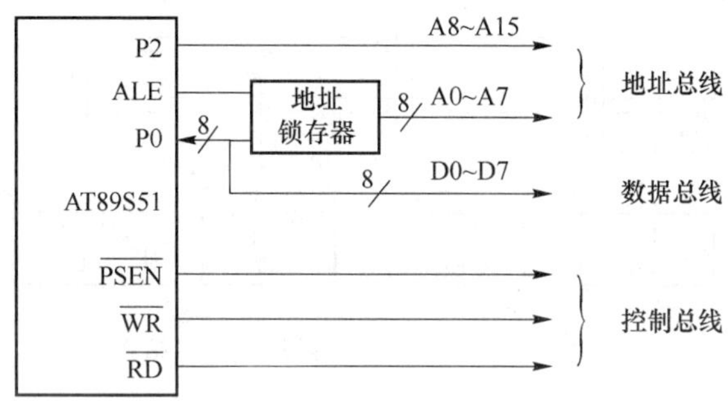

图 3.2　AT89S51 扩展的三总线

1. 地址锁存器

地址锁存器可使用带三态缓冲输出的 8-D 锁存器 74LS373、8282 或带清除端的 8-D 锁存器 74LS273。74LS373 地址锁存器的引脚配置及结构如图 3.3 所示。

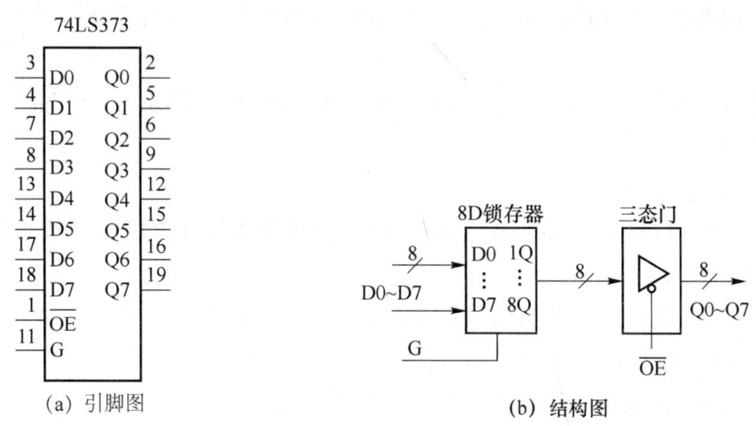

图 3.3　74LS373 地址锁存器引脚图及结构图

74LS373 有直通、高阻和锁存 3 个状态。通过锁存信号输入端 G 和输出允许控制信号输入端$\overline{\text{OE}}$组合，可实现上述 3 个状态。

当三态门的$\overline{\text{OE}}$为低电平且 G=1 时，三态门处于直通状态，允许 1Q～8Q 输出到 Q0～Q7；当$\overline{\text{OE}}$为高电平时，输出三态门断开，输出线 Q0～Q7 处于高阻状态；当$\overline{\text{OE}}$=0 且 G 端出现下降沿时，为锁存状态。

74LS373 作为地址锁存器时,首先应使三态门的使能信号$\overline{OE}$为低电平,这时,当 G 输入为高电平时,锁存器直通状态,此时输出端 Q0～Q7 状态和输入端 D0～D7 状态相同;当 G 端从高电平到低电平(下降沿)时,输入端 1D～8D 的数据锁入 1Q～8Q 的 8 位锁存器为锁存状态。

74LS373 用作地址锁存器时,它的锁存控制端 G 直接与单片机的锁存控制信号 ALE 相连,ALE 下降沿进行低 8 位地址锁存,直到下一次 ALE 变高时,地址才发生变化。

2. 三总线

AT89S51 单片机的片外引脚可构成图 3.4 所示的三总线结构。通过扩展的三总线,单片机可以方便地扩展其外部数据存储器,外部程序存储器及 I/O 接口等外围芯片。

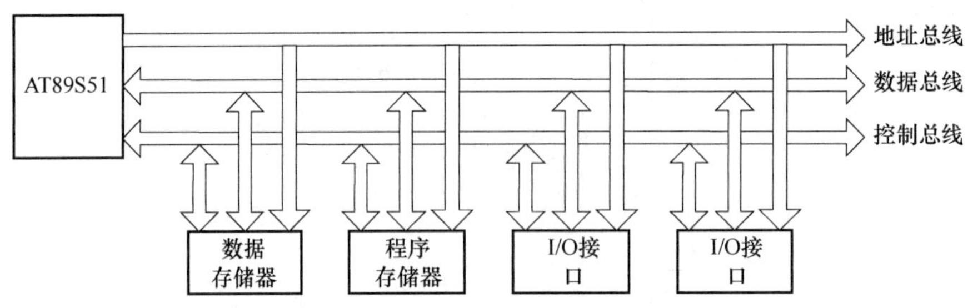

图 3.4　AT89S51 系统扩展及接口结构

(1) 地址总线(AB,Address Bus)

地址总线由单片机 P0 口提供低 8 位地址 A0～A7,P2 口提供高 8 位地址 A8～A15。若 P2 口的全部 8 条口线作为高 8 位地址,P0 口的 8 条口线作为低 8 位地址,可以形成 16 位地址,使单片机系统的寻址范围达到 64 KB 的最大范围。

由于 P0 口是地址总线低 8 位和 8 位数据总线的复用接口,只能分时用作地址线和数据线。故 P0 口输出的低 8 位地址 A0～A7 必须用锁存器锁存,以保证数据线到达时地址线不会变化。

锁存器的锁存控制信号为单片机 ALE 引脚的控制信号。ALE 的下降沿将 P0 口输出的地址 A0～A7 锁存。

(2) 数据总线(DB,Data Bus)

数据总线由 P0 口提供,用 D0～D7 表示,这些口线直接与外设的数据线相连。

(3) 控制总线(CB,Control Bus)

系统扩展时所需要的一些控制信号构成控制总线,一般由一些第一功能信号口线和第二功能信号口线组成。包括:

ALE:地址锁存选通信号,实现低 8 位地址的锁存。

$\overline{PSEN}$:扩展程序存储器读选通信号。

$\overline{EA}$:内、外程序存储器选择信号。

$\overline{RD}$和$\overline{WR}$:扩展数据存储器和 I/O 端口的读、写选通信号。

可以发现,经过上述系统扩展以后,P2 口和 P0 口线已经被占用,所以只有 P1 口和 P3 的部分口线可以作为一般 I/O 口使用了。

当需要扩展多个外围芯片时,所有芯片的数据线并联到 AT89S51 的数据总线上,而在同一时刻只能够对其中的一个芯片进行读写操作,具体到哪个芯片的数据通道有效,由地址线控制各个芯片的片选线来选择。

3. 地址分配

AT89S51 单片机的地址总线有 16 位，P0 口经过锁存器生成低 8 位地址，P2 口生成高 8 位地址。采用地址译码可以使单片机的数据总线分时地与不同地址的外围芯片进行数据传送而不发生冲突。

AT89S51 单片机的程序存储器与数据存储器使用不同控制信号进行读/写操作，它们的地址可以重叠使用，不会因为地址重叠产生数据冲突问题。

由于外部数据存储器和 I/O 口是统一编址的，因此用户可以把外部 64 KB 的数据存储器空间的一部分作为扩展外围 I/O 的地址空间。单片机可以采用相同的方式对外部存储器和 I/O 口进行读入或者写出操作。

AT89S51 通过地址总线生成地址，选择某一外部存储器单元并对其进行读入或写出操作。要保证正确完成这种功能，需要经过两种选择：一是必须选择该存储器芯片或 I/O 接口芯片，这称为片选；二是必须选择该芯片的某一存储单元，称为字选。高位片选地址加上字选单元地址，构成一个读写地址。

常用的对存储器芯片的片选方法分两种：线选择法和地址译码选通法。

(1) 线选择法(线选法)

所谓线选法通常是把 P2 口的某一口线接到扩展的外围芯片的片选端上。由于外围芯片的片选端一般为低有效，所以当该口线为低电平时，就选中该芯片。

图 3.5 中包括 I/O 扩展芯片 8155 和 8255、2 KB 的数据存储器 6116、D/A 变换器 DAC0832。外围芯片的地址由片选地址和片内字选单元地址组成，而字选单元地址是由低位地址线进行全译码选择。决定该外围芯片的地址时，对于未用到的地址位一般均设成“1”状态，这样在得到的 16 位地址码中，既包括了片选控制，也包含了字选控制。根据图 3.5 中片选线的连接方法，地址译码如表 3.7 所示。

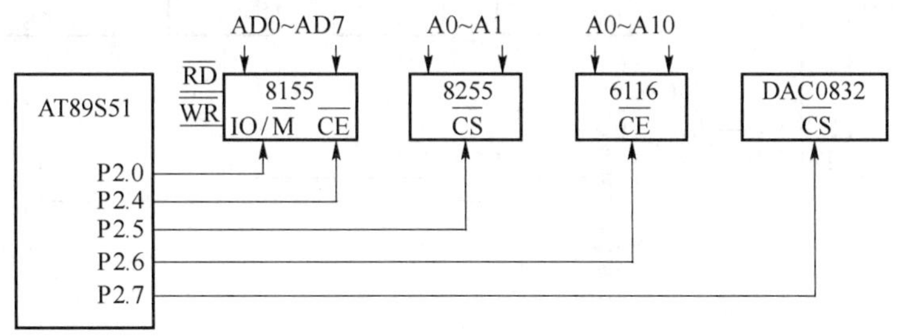

图 3.5　线选法地址译码

表 3.7　图 3.5 线选法地址表

外围器件		片内地址单元	地址选择线(A15～A0)	地址编码
8155	RAM	256	11101110××××××××	EE00～EEFFH
	I/O	6	1110111111111×××	EFF8～EFFDH
8255		4	11011111111111××	DFFC～DFFFH
6116		2 K	10111×××××××××××	B800～BFFFH
DAC0832		1	0111111111111111	7FFFH

例如访问外部数据存储器6116的单元时,单片机首先通过地址总线将P2.6置成低电平,而P2.4、P2.5、P2.7都置成高电平,即只选中6116芯片,同时低11位地址根据读写6116存储单元地址变化,这样16位地址线上就对应所要访问的6116存储单元的地址。接下来数据总线(P0.0～P0.7)进行数据的读写。如指令:

```
MOV DPTR, #B801H
MOVX @DPTR,A
```

单片机将A累加器中内容写出到6116芯片的0001H单元。而指令:

```
MOV DPTR, #B801H
MOVX A, @DPTR
```

则单片机将6116的0001单元的内容读入到A累加器,通过数据总线对6116进行读/写操作。

由于线选法各扩展芯片之间的地址范围不连续,所以其导致地址空间可能不会得到充分利用。

(2) 地址译码选通法

所谓地址译码选通法通常是取扩展外围电路中最大容量芯片的地址线位数,作为芯片的字选,用于确定片内地址,用译码器对剩余的高位地址线进行译码,译出的信号作为片选线。片选线连接到扩展外围芯片的片选端上,当该口线为低电平时,就选中该芯片。

除了参加字选的地址线外,剩余的高位地址线全部用于译码的方式,称为全地址译码。图3.6所示为采用74LS138作为地址译码器的全地址译码电路,6164为8K空间的数据存储器,字选需要的地址线为13条,即A0～A12,则剩余的3根地址线A13～A15则用于所有芯片的片选线。译码器的8根输出线分别对应于一个8KB的地址空间。

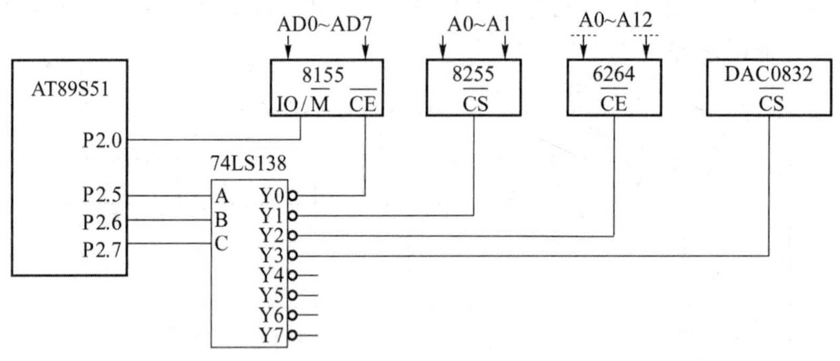

图3.6 全地址译码

进行外围芯片扩展时一般需要通读芯片的数据手册,清楚芯片的容量以便确定扩展时需要的地址线。下面以8155为例说明下如何进行外围芯片扩展。

8155是一种通用的多功能可编程RAM/IO扩展芯片,可编程是指其功能可由指令来加以改变。8155片内不仅有3个可编程并行I/O接口(A口、B口为8位、C口为6位),而且还有256 B的SRAM和一个14位定时/计数器,常用作单片机的外部扩展接口,与键盘、显示器等外围设备连接。在与单片机连接时需要用到的8155的控制线包括。

$\overline{RD}$:读选通信号,控制对8155的读操作,低电平有效。

$\overline{WR}$:写选通信号,控制对8155的写操作,低电平有效。

$\overline{CE}$:片选信号线,低电平有效。

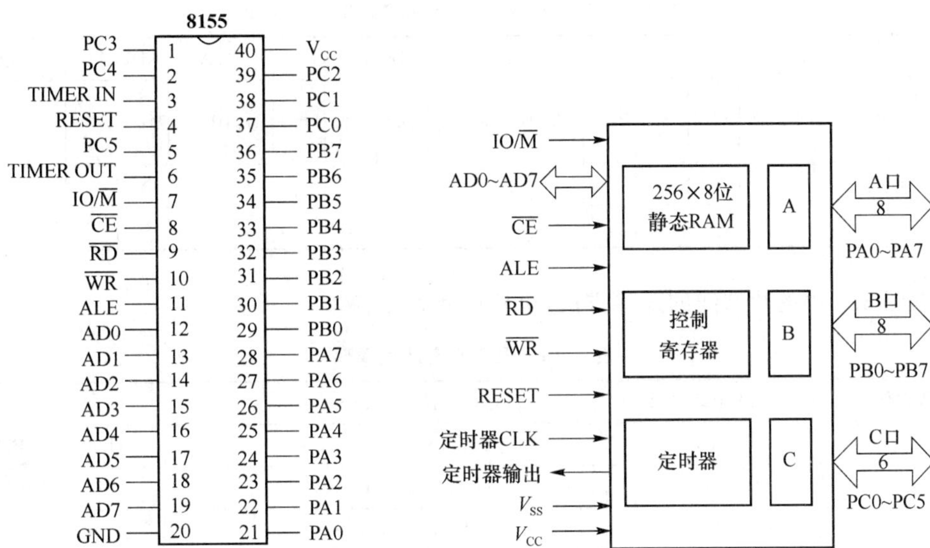

图 3.7　8155 的组成结构图与芯片引脚

IO/$\overline{M}$:8155 的 RAM 存储器或 I/O 口选择线。当 IO/$\overline{M}$=0 时,则选择 8155 的片内 RAM,共有 256 B 空间,此时 AD0～AD7 上地址为 8155 中 RAM 单元的地址(00H～FFH);当 IO/$\overline{M}$=1 时,选择 8155 的 I/O 口,AD0～AD7 上的地址为 8155 I/O 口的地址,相应地址如下表所示,即单片机对 8155 的 IO 口进行操作时,需要按照表中地址进行读写 。

ALE:地址锁存信号。8155 内部设有地址锁存器,在 ALE 的下降沿将单片机 P0 口输出的低 8 位地址信息及 IO 的状态都锁存到 8155 内部锁存器。因此,P0 口输出的低 8 位地址信号不需外接锁存器。

表 3.8　8155 I/O 口的地址分配地应表

8155 低 8 位地址	AD7	AD6	AD5	AD4	AD3	AD2	AD1	AD0
AT89S51 P0 口	P0.7	P0.6	P0.5	P0.4	P0.3	P0.2	P0.1	P0.0
命令/状态寄存器	1	1	1	1	1	0	0	0
A 口	1	1	1	1	1	0	0	1
B 口	1	1	1	1	1	0	1	0
C 口	1	1	1	1	1	0	1	1
定时器低 8 位	1	1	1	1	1	1	0	0
定时器高 6 位及方式	1	1	1	1	1	1	0	1

如图 3.6 所示,8155 的$\overline{CE}$与 AT89S51 的 P2.4 相连接,所以 P2.4 决定了 8155 芯片的片选地址,IO/$\overline{M}$ 与 P2.0 连接,决定了 P2.0 高电平时对 IO 口进行操作,低电平时对 RAM 进行读写。因此对 8155 的 RAM 和 IO 口地址确定如表 3.9 所示。

表 3.9　图 3.6 对应的 8155 RAM 和 IO 口地址

8155 地址线										AD7	AD6	AD5	AD4	AD3	AD2	AD1	AD0	地址
AT89S51 P2 口和 P0 口		P2.7	P2.6	P2.5	P2.4	P2.3	P2.2	P2.1	P2.0	P0.7	P0.6	P0.5	P0.4	P0.3	P0.2	P0.1	P0.0	
8155	RAM	1	1	1	0	1	1	1	0	×	×	×	×	×	×	×	×	EE00H～EEFFH
	IO	1	1	1	0	1	1	1	1	1	1	1	1	1	×	×	×	EFF8H～EFFDH

根据图 3.8 中的片选线的连接方法，全地址译码如表 3.10 所示。

表 3.10　图 3.6 全地址译码

外围器件		片内地址单元	地址选择线(A15～A0)	地址编码
8155	RAM	256	00011110××××××××	1E00～1EFFH
	I/O	6	0001111111111×××	1FF8～1FFDH
8255		4	00111111111111××	3FFC～3FFFH
6264		8 K	010×××××××××××××	4000～5FFFH
DAC0832		1	0111111111111111	7FFFH

采用地址译码法，可将原地址空间划分成符合需要的合理的若干区域，被划分的各块之间的地址连续。

3.6　外部存储器扩展及访问

AT89S51 单片机除在芯片内配置了 4 KB 的 Flash 程序存储器和 128 B 的数据存储器外，还可以根据控制系统开发的不同需要，扩展程序存储器和数据存储器，这时 AT89S51 单片机的存储器包括 4 个部分，即：片内数据存储器 128 B 和片外数据存储器 64 KB，片内程序存储器 4 KB、片外程序存储器 60 KB 或 64 KB(全部使用片外程序存储器，不使用片内程序存储器)。程序存储器和数据存储器最大都可以扩展到 64 KB，访问扩展存储器时 P0 口和 P2 口一起作为对扩展存储器进行寻址的 16 位地址总线，其中 P2 口作为 16 位地址总线的高 8 位地址线，P0 口作为 16 位地址总线的低 8 位地址线。P0 口在作为低 8 位地址总线使用的同时，又作为 8 位数据总线使用，为保证数据地址和数据同时传送给指定的扩展存储器，使用时要外接地址锁存器，在 ALE 信号的下降沿将低 8 位地址锁存到地址锁存器中，之后释放总线供传送数据或指令代码使用。

3.6.1　外部数据存储器扩展与访问

1. 外部数据存储器扩展

AT89S51 单片机在芯片内已经集成了 128 B 的数据存储器，应用系统的控制要求比较简单、需要处理的数据量不大时，这 128 B 的存储空间基本够用。当应用系统的控制功能比较复杂、需要处理的数据量较大时，可向外扩展数据存储器，最大可扩展到 64 KB 存储空间。

AT89S51 单片机外部存储器扩展方法如图 3.8 所示。

外部数据存储器地址为 0000H～FFFFH 对应的 64 KB 地址空间。

从图 3.8 中可以看到，AT89S51 单片机与外部数据存储器之间的连接有三组总线：16 位地址总线、8 位数据总线和控制总线。地址总线由 P2 口和 P0 口提供，数据总线由 P0 口提供，控制总线包括 ALE，$\overline{RD}$/P3.7 和$\overline{WR}$/P3.6。

外部数据存储器的读和写分别由$\overline{RD}$/P3.7 和$\overline{WR}$/P3.6 信号控制。

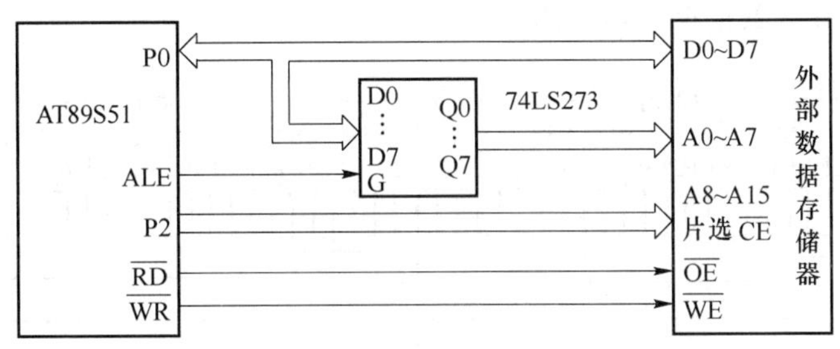

图 3.8　外部数据存储器扩展

2. AT89S51 单片机访问外部数据存储器所使用的控制信号

- ALE：低 8 位地址锁存控制；
- $\overline{RD}$/P3.7：外部数据存储器“读”控制，低电平有效。
- $\overline{WR}$/P3.6：外部数据存储器“写”控制，低电平有效。

3. 访问外部数据存储器过程

对外部数据存储器的访问包括从外部数据存储器读数据到单片机和从单片机写数据到外部数据存储器两个操作。

访问外部数据存储器使用 MOVX 类指令，如 MOVX A，@Ri，MOVX @Ri，A，MOVX A，@DPTR，MOVX @DPTR，A。

从外部数据存储器读数据到单片机操作：执行指令 MOVX A，@DPTR 和 MOVX A，@Ri。当程序执行了上述指令后，首先通过地址总线 P2 口和 P0 口给出地址信号(DPTR 中数据)，选中数据存储器该地址的存储单元，然后由控制总线$\overline{RD}$/P3.7 发出读选通信号，在读选通信号的控制作用下，存储在被选中存储单元中的数据读出并送至数据总线 P0 口，单片机通过对数据总线的访问读取已送至数据总线的数据到累加器 A 中，完成一次对外部数据存储器的读操作过程。

从单片机写数据到外部数据存储器操作：MOVX @Ri，A 和 MOVX @DPTR，A。当程序执行了上述指令后，首先通过地址总线 P2 口和 P0 口给出地址信号，选中数据存储器中对应该地址的存储单元，然后由控制总线$\overline{WR}$/P3.6 发出写选通信号，在写选通信号的控制作用下，累加器 A 中的出现在数据总线 P0 口上的数据写入到地址总线对应的外部数据存储器的存储单元，完成一次对外部数据存储器的写操作过程。

4. 地址锁存器的作用

当 CPU 访问外部数据存储器时，16 位外部数据存储器地址的低 8 位地址出现在 P0 口，高 8 位地址出现在 P2 口，P0 口和 P2 口的输出组成了 16 位地址。但由于 P0 口同时又作为由外部数据存储器读取的 8 位指令代码的数据总线，因此为了保证 CPU 访问外部数据存储器期间提供给外部数据存储器的 16 位地址不变，同时由外部数据存储器读入或者写出的 8 位数据能够出现在 P0 口总线上，所以需将 P0 口输出的低 8 位地址数据进行锁存。

74LS273 作为地址锁存器时，它的锁存控制端 G 直接与单片机的地址锁存控制信号 ALE

相连。ALE 为高电平时,74LS273 的输出端数据为 P0 口数据,ALE 下降沿锁存 P0 口数据,输出端数据不再跟随 P0 口数据变化,即输出保持原来的数据,不随输入而变化,保证地址信号保持在外部数据存储器的地址线上,并释放 P0 口输出数据给外部数据存储器或者接收由外部数据存储器读取的数据。直到下一次 ALE 变高时,输出端数据才会发生变化。

5. 访问外部数据存储器时序

图 3.9 为访问外部数据存储器的读时序。

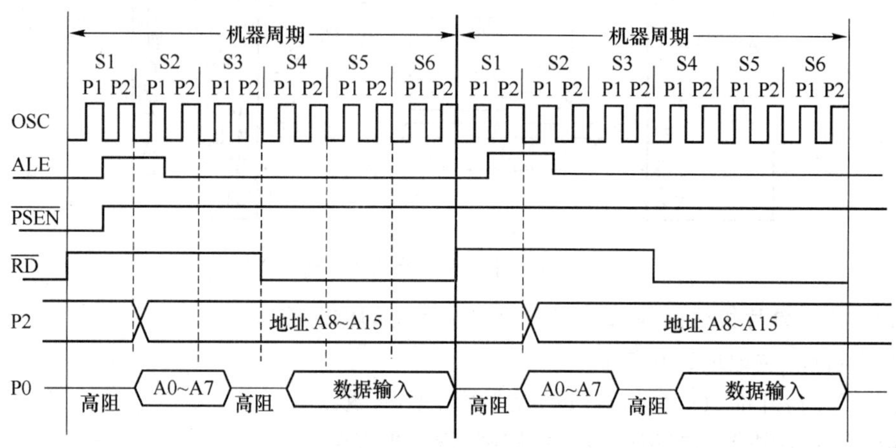

图 3.9 外部数据存储器读时序

分析如下:

(1) S1 状态,地址锁存允许信号 ALE 信号的上升沿(低电平变为高电平),开始读周期。

(2) S2 状态,CPU 把低 8 位地址送到 P0 口线,同时把高 8 位地址送到 P2 口线(若执行 MOVX A,@DPTR 类指令)。

在 S2 状态,地址锁存允许信号 ALE 的下降沿(高电平变为低电平)时,将低 8 位地址信号锁存到外部地址锁存器中,而高 8 位地址信息此后一直锁存在 P2 口上,无须再外加锁存器。

(3) S3 状态,P0 口总线进入到高阻状态;

(4) S4 状态,读控制信号 $\overline{RD}$ 变成低有效,经一定的延时将被寻址的外部数据存储器指定单元的数据送至 P0 口数据总线;

(5) S6P2 状态结束时,$\overline{RD}$ 信号的上升沿到来,被寻址的外部数据存储器的总线驱动器悬空,P0 口总线又进入到高阻状态;

(6) 至此,由一机器周期的第 2 个振荡周期(S1P2)开始到一个机器周期的第 12 个振荡周期(S6P2)结束,完成了一次对外部数据存储器的读操作过程。

使用 MOVX @ DPTR,A 指令对外部数据存储器进行写操作的时序如图 3.10 所示。

将外部数据存储器写操作时序与外部数据存储器读操作时序比较可以看出,写操作时序与读操作时序基本相同,但有所区别,两者的区别如下:

(1) 写操作过程是 CPU 主动将数据送上 P0 口数据总线,而读操作则是由外部数据存储器读入数据后送上 P0 口数据总线;

(2) CPU 向 P0 口数据总线送上低 8 位地址并被锁存到地址锁存器后,在 S3 状态就可以向 P0 口总线送上要写入的数据;在 S3P2~S4P2 区间,P0 口总线不再呈现高阻状态;

(3) 在 S4 状态,写控制信号 $\overline{WR}$ 低电平有效,选通被寻址的外部数据存储器单元,经片刻的延时后将 P0 口数据总线上的数据写入到被寻址的外部数据存储器单元中，在 S6P2 结束前完成对外部数据存储器写操作。

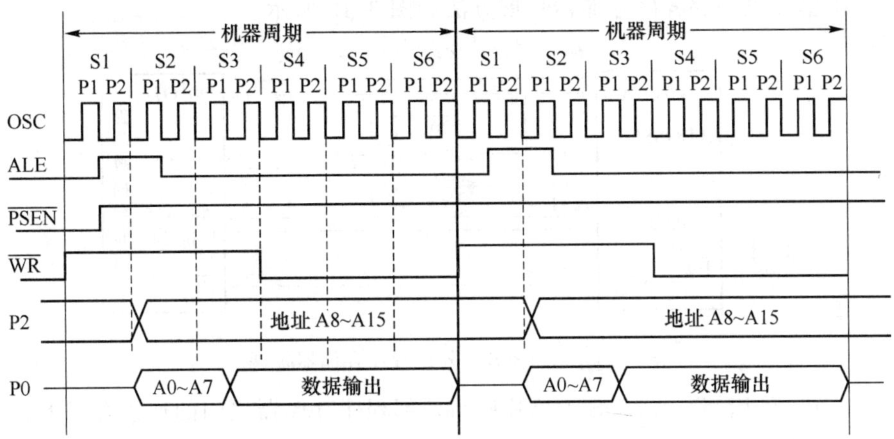

图 3.10　外部数据存储器写操作时序

3.6.2　程序存储器扩展与访问

1. 程序存储器扩展

AT89S51 单片机芯片内配置了 4 KB 的可编程 Flash 存储器，地址为 0000H～0FFFH，可外部扩展到 64 KB，如图 3.11 所示。

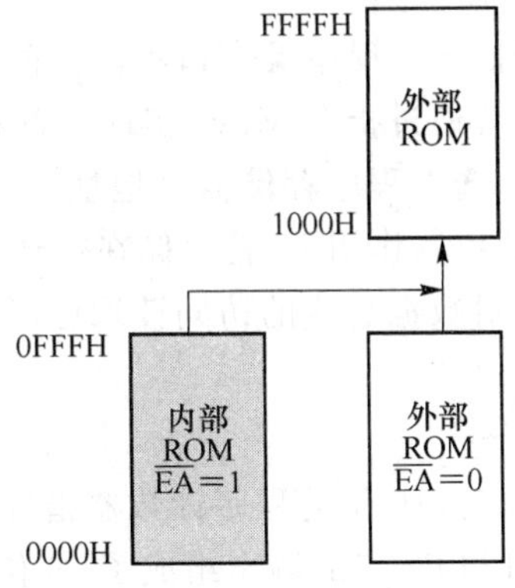

图 3.11　AT89S51 程序存储器

从图 3.11 中可以看到，AT89S51 单片机的程序存储器没有采用分区的方法，64 KB 的地址空间是统一使用的。在读取程序存储器中所储存的程序时，是从芯片内的程序开始读取还是由芯片外的程序开始读取由引脚$\overline{EA}$的信号电平来控制。当引脚$\overline{EA}$＝1(接通电源电压 V_{CC})时，CPU 开始从芯片内程序存储器的 0000H 单元开始读取指令代码，当外部扩展有程序存储器，且程序计数器 PC 的值超过了 0FFFH，则 CPU 会自动过渡到片外程序存储器空间 1000H～FFFFH 读取指令代码，此时外部最多可以扩展 60 KB 的程序存储器。系统程序存储器的整个存储空间最大可扩展为 64 KB，地址范围为 0000H～FFFFH，其中芯片内配置的 4 KB Flash 程序存储器的地址范围为 0000H～0FFFH。

引脚$\overline{\text{EA}}$=0(接地)时,CPU只对外部程序存储器进行读取操作,由$\overline{\text{PSEN}}$信号进行读选通。

AT89S51单片机外部程序存储器扩展方法如图3.12所示。

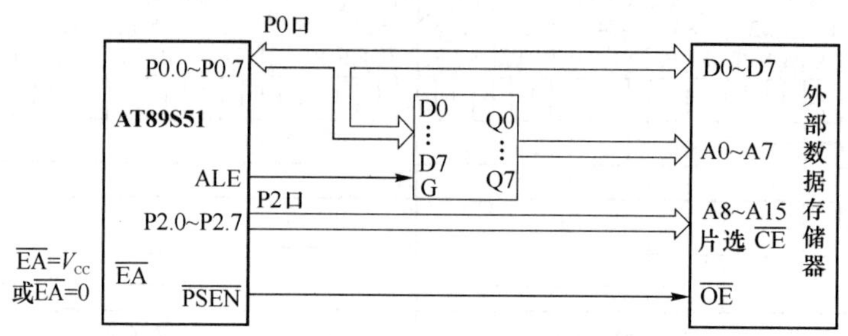

图3.12 AT89S51外部程序存储器扩展

从图3.12中可以看到,AT89S51单片机与外部程序存储器之间的连接有三组总线:16位地址总线、8位数据总线和控制总线。地址总线由P2口和P0口提供,数据总线由P0口提供,控制总线包括ALE,$\overline{\text{PSEN}}$和$\overline{\text{EA}}$。

2. AT89S51单片机访问外部程序存储器所使用的控制信号

- ALE:低8位地址锁存控制。
- $\overline{\text{PSEN}}$:外部程序存储器"读取"控制。
- $\overline{\text{EA}}$:片内、片外程序存储器访问的控制信号。$\overline{\text{EA}}$=1时,访问片内程序存储器和片外程序存储器,如果系统中未扩展片外程序存储器,则只访问片内程序存储器;当$\overline{\text{EA}}$=0时,只访问片外程序存储器。

3. 访问外部程序存储器的过程

对外部程序存储器的访问包括读入程序操作和从程序存储器读数据到累加器A中,前者是CPU执行程序时自动完成,后者通过指令Movc实现。首先通过地址总线P2口和P0口给出程序存储器PC中的地址信号,选中程序存储器该地址的存储单元,然后由控制总线$\overline{\text{PSEN}}$发出读选通信号,在读选通信号的控制作用下,将存储在被选中存储单元中的指令代码读出并送至数据总线P0口,单片机通过对数据总线的访问读取已送至数据总线的指令代码,完成一次对外部程序存储器的访问过程。

4. 地址锁存器的作用

当CPU访问外部程序存储器时,16位的程序计数器指针PC的低8位地址出现在P0口,高8位地址则出现在P2口,P0口和P2口的输出组成了16位地址。但由于P0口同时又作为由外部程序存储器读取的8位指令代码的数据总线,因此为了保证CPU访问外部程序存储器期间提供给外部程序存储器的16位地址不变,同时由外部程序存储器读取的8位指令代码能够通过P0口输入到单片机中,所以需将P0口输出的低8位地址码进行锁存。

74LS373作为地址锁存器时,它的锁存控制端G直接与单片机的地址锁存控制信号ALE相连。ALE为高电平时,74LS373的输出端数据为P0口数据,ALE下降沿锁存P0口数据,输出端数据不再跟随P0口数据变化,即输出保持原来的数据,不随输入而变化,保证地址信号保持在外部程序存储器的地址线上,并释放P0口接收由外部程序存储器读取的8位指令代码。直到下一次ALE变高时,输出端数据才会发生变化。

5. 访问外部程序存储器的时序

CPU从外部程序存储器读指令时,16位地址的低8位(PCL)由P0口输出,高8位地址

(PCH)由 P2 口输出,而指令的 8 位代码通过 P0 口输入。CPU 读指令有两种情况:一是不访问外部数据存储器的指令,此时只扩展外部程序存储器;二是访问外部数据存储器的指令,即同时扩展外部程序存储器和外部数据存储器。因此,访问片外程序存储器的操作时序分两种情况:执行非 MOVX 指令的时序;执行 MOVX 指令的时序,如图 3.13 所示。

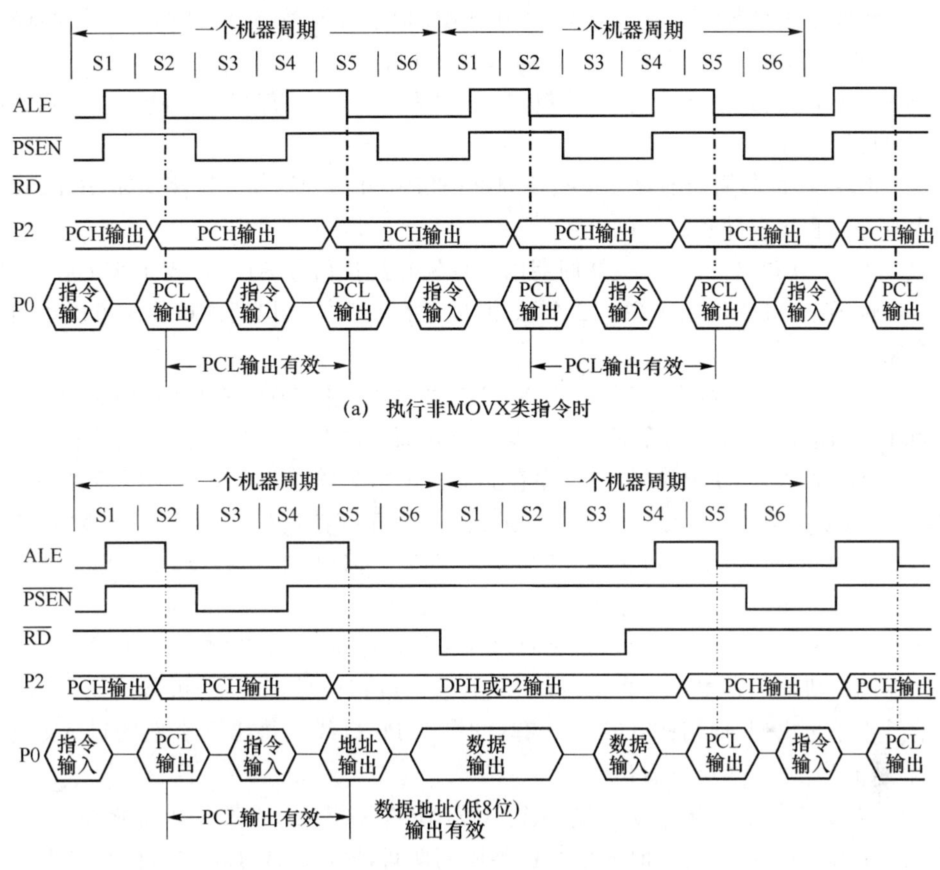

(a) 执行非MOVX类指令时

(b) 执行MOVX类指令时

图 3.13　外部程序存储器的操作时序

执行非 MOVX 指令时,P2 口专用于输出程序计数器 PC 高 8 位 PCH 中的内容,P2 口具有输出锁存功能,可直接与外部程序存储器的地址线相连。P0 口除了输出程序计数器 PC 低 8 位 PCL 中的内容外,还要输入指令码,所以必须用 ALE 信号锁存 PCL。ALE 信号频率是振荡频率的 1/6,在每个机器周期中,允许地址锁存信号 ALE 两次有效,且在下降沿时锁存 PCL。对$\overline{\text{PSEN}}$信号而言,也是每个机器周期两次有效,用于选通外部程序存储器,使指令码由 P0 口读入片内。

外部程序存储器的时序分析如下。

(1) 在机器周期的第 3 个振荡周期(S2P1)开始时,单片机将程序计数器 PC 内的 16 位地址信号通过 P0 口和 P2 口送出,P2 口输出 16 位地址信号的高 8 位 A8～A15,并在机器周期的第 8 个振荡周期(S4P2)结束前有效。

(2) P0 口输出 16 位地址信号的低 8 位 A0～A7。因为 P0 口还要用来作为数据总线向单片机传送指令代码,所以 P0 口输出的低 8 位地址信号 A0～A7 仅在状态 S2 内保持有效,以便将 P0 口作数据总线传送指令代码。

(3) 为了保证访问外部程序存储器过程中地址信号的稳定不变,并将P0口作为数据总线传送数据,P0口输出的低8位地址信号A0～A7需要送至地址锁存器锁存。在地址锁存允许信号ALE的下降沿到来时,P0口输出的低8位地址信号A0～A7已经稳定,因此可以使用ALE的下降沿将低8位地址信号A0～A7送入地址锁存器锁存。

(4) 外部程序存储器读选通信号$\overline{PSEN}$在S3P1时已经有效,这时开始选通外部程序存储器,将指定存储单元中的指令代码读至数据总线(P0口)。

(5) 在$\overline{PSEN}$的上升沿到来前,单片机对P0口采样,读入外部程序存储器传送到数据总线(P0口)上的指令代码。

(6) 至此,由一机器周期的第3个振荡周期(S2P1)开始到第8个振荡周期(S4P2)结束,完成了一次对外部程序存储器的访问过程。

由图3.13可以看出,在一个机器周期内地址锁存允许信号ALE出现了2个脉冲,外部程序存储器读选通信号$\overline{PSEN}$也出现了2个脉冲,因此在一个机器周期内单片机可以访问2次外部程序存储器。

当系统中接有外部数据存储器,执行MOVX指令时,外部程序存储器的操作时序有所变化。原因在于,执行MOVX指令时,16位地址应转而指向数据存储器。在指令读入以前,P2口、P0口输出的地址PCH、PCL指向程序存储器。在指令读入并判断是MOVX指令后,在该机器周期的S5状态,ALE锁存的P0口的地址不是程序存储器的低8位,而是数据存储器的地址。若执行的是“MOVX　A,@DPTR”或“MOVX　@DPTR,A”指令,则此地址就是数据指针的低8位DPL;同时,在P2口上出现的是数据指针的高8位DPH。若执行的是“MOVX　A,@Ri”或“MOVX　@Ri,A”指令,则Ri的内容为低8位地址,而P2口线上将是P2口锁存器的内容。在同一机器周期中将不再出现$\overline{PSEN}$有效的取指信号,下一个机器周期中ALE的有效锁存信号也不再出现;而当$\overline{RD}$(或$\overline{WR}$)有效时,在P0口线上将出现有效的输入数据(或输出数据)。从时序图3.13可以看出:

(1) 将ALE用作定时脉冲输出时,执行一次MOVX指令其会丢失1个脉冲;

(2) 只有执行MOVX指令时的第2机器周期期间,地址总线才由数据存储器使用。

3.7　Flash存储器操作

片内Flash操作包括对Flash签名字节的读出、程序加密、并行编程、串行编程等。

3.7.1　签名字节及读出

1. 签名字节

所谓签名字节是Flash存储器的生产厂商在生产AT89S系列单片机时,写入到Flash存储器中的一组用以说明单片机的生产厂商、型号和编程电压等的特征信息。

在单片机的封装外壳上,会以某种形式印刷有这组信息。之所以将这组信息以签名字节的形式存储在Flash存储器中,是为了在所印刷的信息被磨损后通过读出签名字节内容来获得这组信息,方便使用。

AT89S51的签名字节共有3 B,具体在存储器中的地址和含义如表3.11所示。

表 3.11 签名字节的地址、内容和代表的含义

地址	内容	代表的含义
000H	1EH	表示产生厂商为 ATMEL 公司
100H	51H	表示为 AT89S51 型单片机
	52H	表示为 AT89S52 型单片机
200H	06H	

2. 签名字节的读出

签名字节内容被读出时的电路逻辑结构如图 3.14 所示。

AT89S51 签名字节的读操作过程如下：

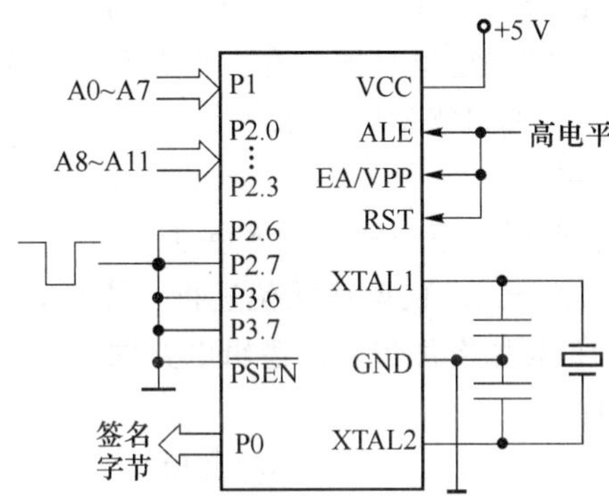

图 3.14 签名字节被读出时的电路逻辑结构

(1) 按照图 3.14 所示在 XTAL1 和 XTAL2 引脚间连接石英晶振；

(2) 将引脚 V_{CC}接上+5 V 电源，GND 引脚接地；

(3) RST、ALE 和$\overline{\text{EA}}$引脚接高电平；

(4) $\overline{\text{PSEN}}$、P2.6、P3.6、P3.7 引脚接低电平；

(5) 将签名字节的低 8 位地址送 P1 口，高 4 位地址送 P2.0～P2.3 口；

(6) 在引脚 P2.7 上施加一个负脉冲，同时在 P0 口读取签名字节的内容；

(7) 修改 P1 口和 P2.0～P2.3 口上的地址，重复执行步骤(6)，直到所有签名字节的内容被读出。

3.7.2 程序存储器的加密

1. 程序存储器加密的概念

为了保护所存储程序的安全性，防止被非法读出，保护开发者的合法利益，需要对写入 Flash 存储器中的程序进行加密。AT89S 系列单片机提供了较强的加密功能，可以对 Flash 存储器实施不同程度的封锁，以阻止对程序的非法读出，保护程序的安全。

AT89S 系列单片机提供了 3 位加密位 LB1、LB2 和 LB3，对每位加密位可维持原来的非编程状态(U)，也可进行编程(P)，每位加密位是否进行了编程便可组合形成几种不同的保护模式，如表 3.12 所示。

表 3.12　程序加密位的保护模式

模式	加密位			组合加密功能
	LB1	LB2	LB3	
1	U	U	U	没有程序加密功能
2	P	U	U	禁止在外部程序存储器中执行 MOVC 类指令读取内部程序存储器中的指令代码；$\overline{\text{EA}}$被采样并在复位时被锁存；禁止对 Flash 存储器再编程
3	P	P	U	同模式 2,并禁止内部存储器校验
4	P	P	P	同模式 3,并禁止外部存储器的执行

表 3.12 中未列出的其他组合方式未被定义。从表 3.12 中可以看出，当 LB1 被编程时，$\overline{\text{EA}}$引脚上的信号(电平)被采样并在复位时被锁存。如果程序锁定位被编程后一直没有复位操作，则锁存器中的值是随机的，直到复位后起作用。

2. 程序存储器加密的方法

对程序存储器加密需要根据所希望采取的加密保护模式对 3 位加密位 LB1、LB2 和 LB3 进行编程。编程按照 LB1→LB2→LB3 的顺序按位进行。注意，在对各位加密位进行编程时，其控制信号是不同的。图 3.15 为加密位编程的逻辑电路图。

(1) 对加密位 LB1 的编程

步骤 1：将 RST、P2.6、P2.7、P3.6、P3.7 引脚接高电平。

步骤 2：将$\overline{\text{PSEN}}$引脚接低电平。

步骤 3：在$\overline{\text{EA}}/V_{PP}$引脚上加编程电压 5 V 或 12 V，具体的编程电压值由签名字节或芯片封装外壳上给出。

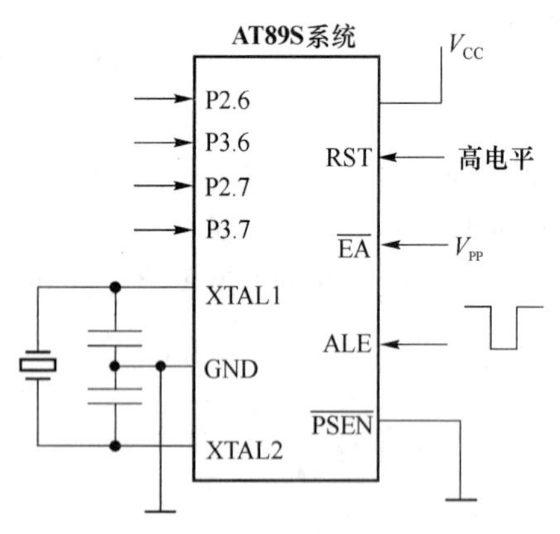

图 3.15　加密位编程逻辑电路

步骤 4：在 ALE/$\overline{\text{PROG}}$引脚上施加脉宽大于 1～110 μs 的编程负脉冲。

(2) 对加密位 LB2 的编程

步骤 1：将 RST、P2.6、P2.7 引脚接高电平。

步骤 2：将$\overline{\text{PSEN}}$、P3.6、P3.7 引脚接低电平。

步骤 3：在$\overline{\text{EA}}/V_{PP}$引脚上加编程电压 5 V 或 12 V，具体的编程电压值由签名字节或芯片封装外壳上给出。

步骤 4：在 ALE/$\overline{\text{PROG}}$引脚上施加脉宽大于 1～110 μs 的编程负脉冲。

(3) 对加密位 LB3 的编程

步骤 1：将 RST、P2.6、P3.6 引脚接高电平。

步骤 2：将$\overline{\text{PSEN}}$、P3.6、P3.7 引脚接低电平。

步骤 3：在$\overline{\text{EA}}/V_{PP}$引脚上加编程电压 5 V 或 12 V，具体的编程电压值由签名字节或芯片封装外壳上给出。

步骤 4：在 ALE/$\overline{\text{PROG}}$引脚上施加脉宽大于 1 μs，小于 110 μs 的编程负脉冲。

通过对以上各加密位的编程步骤可以看到，对不同加密位的加密操作控制信号是不同的。对加密位编程后，可照常执行内部程序存储器中的程序，但不能被外部读出或写入，也不能执行外部程序存储器程序。解密的唯一方法是擦除，一旦解密就恢复了芯片的全部功能，可重新进行编程。

3.7.3　Flash 存储器的并行编程

Flash 存储器最突出的优点之一是可多次擦写且操作简单，不需要专用设备，这大大地方便了实际应用，用户可以非常方便地修改程序存储器中的程序。

1. Flash 编程器的并行编程方式

AT89S51 单片机的内部 Flash 存储器出厂时处于可编程状态，除签名字节已经有存储数据外，其他存储单元的内容均为 FFH。编程时需要接 12 V 编程电压，与通用的 Flash 编程器或 EPROM 编程器兼容，因此可使用常规的 Flash 编程器或 EPROM 编程器进行编程。AT89S51 单片机的编程以字节为单位，逐位编程。图 3.16 为并行编程的接口电路图。

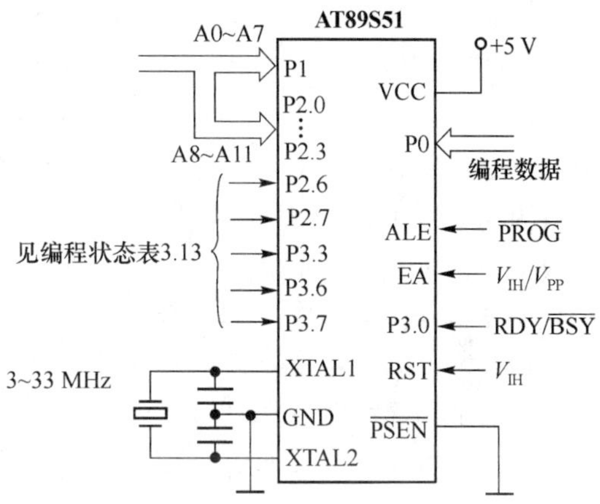

图 3.16　AT89S51 Flash 存储器并行编程的接口电路

2. 并行编程的算法：

从编程接口电路可以看出，AT89S51 单片机编程时，除地址线和数据线外还需要一些控制信号，表 3.13 为编程时这些控制信号的状态情况。

AT89S51 单片机内部 Flash 为 4 KB，地址范围 0000H～0FFFH，因此编程时需要 12 位地址线。编程时，被编程存储单元的地址由 P0 口和 P2 口的 P2.0～P2.3 输入（12 位地址），编程代码从 P0 口输入，P2.6、P2.7、P3.3、P3.6 和 P3.7 引脚的电平依据表 3.13 设置。编程时，RST 引脚接高电平，$\overline{\text{PSEN}}$引脚接低电平（接地），ALE/$\overline{\text{PROG}}$引脚接编程负脉冲，每次写入代码的脉冲宽度 200～500 ns，$\overline{\text{EA}}/V_{PP}$是编程电压的输入引脚，按规定要求接 12 V 编程电压，编程时的振荡频率为 3～33 MHz。

表 3.13　AT89S51 Flash 存储器编程状态

模式	RST	$\overline{\text{PSEN}}$	ALE/$\overline{\text{PROG}}$	$\overline{\text{EA}}/V_{PP}$	P2.6	P2.7	P3.3	P3.6	P3.7
写代码数据	H	L	负脉冲②	12 V	L	H	H	H	H
读代码数据	H	L	H	H	L	L	L	H	H
写加密位 BL1	H	L	负脉冲③	12 V	H	H	H	H	H
写加密位 BL2	H	L	负脉冲③	12 V	H	H	H	L	L
写加密位 BL3	H	L	负脉冲③	12 V	H	L	H	H	L
读加密位 1,2,3④	H	L	H	H	H	H	L	H	L
芯片擦除	H	L	负脉冲①	12 V	H	L	H	L	L
读标志字节	H	L	H	H	L	L	L	L	L

注：① 片擦除$\overline{\text{PROG}}$脉宽 200～500 ns；

② 写代码数据$\overline{\text{PROG}}$脉宽 200～500 ns；

③ 写加密位$\overline{\text{PROG}}$脉宽 200～500 ns；

④ 读加密位 LB1、LB2、LB3 分别出现在 P0.2、P0.3 和 P0.4 引脚。

并行编程按以下步骤进行：

(1) 地址线 P1.0～P1.7、P2.0～P2.3 上输入需要的单元地址；

(2) 数据线 P0.0～P0.7 上输入待写入的字节代码数据；

(3) 使各控制信号有效；

(4) $\overline{EA}/V_{PP}$引脚施加 12 V 编程电压；

(5) ALE/$\overline{PROG}$引脚施加编程负脉冲，每个编程脉冲写入一个字节或一个加密位，写入周期由单片机内部自动设定，其典型值为 50 μs。

(6) 重复步骤(1)～(5)，改变所输入的地址和代码数据，一直到所有的程序写完为止。

3. 数据查询方式

AT89S51 可以通过数据查询的方式来判断一个编程的写周期是否结束。在写周期内，如果想读出最后写入字节的数据，则读出的数据的最高位(在 P0.7 引脚)是写入数据的反码。

写周期一结束，写入该字节的正确数据将出现在数据总线上，标志着下一个写周期的开始。数据查询可在写周期后的任何时刻进行。

4. 准备就绪/忙(RDY/$\overline{BSY}$)信号

数据查询方式实际上是提供给编程者监视编程过程的一种方法。除此之外，还可在编程过程中通过准备就绪/忙(RDY/$\overline{BSY}$)信号对编程过程进行监视。

在编程过程中，当 ALE/$\overline{PROG}$引脚上的负脉冲由低变高后，P3.0 引脚(RDY/$\overline{BSY}$)上的电压被拉低，表示正处于编程状态(忙)。当编程结束后，P3.0 引脚的电平被拉高，表示前一字节的编程已经完成，处于准备就绪状态，可以开始下一个写周期。

5. 程序的校验

若 Flash 程序存储器的加密位没有被编程，则可以通过地址线和数据线读出 Flash 程序存储器中的程序，对之进行校验。

图 3.17 为 AT89S51 片内 Flash 存储器并行校验的接口电路。

对比并行编程接口电路图 3.16 可看出，地址仍由 P0 口和 P2 口的 P2.0～P2.3 输入(12 位地址)，校验的程序代码从 P0 口输出，P2.6、P2.7、P3.3、P3.6 和 P3.7 引脚的电平设置仍然依据表 3.13 设置，在 V_{CC}引脚和 P0 口的各位端接 10 kΩ 的上拉电阻。

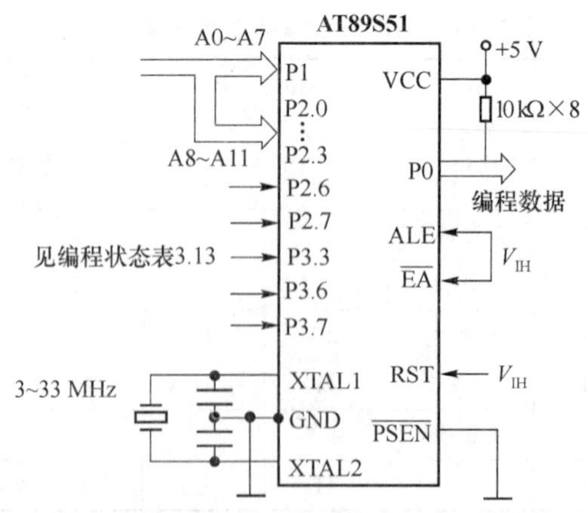

图 3.17 AT89S51 Flash 存储器并行校验接口电路

需要注意的是，程序加密位不能按照上述办法进行直接的校验，而要通过观察它们的加密功能是否被实现来判断。

6. Flash 程序存储器的片擦除

并行编程模式下对 AT89S51 内部 Flash 存储器芯片的整片擦除，各控制信号按照表 3.13 中芯片擦除一栏的值进行设置。

擦除后 Flash 存储器除签名字节外其他存储单元的内容均为 FFH。在对 Flash 存储器重新编程前，需要先执行芯片的擦除操作。

3.7.4　Flash 存储器的串行编程

1. Flash 存储器的串行编程方式

当 RST 引脚接高电平时，可通过串行接口 ISP 对 AT89S51 Flash 进行编程。串行接口 ISP 由引脚 P1.5/MOSI、P1.6/MOSO 和 P1.7/SCK 组成，P1.5/MOSI 引脚作为串行指令的输入端口，P1.6/MISO 引脚为串行数据的输出端口，P1.7/SCK 引脚为串行移位脉冲的输入端口。串行编程/下载接口电路如图 3.18 所示。

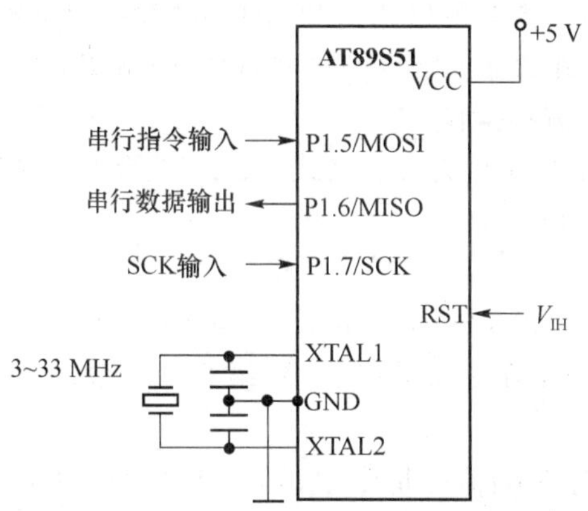

图 3.18　AT89S51 Flash 存储器串行编程/下载接口电路

在 RST 被置成高电平之后、执行串行编程操作之前，必须先执行串行编程允许指令，这样才可以实现串行编程。如果是对 Flash 重新编程，则必须先执行片擦除操作，擦除后 Flash 存储器芯片除签名字节外其他存储单元的内容均为 FFH。

串行编程工作模式下时钟振荡器有外部时钟信号和芯片内时钟发生电路两种方式。采用外部时钟信号方式时，外部时钟信号由 XTAL1 引脚输入，XTAL2 引脚悬空。采用芯片内时钟发生电路方式时，在 XTAL1 和 XTAL2 引脚之间跨接晶振和微调电容。

无论采用哪一种时钟方式，串行移位脉冲 SCK 均应低于晶振频率的 1/16。如晶振频率为 33 MHz，则 SCK 的最高频率应该是 2 MHz。

2. Flash 存储器的串行编程算法

按照下列步骤对 Flash 实现串行编程：

(1) 对 RST、V_{CC}和 GND 引脚加电，加电次序如下：

① 在 V_{CC}和 GND 引脚之间加电源电压；

② 将 RST 设置为高电平(若采用外部时钟信号，则必须延时 10 ms 后方可)。

(2) 在 P1.5/MOSI 引脚输入编程允许指令；

(3) 在 P1.5/MOSI 引脚输入写程序存储器指令；

AT89S51 的串行编程指令中包含了编程单元地址和代码数据，向 P1.5/MOSI 引脚输入写程序存储器指令时,便确定了可编程的字节地址和指令数据。写入周期采用内部自动定时的方式,在 $V_{CC}=5$ V 时其典型值不大于 1 ms。

编程可按字节模式或页模式写入。在采用字节编程模式时,编程的地址单元和代码数据包含在指令的 2,3,4 字节中。

(4) 读指令。使用读指令,在 P1.6/MISO 引脚上读出芯片内 Flash 程序存储器任意存储单元中的内容,用于编程校验。

(5) 编程结束后将 RST 引脚置低电平,系统回复到正常操作状态。

如果需要,可按照下面的步骤实施断电:

(1) 将 XTAL1 引脚置成低电平(若使用外部时钟);

(2) 将 RST 引脚置低电平;

(3) 关断电源 V_{CC}。

3. AT89S51 的串行编程指令

从图 3.18 可以看到,AT89S51 单片机串行编程的接口电路较并行编程要简单许多,只需要 P1.5/MOSI 引脚作为串行指令的输入端口,P1.6/MISO 引脚作为串行数据的输出端口,P1.7/SCK 引脚作为编程时钟的输入端口即可,编程的控制功能主要靠软件来实现,输入不同的编程指令便可实现不同的编程操作。

AT89S51 单片机串行编程指令为 4 B 格式,表 3.14 给出了 AT89S51 单片机串行编程指令的格式构成和各指令的编码。

现对表 3.14 说明如下。

(1) 在输入串行编程允许指令的同时,RST 引脚置成高电平。

(2) 以字节模式读/写程序存储器的指令中,第 2、3 字节的内容为存储单元的地址,第 4 字节为代码数据。

(3) 以页模式读/写程序存储器的指令中,第 2 字节的内容为页地址,第 3 字节为字节代码的字节 0,第 4 字节为字节代码的字节 1,连续输入/输出字节代码,直到字节代码的字节 255。256 字节为 1 页。

(4) 在写模式下,字节代码或页代码输入一结束,便立刻进入写周期的内部自动定时。

(5) 在写程序加密位时,数位 B1 和 B2 的值与保护模式如表 3.15 的关系。

表 3.14 AT89S51 单片机串行编程指令集

指令		指令格式			
		字节 1	字节 2	字节 3	字节 4
编程允许	写/擦允许	1010 1100	0101 0011	×××× ××××	×××× ××××
	读允许	1010 1100	0101 0011	×××× ××××	0110 1001
片擦除		1010 1100	100× ××××	×××× ××××	×××× ××××
读程序(字节模式)		0010 0000	×××× A11-A8	A7-A4 A3-A0	D7-D4 D3-D0
写程序(字节模式)		0100 0000	×××× A11-A8	A7-A4 A3-A0	D7-D4 D3-D0
写加密位		1010 1100	1110 00B1B2	×××× ××××	×××× ××××
读加密位		0010 0100	×××× ××××	×××× ××××	×××LB3 LB2LB1××
读程序(页模式)		0011 0000	×××× A11-A8	字节 0	字节 1~字节 255
写程序(页模式)		0101 0000	×××× A11-A8	字节 0	字节 1~字节 255

表 3.15　B1 和 B2 值与保护模式的关系

B1	B2	保护模式	说明
0	0	1	无程序加密功能
0	1	2	LB1 有效
1	0	3	LB2 有效
1	1	4	LB3 有效

关于保护模式及 LB1、LB2 和 LB3 的意义见表 3.12。

(6) 在读出程序加密位时，加密位 LB3、LB2 和 LB1 顺序出现在串行数据输出口 P1.6/MISO 的 D4、D3 和 D2 位上。

4. 串行编程模式下的数据查询

AT89S51 在串行编程模式下也具有数据查询。

在写周期内，读出最后写入的字节时，则在串行数据输出口 P1.6/MISO 引脚上出现写入字节数据最高位的反码。

图 3.19 为串行编程模式下编程和校验的波形。

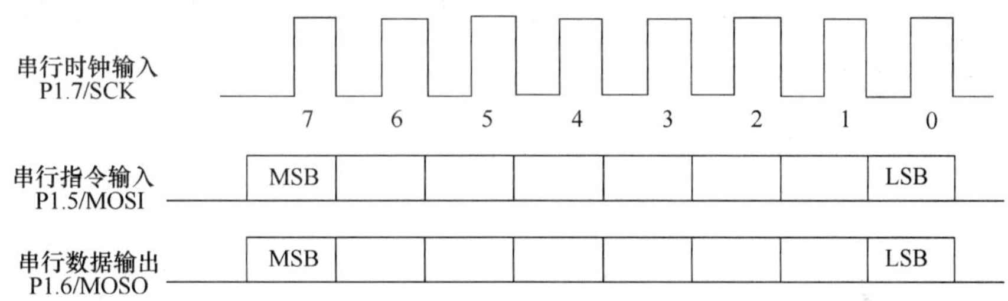

图 3.19　串行编程模式下编程校验波形

习　　题

1. Flash 存储器与 EPROM 和 E^2PROM 相比，有哪些突出的优点？

2. 说明 AT89S51 片内 RAM 存储空间分布情况。

3. AT89S51 的特殊功能寄存器 SFR 有哪些？

4. AT89S51 哪些寄存器可位寻址？SFR 中共有多少个可位寻址单元？内部 RAM 中共有多少个可位寻址单元？

5. AT89S51 有多少中断源？其中断矢量地址各为多少？

6. 写出 AT89S51 各中断源的中断标志名称。

7. 什么是三总线？画出单片机扩展外部芯片 8155，6116，DAC0832 的线选法地址译码和全地址译码图，并给出各芯片的地址。

8. 绘制扩展外部数据存储器电路并分析工作过程。

9. 了解外部数据存储器的访问过程。

10. 地址锁存器的作用是什么？

11. 绘制扩展外部程序存储器电路并分析工作过程。

12. 何谓 AT89S51 的签名字节？简述读出签名字节中内容的步骤。

13. 为什么要对程序存储器实施加密？AT89S51 有哪几种程序存储器加密功能？

14. 何谓程序存储器的并行编程和串行编程？

15. 在对 AT89S51 程序存储器并行编程时，有哪些控制信号？这些控制信号是怎样变化的或其状态是什么？

第4章 指令系统

AT89S51单片机硬件资源比较丰富，但只有硬件资源和软件程序的完美配合才能使单片机系统按照控制功能的要求进行工作，所以必须编写一系列的程序，通过其执行以完成指定的任务。程序是按系统功能要求编排的一系列指令的集合。

指令是单片机执行操作的命令，所有指令的集合称为指令系统。

指令有两种描述形式：用机器语言描述的指令和用汇编语言描述的指令。机器语言指令用二进制编码表示，是CPU唯一能直接识别和执行的指令。汇编语言指令是一种符号指令，由助记符、符号和数字等来表示指令。由于汇编语言与单片机内部的硬件密切相关，不同的汇编语言适用于不同的单片机，因此汇编语言的可移植性差，而且对程序设计人员的要求也较高。

近年来，适用于单片机的高级语言已日渐成熟，应用于51系列单片机编程的高级语言主要为PLM、BASIC、C语言等。高级语言用自然语言描述，使用高级语言编写的程序具有效率高、可读性好和可移植性强的特点。实际编写程序时通常使用汇编语言和高级语言。

汇编语言和高级语言编写的程序都不能直接被CPU执行，需要使用相应的软件编译，并生成目标代码，即用十六进制或二进制表示的机器码，再利用编程器、烧写器或通过串口等将目标代码下载到单片机的Flash或程序存储器中，单片机才能执行并完成相应的功能。目标代码生成的流程如图4.1所示。

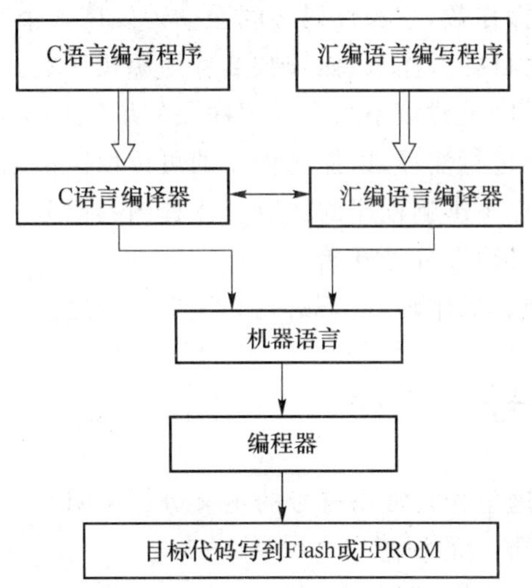

图4.1 目标代码生成过程

MCS51指令集中共有111条指令，其中单字节指令49条、双字节指令45条、三字节指令17条。单字节指令对应的机器码占1 B，双字节指令对应的机器码占2 B，三字节指令对应的机器码占3 B。按照指令的执行时间分类，单周期指令64条、双周期指令45条、四周期指令2

条(乘除指令)。指令的周期数越多,对应指令的执行时间越长,单周期指令的执行时间最短。双周期指令次之。编写程序时,应尽量使用周期数少的指令,以加快程序的执行速度,节省执行时间,并减少程序"跑飞"的机会。

4.1 汇编语言指令格式

汇编指令分为两类:执行指令和伪指令。执行指令即指令系统给出的各种指令;伪指令由汇编程序规定,是控制汇编过程以及向汇编程序提供汇编相关信息的指示性语句指令。

4.1.1 汇编语言执行指令格式

MCS51 单片机汇编语言执行指令的格式如下:

格式:[标号:]操作码[操作数 1],[操作数 2];注释

标号(可以没有)是用户定义的符号。以字母开始,后跟 1~8 个英文字母或数字,并以冒号":"结尾。如"DELAY:MOVA,#08H;"代表本条语句的标号为 DELAY,程序中调用或跳转时直接利用标号即可。标号名称尽量用与该段程序内容相关且有意义的英文用词或汉语拼音等,如延时程序用 DELAY,多字节加法用 MULTIADD 等。标号的实际意义代表当前语句在程序存储器中的存放地址,如 0100H,作为程序跳转或转移的标记,该地址编译软件会自动产生。在机器语言或编译后的目标代码中没有 DELAY 这样的标号,只有标号对应的地址。

操作码也称助记符,汇编语言中由英文单词缩写而成,反映指令的功能,如 MOV、ADD 等。

操作数(可以没有)提指参加操作的数据或数据存放的地址。不同功能的指令可以有 3 个、2 个、1 个或者根本没有操作数,与操作码之间至少需要用一个空格隔开。反映指令的操作对象。指令中操作数 1 称为目的操作数,操作数 2 称为源操作数。

注释(可以没有)是指程序员对该条指令或程序段的说明。通常对程序的功能、主要内容、进入和退出子程序的条件等进行注释,以提高程序的可读性。汇编时不被编译,因而在机器代码的目标程序中并不出现,也不影响程序的执行。注释内容以分号";"开始,可以为任何字符,注释内容占多行时,每行都必须以分号开始。

每一条汇编指令都必须有操作码,一条语句必须在一行之内写完。

4.1.2 描述符号

为便于后续的学习,在这里先将常用符号的定义进行说明。

Rn:表示 8 个工作寄存器中的任意一个(n=0~7)。

Ri:表示工作寄存器 R0 或者 R1。

#data:表示 8 位常数。

#data 16:表示 16 位常数。

direct:表示内部数据存储器中的某个单元地址。

add16 和 add11:分别表示 16 位和 11 位的地址。

(X)：表示地址为 X 的单元中的内容。

((X))：表示以(X)为地址的单元中的内容。

$：表示当前指令地址。

4.1.3　汇编伪指令

汇编语言除了定义汇编执行指令外，还定义了一些汇编伪指令，伪指令也称为汇编程序控制译码指令，属于说明性汇编指令。伪指令提供汇编时的某些控制信息，用来对汇编过程进行控制和操作。伪指令汇编时不产生机器语言代码，是 CPU 不能执行的指令，不影响程序的执行。

不同汇编程序伪指令的规定略有不同，常用的伪指令如下。

1. 定位伪指令，ORG(Origin)

格式：ORG 操作数

此伪指令的操作数常为一个 16 位的二进制数，它指出了该指令后的指令的第一个字节在程序存储器中的地址，即生成目标代码或数据块的起始存储地址。必须放在每段源程序或数据段的开始行。在一个源程序中，可以多次定义 ORG 伪指令，但定义的地址应从小到大，使不同程序段之间的地址不能重叠。

例 4-1

```
        ORG     0200H
START:  MOV     A，#80H
        MOV     R1，A
        ⋮
        ORG     0500H
NEXT:   MOV     DPTR，  #7FFFH
        MOVX    A，  @DPTR
        ⋮
```

以 START 开始的程序编译为目标代码后，从 0200H 开始连续存放；以 NEXT 开始的程序目标代码则从 0500H 存储单元开始连续存放。注意从 START 开始的程序段所占用的程序地址最多到 04FFH，否则会与从 NEXT 开始的程序段地址发生重叠。重叠程序编译时不会产生错误，但运行时肯定会发生错误，所以在设置程序段的开始地址时要保证各程序段地址不重叠。

2. 结束汇编伪指令，END

格式：END

该伪指令必须安排在汇编源程序的末尾。在一个程序中，只允许出现一条 END 伪指令，汇编程序遇到 END 伪指令就结束，对 END 伪指令后面的所有语句都不进行编译。

3. 定义字节伪指令，DB(Define Byte)

格式：[标号：]DB X1，X2，X3，…，Xn

该伪指令将其右边的数据依次存放到以左边标号为起始地址的存储单元中。Xi 为单字节数据，可以采用二进制、十进制、十六进制和 ASCII 码等多种形式。标号可有可无。

例 4-2

```
        ORG 1000H
TAB：DB   3FH,06H,25
```

```
DB "MCS-51"
  ⋮
```

经汇编后,地址 1000H 开始的存储单元的内容为:

```
(1000H) = 3FH
(1001H) = 06H
(1002H) = 19H
(1003H) = 4DH          ;M 的 ASCII 码
(1004H) = 43H
(1005H) = 53H
(1006H) = 2DH
(1007H) = 35H
(1008E) = 31H
```

单引号表示其中内容为字符,目标代码用 ASCII 码表示。DB 指令常用在查表程序中。

4. 定义双字节数据伪指令,DW(Define Word)

格式:[标号:] DW Y1,Y2,Y3,...,Y_n

该伪指令与 DB 伪指令的不同之处是,DW 定义的是双字节数据而 DB 定义的是单字节数据,其他用法相同。存放时按照高位字节在前、低位字节在后的原则,即每个双字节的高 8 位数据存放在低地址单元,低 8 位数据在高地址单元,主要用于定义 16 位地址。

例 4-3

```
        ORG   8000H
TAB:    DW    1234H,9AH,10
        END
```

汇编后存储单元内容为:

```
(8000H) = 12H     (8001H) = 34H
(8002H) = 00H     (8003H) = 9AH
(8004H) = 00H     (8005H) = 0AH
```

注意,该伪指令中数据为单字节时,高 8 位补零。

5. 赋值伪指令,EQU(Equal)

格式:字符名称　EQU　数或汇编符号

该伪指令将一个数(8 位或 16 位)或者是特定的汇编符号赋给"字符名称"。字符名称不等于标号(注意字符名称后没有冒号)。用 EQU 赋值的符号名可以用作数据地址、代码地址、位地址或一个立即数。"字符名称"必须先赋值后使用,通常将赋值语句放在源程序的开头。

例 4-4

```
        ORG     1000H
AA      EQU     R1
A20     EQU     20H
DELAY   EQU     1567H
MOV     R0,A20  ;(20H)→ (R0)
MOV     A,AA    ;(R1)→ (A)
LCALL   DELAY   ;调用起始地址为 1567H 的子程序
```

EQU 赋值后,AA 为寄存器 R1 的地址,A20 为 RAM 直接地址 20H,DELAY 为 16 位地址 1567H。

6. 数据地址赋值伪指令,DATA

格式:字符名称　　DATA　表达式

该伪指令将右边"表达式"的值赋给左边的"字符名称"。表达式可以是一个 8 位或 16 位的数据或地址,也可以是包含所定义"字符名称"在内的表达式,但不能是汇编符号(如 R0 等)。有些汇编程序只允许 DATA 定义 8 位的数据或地址,16 位地址需用 XDATA 伪指令定义,XDATA 定义的伪指令格式与 DATA 伪指令格式相同。

DATA 伪指令定义的"字符名称"不同于 EQU 定义的"字符名称",没有先定义后使用的限制。

7. 位地址赋值伪指令, BIT

格式:字符名称　　BIT　位地址

该伪指令将位地址赋给"字符名称",只能用于可以进行位操作的位地址单元,常用于有位操作的程序中。

例 4-5
```
P10     BIT    90H
FLAG2   BIT    02H
```

位地址 90H(P1 口 D0 位)赋给 P10,FLAG2 的值为 02H 位中的数值。在以后程序编写时用 P10 直接代替 90H 位,FLAG2 直接代替 02H 位(RAM 的 20H 单元中的 D2 位),提高程序的可读性。

8. 定义存储空间伪指令,DS {Define Storage}

格式: DS　　表达式

该伪指令是指汇编时,从指定的地址单元开始(如由标号或 ORG 指令指定首址),保留由表达式设定的若干存储单元作为备用空间。

例 4-6
```
ORG    2000H
DS     07H
DB     20H,20
DW     12H
```

汇编后,从地址 2000H(包含 2000H)开始保留 7 个存储单元,2007H 开始存储内容依次为:

(2007H) = 20H　　　　(2008H) = 14H

(2009H) = 00H　　　　(200AH) = 12H

注意,DB、DW、DS 伪指令都只对程序存储器起作用,不能对数据存储器进行初始化。

4.2 寻址方式

根据指令格式,要正确执行指令必须要得到正确的操作数。所谓寻址就是指寻找指令中的操作数或者操作数的地址。地址泛指一个存储单元或某个寄存器。寻址方式越多样、越灵活,指令系统将越高效,计算机的功能也随之越强。用高级语言编程时,因为计算机内存空间大,硬盘容量大,程序员不必过多关心程序和数据的内存空间安排问题,例如,C 语言编写的以下程序:

```
x = 20;   y = 30;
z = x + y;
```

程序员只要知道数据20存放在代号为 x 的单元,30存放在代号为 y 的单元,相加的结果存放在代号为 z 的单元中,至于 x,y,z 在内存中具体的存放地址则根本不必关心。但汇编语言不同于高级语言,程序设计时要针对系统的硬件环境编程,数据的存故、传送、运算都要通过指令来完成,程序员必须由始至终都十分清楚操作数的位置、RAM空间的占用情况等,以便将它们传送至适当的空间并有足够的空间去操作。因此,汇编编程时如何直接寻找操作数或者通过操作数的存储空间间接寻找操作数就显得十分重要了。所谓寻址方式就是如何直接寻找操作数或者找到存放操作数的地址并把操作数提取出来的方法。它是单片机的重要性能指标之一,也是汇编语言程序设计中最基本的内容之一,关系到程序是否能正常执行,必须牢固掌握。

MCS-51单片机指令系统的寻址方式有7种,寄存器寻址、直接寻址、立即寻址、寄存器间接寻址、变址间接寻址、相对寻址和位寻址。寻址方式通常是针对源操作数,否则需特别指明是针对目的操作数,以免出错。下面将分别介绍这7种寻址方式。

1. 寄存器寻址

寄存器寻址方式以指令中给出的某一寄存器的内容作为操作数。可以实现寄存器寻址操作的寄存器包括寄存器组R0～R7,累加器ACC,寄存器B,数据指针DPTR和进位C等。

例4-7

```
MOV    A,     R0; (R0)→ (A)
MOV    P1,    A; (A)→ (P1)
INC    R0     ;(R0) + 1→(R0)
```

该程序段首先将R0中的内容送累加器A,经P1口输出后,R0中的内容加1。R0代表RAM中的地址,如果寄存器组为0区,则将(00H)单元的内容送累加器A(0E0H),A中内容送P1口,(00H)中内容加1。该寻址方式中,源操作数为寄存器的内容。

2. 直接寻址

直接寻址方式在指令中直接给出操作数所在存储单元的地址,该地址指出了参与运算或传送的数据所在的字节单元或位的地址。

直接寻址方式中操作数存储的空间有以下3种:

- 特殊功能寄存器SFR,
- 片内RAM的低128 B(00H～7FH),
- 位地址空间。

对于特殊功能寄存器直接寻址时,可使用它们的地址,也可使用它们的寄存器名。

例4-8 `MOV A, 30H ; (30H)→(A)`

片内RAM中30H单元中的内容送累加器A。

```
MOV   A,   P1;(P1)→(A)
```

SFR中P1内容送累加器A,也可写成:

```
MOV  A,  90H;   (90H)→(A)
```

其中90H为P1口的地址。

访问特殊功能寄存器只能用直接寻址方式。

3. 立即寻址

立即寻址方式在指令中直接给出参与执行的操作数。该操作数前面必须以#号标识,可以是一个 8 位或 16 位的二进制常数，也可以用十进制或十六进制表示，因此也称为立即数。立即寻址时操作数以指令的形式存放于程序存储器中，不占用内部 RAM 单元。

例 4-9
```
MOV   A,   30H     ;(30H)→(A)
MOV   A,   #30H    ;30H→(A)
```

第一条程序将 RAM 中 30H 单元的内容送累加器 A，程序执行后 A 中的内容由 30H 单元决定，采用直接寻址的方法；第二条程序把立即数 30H 送累加器 A，程序执行后 A 中的内容为 30H，采用立即寻址的方法。

例 4-10
```
MOV   DPTR,   #0EFFFH   ;0EFFFH→(DPTR)
```

将 16 位立即数 EFFFH 送入 16 位数据指针 DPTR，该条程序执行后，(DPTR)＝EFFFH。

4. 寄存器间接寻址

寄存器间接寻址方式以指令中寄存器的内容作为地址，而该地址单元的内容为操作数。这是一种二次寻址方式，所以称为寄存器间接寻址。

程序执行分两步完成：首先根据指令得到寄存器的内容，即操作数的地址；然后根据地址找到所需要的操作数，并完成相应的操作。

在寄存器间接寻址指令中，采用 R0、R1 或 DPTR 作为地址指针，即存放地址的寄存器，加@号标识。

例 4-11
```
MOV    40H,    #36H    ; 36H→(40H)
MOV    R0,     #40H    ; 40H→(R0)
MOV    A,      @R0     ; ((R0))→(A)
```

该程序段首先将立即数 36H 送内部 RAM 的 40H 单元，R0 中送立即数 40H，则 R0 的内容为 40H，执行间接寻址指令后，累加器 A 中内容为立即数 36H。指令执行时先查出 R0 中的内容为 40H，再根据地址 40H 取出其中的操作数送累加器 A。间接寻址过程如图 4.2 所示。

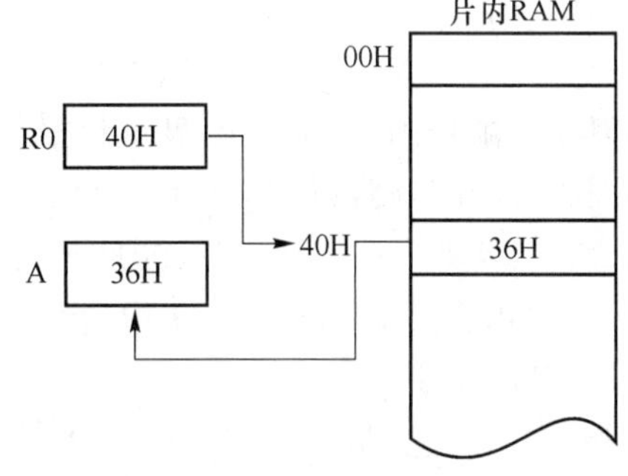

图 4.2　MOV A,@R0 指令执行过程

利用地址指针进行寄存器间接寻址可以拓宽单片机的寻址范围，使其既可以访问内部 RAM 的 256 B，也可以访问外部 RAM 的 64 KB 空间。@Ri 用于片内 RAM 寻址时，如“MOV A, @R0”，地址范围为 00H-FFH。

@Ri 用于片外 RAM 寻址时，如“MOVX　A,@R0 ”，片外 RAM 地址的低 8 位由 R0 中的内容决定，地址高 8 位一般由 P2 口决定。

例 4-12
```
MOV    R0,  #06H    ;06H→(R0)
MOVX   A,   @R0     ;((R0))→(A)或((P2),(R0))→(A)
```

该程序将外部 RAM 中地址××06H 单元或 06H 单元的内容送累加器 A，××代表外部 RAM 的高 8 位地址，由 P2 口决定。

对片外 RAM 寻址时，还可以使用数据指针 DPTR 作为间址寄存器，DPTR 是 16 位寄存器，寻址范围可覆盖片外 RAM 的全部 64 KB 区域，如“MOVX A,@DPTR”，注意指令中采用 MOVX。

例 4-13
```
MOV   DPTR,     #0EFFFH      ;0EFFFH→(DPTR)
MOVX  A,        @DPTR        ;((DPTR))→(A)
```

该程序将外部 RAM 中地址 0EFFFH 单元的内容送累加器 A。

5. 变址间接寻址(基址寄存器+变址寄存器间接寻址)

变址间接寻址指令由基址寄存器和变址寄存器组成,16 位寄存器 DPTR(数据指针)或 PC(程序计数器)作为基址寄存器,8 位累加器 A 作为变址寄存器。基址寄存器内容和变址寄存器内容相加形成新的 16 位地址。该地址即为操作数的存储地址。这是一种独特的寻址方式,A 中的内容可以随程序的运行动态变化,所以可以实现动态寻址。

指令系统中有如下两条单字节、双周期的变址寻址指令:

```
MOVC  A,  @A+PC       ;((A) + (PC)) → (A)
MOVC  A,  @A + DPTP   ;((A) + (DPTR))→ (A)
```

变址寻址方式只能访问程序存储器,访问时只能从程序存储器中读入数据,而不能写出数据,所以这种变址寻址方式多用于查表操作。表首单元的地址为基址,访问的单元相对于表首的偏移量为变址,两者相加得到访问单元的地址。

例 4-14 查共阴极数码管对应的显示代码程序。

```
          MOV     A,30H                    ;(30H)→(A)
          MOV     DPTR,#SEGTAB             ;8000H→ (DPTR)
          MOVC    A, @A+DPTR               ;((A)+(DPTR))→ (A)
                    ⋮
          ORG     80000H
SEGTAB:   DB      3FH, 06H, 5BH, 4FH, 66H     ;对应于字符 0、1、2、3、4
          DB      6DH, 7DH, 07H, 7FH, 67H     ;对应于字符 5、6、7、8、9
```

其中,30H 中的内容为要显示数据 0～9。当要显示字符 0 时,30H 地址中内容为 0,累加器 A 中内容为 0,则执行 MOVCA,@A+DPTR 指令后,将 8000H 中内容送累加器 A,A 中内容为 3FH;当要显示字符 8 时,30H 地址中内容为 8,累加器 A 中内容为 8,则执行 MOVCA,@A+DPTR 指令后,将 8008H 中内容送累加器 A,A 中内容为 7FH;依此类推。

6. 相对寻址

相对寻址主要用于转移指令。寻址过程中,以当前程序计数器 PC 值为基准,加上指令中给定的偏移量 rel 所得结果而形成实际的转移地址。转移的目的地址的计算公式如下:

目的地址=源地址+相对转移指令字节数(2 或 3)+rel

相对转移指令字节数为 2 或 3,这是因为 AT89S51 指令系统中既有双字节转移指令,也有三字节转移指令,双字节指令加 2,三字节指令则加 3。

偏移量 rel 为有符号数,取值范围为-128～+127,程序中一般以 8 位二进制补码形式表示。负数表示从当前地址向低地址方向转移,正数表示从当前地址向高地址方向转移。

例 4-15

```
ORG    1000H
JC     75H     ;rel = 75H
```

这是一条以 Cy 为条件的双字节转移指令。指令的功能是检测进位 Cy,当 Cy=1 时,程序转向(PC)+2+(rel)所指示的目的地址开始执行;当 Cy=0 时,程序继续往下执行。

设 Cy=1,则转移后的目的地址为:1000H+2+75H=1077H,程序转到 1077H 单元执行。

7. 位寻址

AT89S51 单片机具有很强的位处理能力。操作数不仅可以按字节为单位进行存取和操作，而且也可以按 8 位二进制数中的某一位为单位进行存取和操作，此时的操作数地址就称为位地址。位寻址方式指操作数是 8 位二进制中的某一位（即位地址），指令中位地址用 bit 表示。

AT89S51 片内 RAM 有两个区域可以进行位寻址：其一是 20H～2FH 的 16 个单元共 128 位的位地址；其二是字节地址为 8 的倍数的 12 个特殊功能寄存器，共 92 个位地址。

位地址常用以下 4 种方式表示：

- 直接使用位寻址空间中的位地址，如 7FH；
- 采用第几字节单元第几位的表示方法，如上述位地址 7FH 可以表示成 2FH.7；
- 对于特殊功能寄存器，可以直接用寄存器名字加位数的方法，如累加器中最低位 D0 可以表示成 ACC.0；
- 经伪指令定义过的字符名称，详见 4.1.3 小节。

例 4-16

```
MOV  C,  7FH   ;(7FH)→Cy
MOV  C,  2FH.7  ;(7FH)→Cy
MOV  C,  ACC.0  ;(ACC.0)→Cy
```

虽然单片机的寻址方式有多种，但指令对哪一个存储器空间进行操作是由指令的操作码和寻址方式确定的。总的来说，有以下几个原则：

- 对程序存储器只能采用立即寻址和变址寻址方式；
- 对特殊功能寄存器空间只能采用直接寻址方式，不能采用寄存器间接寻址方式；
- 内部数据存储器高 128 B 只能采用寄存器间接寻址方式，不能采用直接寻址方式；
- 内部数据存储器低 128 B 既能采用寄存器间接寻址方式，又能采用直接寻址方式；
- 外部扩展数据存储器只能采用 MOVX 指令访问。

例 4-17　判断下列指令源操作数和目的操作数各自的寻址方式。

(1) MOV A,　　#65H

寄存器寻址　　立即数寻址

(2) MOV　@R1,65H

寄存器间接寻址　直接寻址

(3) MOV　30H,R2

直接寻址　　寄存器寻址

(4) MOV C,　　20H

位寻址　　位寻址

(5) DJNZ　　R2,LOOP

寄存器寻址　　相对寻址

(6) MOV 60H,　@R1

直接寻址　　寄存器间接寻址

(7) MOVC A,　　@A+ DPTR

寄存器寻址　　变址寻址

4.3 指令系统

MCS-51 单片机指令系统具有 111 条指令,按指令执行时间进行分类,有 64 条单周期指令,45 条双周期指令和 2 条(乘法、除法指令)四周期指令。按指令占用存储空间进行分类,有 49 条单字节指令,46 条双字节指令和 16 条三字节指令。

MCS-51 单片机的指令系统按其功能可分为:

- 数据传送指令 29 条;
- 算术运算指令 24 条:
- 逻辑运算指令 24 条;
- 控制转移指令 17 条;
- 位操作指令(布尔操作)17 条。

4.3.1 数据传送操作

CPU 在进行算术和逻辑操作时,绝大多数指令都有操作数,所以数据传送是一种最基本、最主要的操作。在通常的应用程序中,传送指令占有极大的比例,数据传送是否灵活、迅速,对整个程序的编写和执行都起着很大的作用。

所谓"传送",是把源地址单元的内容传送到目的地址单元中去,指令执行后一般源地址单元内容不变,或者源地址单元与目的地址单元内容互换。数据传送类指令分为 3 类:数据传送、数据交换和栈操作。

MCS-51 提供了极其丰富的数据传送指令。其数据传送指令操作可以在累加器 A、工作寄存器 R0~R7、内部数据存储器、外部数据存储器和程序存储器之间进行,如图 4.3 所示。这类指令共有 29 条,数据传送指令助记符为 MOV, MOVX, MOVC;数据交换指令助记符 XCH,XCHD,SWAP;堆栈指令助记符 PUSH,POP。

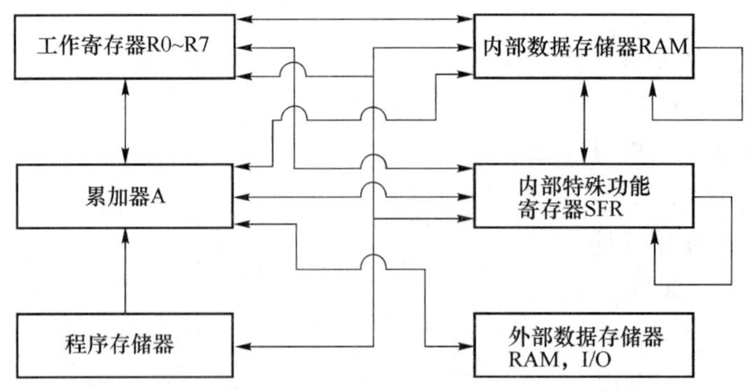

图 4.3 数据传送操作

执行数据传送类指令时,除以累加器 A 为目的操作数的指令会对奇偶标志位 P 有影响外,其余指令执行时均不会影响任何标志位。

注意:累加器在指令中一般用 A 表示,但在堆栈、位寻址类指令中须用 ACC 表示,如:

```
PUSH ACC
SETB ACC.6.
```

1. 片内数据传送指令 MOV

(1) 以累加器 A 为目的操作数的指令

```
MOV  A,   Rn          ;寄存器寻址,(Rn)→(A),n=0~7
MOV  A,   direct      ;直接寻址,(direct)→( A)
MOV  A,   @Ri         ;寄存器间接寻址,((Ri))→(A),i=0 或 1
MOV  A,   # data      ;立即寻址,data→(A)
```

注意:这组指令的功能是把源操作数的内容送累加器 A,源操作数内容不变。

例 4-18　分析程序执行后寄存器的内容。

```
MOV  A,   R6          ;若(R6) = 50H,则执行后(A)= 50H,(R6) =50H 不变
MOV  A,   30H         ;若(30H)= 20H,则执行后(A)= 20H,(30H)= 20H 不变
MOV  A,   @R0         ;若(R0)=30H,(30H) =50H,则(A)=50H,(R0)=30H
MOV  A,   #18H        ;执行后(A)=18H,P=0
```

(2) 以寄存器 Rn 为目的操作数的指令

```
MOV  Rn,  A           ;寄存器寻址,(A) →(Rn)
MOV  Rn,  direct      ;直接寻址,(direct ) →( Rn)
MOV  Rn,  #data       ;立即寻址,data→(Rn)
```

这组指令的功能是把源操作数的内容送当前作寄工作寄存器组 R0～R7 中的某个寄存器,源操作数的内容不变。需要注意的是,在数据传送指令中,目的操作数和源操作数不能同时为工作寄存器 R0～R7。例如,“MOV Rn,Rn”“MOV @Ri,@Ri”“MOV Rn,@Ri”等都是非法指令。

例 4-19　若(A)=30H,(30H)=58H,分析程序执行后寄存器的内容。

```
MOV  R2,  A           ;(R2)=30H
MOV  R2,  30H         ;(R2)= 58H
MOV  R2,  #30H        ;(R2)= 30H
```

(3)以直接地址为目的操作数的指令

```
MOV  direct,A         ;寄存器寻址,(A)→(direct)
MOV  direct,Rn        ;寄存器寻址,(Rn)→ (direct)
MOV  direct,direct2   ;直接寻址,(direct2)→(direct)
MOV  direct,@Ri       ;寄存器间接寻址,((Ri))→(direct)
MOV  direct,#data     ;立即寻址,data→(direct)
```

这组指令的功能是把源操作数的内容送直接地址单元,源操作数的内容不变。

例 4-20　若(A)=30H,(R2) =58H,(40H)=68H,(R0)=40H,分析程序执行后寄存器的内容。

```
MOV  P1,  A           ;(P1)=30H,(A)=30H
MOV  30H, R2          ;(30H)=58H,(R2) = 58H
MOV  31H, 40H         ;(31H)= 68H,(40H) = 68H
MOV  32H, @R0         ;(32H)=68H,(R0)= 40H
MOV  33H, #45H        ;(33H)= 45H
```

(4) 以间接地址为目的操作数的指令

```
MOV    @Ri,  A          ;寄存器寻址,(A)→((Ri))
MOV    @Ri,  direct     ;直接寻址,(direct)→((Ri))
MOV    @Ri,  #data      ;立即寻址,data→((Ri))
```

这组指令的功能是把源操作数的内容送到以R0或R1的内容作为地址的内部RAM单元,源操作数的内容不变。

例4-21 若(A)=30H,(32H) = 58H,(40H)=68H,(R0)=40H,分析程序执行后寄存器的内容。

```
MOV    @R0,  A          ;(40H) = 30H,(A) = 30H
MOV    @R0,  32H        ;(40H) = 58H,(32H) = 58H
MOV    @R0,  #76H       ;(40H) = 76H
```

(5) 16位数据传送指令

```
MOV    DPTR,  #data16   ;立即寻址,data16→(DPTR)
                        ;即 dataH→(DPH),dataL→(DPL)
```

这条指令的功能是把16位立即数传送到数据指针DPTR,16位数据的高8位传送到DPH,低8位传送到DPL。AT89S51设有两个DPTR,通过AUXR1中DPS位的数值进行选择,当DPS位设置为1时,则指令中的DPTR即为DPTR1,DPTR0被屏蔽,DPS位设置为0时,则指令中的DPTR即为DPTR0,DPTR1被屏蔽。设有两个DPTR,如寄存器区一样,可避免频繁地出入栈操作。

例4-22 分析程序执行后寄存器DPH和DPL的内容。

```
MOV    0A2H, #01H       ;选中 DPTR1
MOV    DPTR,# 5678H     ;(DP1H) = 56H,(DP1L) = 78H,(DPTR1) = 5678H
```

2. 程序存储器传送指令MOVC

程序存储器指令又称为查表指令,采用变址寻址方式将程序存储器中存放的表格数据读出,然后传送到累加器A中。

(1) MOVC A, @A + PC

这条指令以PC作为基址寄存器,A中的内容作为无符号整数和PC的内容(下一条指令的起始地址)相加得到一个16位地址,将该地址所对应的存储单元的内容传送给累加器A。

例4-23 在程序存储器中存有LED显示器0～9的字型段码,如图4.4所示,编写从字型表中查找"2"的字型段码程序。

解

```
5200H:  MOV A,  #09H       ;(A) = 09H
5202H:  MOVC A, @A + PC    ;(A) = (5202H + 01H + 09H) = (520CH)
```

当CPU读取"MOVC A, @A+PC"指令后,PC指针的值为5203H,与"2"的字型段码所在的地址520CH之间有9个单元的偏移量,因此首先需要利用指令"MOV A, #09H"将偏移量9传送给累加器A。

由于A的内容在0～255H,所以(A)+(PC)所得到的新地址只能是在该查表指令之后的256 B单元内,表格的大小受到了限制,称为近程查表。

(2) MOVC A, @A + DPTR

这条指令以DPTR作为基址寄存器,A中的内容作为无符号整数和DPTR相加得到一个16位地址,将该地址所对应的存储单元的内容传送给累加器A。

例 4-24　在程序存储器 6000H 开始的单元中存放有 0～9 的 ASCII 码，如图 4.5 所示。编写将“3”的 ASCII 码取出的程序。

解
```
5200H:   MOV A,  #03H           ;(A) = 03H
5202H:   MOV DPTR,  #6000H;将 ASCII 表的基地址赋给 DPTR
5205H:   MOVC A,@A + DPTR       ;(A) = (6000H + 03H) = (6003H)
```

由于 DPTR 存放的是表的首地址，通过对 DPTR 赋值的改变可寻找到 64 K 个存储单元的地址，即表格可存放在程序存储器中的 64 K 字节空间范围内，也称为远程查表。

地址	ROM …	
520AH	0C0H	(字符“0”的段码)
520BH	0F9H	(字符“1”的段码)
520CH	0A4H	(字符“2”的段码)
520DH	0B0H	(字符“3”的段码)
	…	

图 4.4　程序存储器中的 LED 显示字段码表

地址	ROM …	
6000H	30H	(字符“0”的ASCII码)
6001H	31H	(字符“1”的ASCII码)
6002H	32H	(字符“2”的ASCII码)
6003H	33H	(字符“3”的ASCII码)
	…	

图 4.5　程序存储器中的 ASCII 码表

3. 片外数据存储器数据传送指令 MOVX

累加器 A 与片外数据存储器进行数据传送时，片外数据存储器以 Ri 和 DPTR 为地址指针进行间接寻址。片外数据存储器的低 8 位地址由 Ri 或 DPL 送 P0 口，高 8 位地址由 DPH 送 P2 口，地址和数据分时复用 P0 口。

```
MOVX    A,      @Ri      ;寄存器间接寻址,((Ri))→(A)或((P2),(Ri))→(A)
MOVX    A,      @DPTR    ;寄存器间接寻址,((DPTR))→(A)
MOVX    @Ri,    A        ;寄存器寻址,(A)→((Ri))或(A)→((P2),(Ri))
MOVX    @DPTR,A          ;寄存器寻址,(A)→((DPTR))
```

这组指令的功能是实现累加器 A 中内容与外部扩展的 256 B、64 KB RAM、I/O 之间的数据传送。读写线的状态自动改变。前两条为单片机数据读入指令，所以读信号为低电平，写信号为高电平；后两条为单片机写出指令，写信号为低电平，而读信号为高电平。由于单片机指令系统中没有设置访问外部 I/O 的专用指令，且扩展的 I/O 口和片外 RAM 是统一编址，因此对片外 I/O 端口的访问均应使用这 4 条指令。

例 4-25　编写将外部 RAM 的 0088H 单元中存放的数据传送到外部 RAM 的 1818H 单元的程序。

解　外部 RAM 的 0088H 单元中的数据不能直接传送到外部 RAM 的 1818H 单元，必须经过累加器 A 的转传。首先利用累加器 A 取出 0088H 单元的内容，再将 A 中的内容传送到 1818H 单元。相应程序为：

```
MOV     0A2H,   #01H     ;选中 DPTR1
MOV     P2,     #00H     ;立即数 00H→(P2)
MOV     R0,     #88H     ;立即数 88H→(R0)
MOV     DPTR,   #1818H   ;立即数 1818H→(DPTR1)
```

```
MOVX    A,      @R0         ;(0088H)→(A)
MOVX    @DPTR,A             ;(A)→(1818H)
```

该程序也可以改写:

```
MOV     0A2H,   #01H        ;选中 DPTR1
MOV     DPTR,   #0088H      ;0088H→(DPTR1)
MOVX    A,      @DPTR       ;(0088H)→(A)
MOV     DPTR,   #1818H      ;1818H→(DPTR1 )
MOVX    @DPTR,A             ;(A)→(1818H)
```

4. 堆栈操作指令 PUSH,POP

在单片机内部 RAM 中可以定义一个先进后出的区域作为堆栈区,然后利用堆栈指针 SP 指出栈顶位置,再对栈顶地址中的内容进行传送。

(1) PUSH direct

这条指令完成压栈操作。先将堆栈栈顶指针 SP 内容加 1,然后把 direct 地址中的内容传送到堆栈指针 SP 指示的内部 RAM 单元。

(2) POP direct

这条指令完成出栈操作。现将堆栈指针 SP 指示的内部 RAM 单元中的内容传送到 direct 单元,然后堆栈指针 SP 减 1,指向新的栈顶地址。

例 4-26 设(A)=40H,(B)=50H,分析执行下列程序后,寄存器 SP 和 DPTR 的内容。

```
MOV     SP,#60H         ;(SP) = 60H
PUSH    ACC             ; (SP) = 60H + 1 = 61H, (61H) = (A) = 40H
PUSH    B               ; (SP) = 61H + 1 = 62H, (62H) = (B) = 50H
POP     DP1L            ; (DP1L) = (62H) = 50H, (SP) = 62H - 1 = 61H
POP     DP1H            ; (DP1H) = (61H) = 40H, (SP) = 61H-1 = 60H
```

程序执行完成后,(SP)=60H,(DPTR1)=4050H。

堆栈操作指令一般用于子程序调用、中断等数据保护或 CPU 现场保护。单片机复位后,堆栈指针复位为 07H,所以程序中一般需重新设置堆栈指针。

5. 数据交换指令 XCH(Exchange),XCHD(Exchange Low-order Digit),SWAP

```
XCH     A,      Rn ;寄存器寻址,(A)←→(Rn)
XCH     A,      direct ;直接寻址,(A)←→(direct)
XCH     A,      @Ri ;寄存器间接寻址,(A) ←→((Ri))
XCHD    A,      @Ri ;寄存器间接寻址,(A)0~3←→((Ri))0~3
SWAP    A       ;寄存器寻址,(A)0~3←→(A)4~7
```

前 3 条为字节交换指令,其功能是把累加器 A 中的内容和源操作数的内容相互交换。

第 4 条为半字节交换指令,其功能是将累加器 A 中内容的低 4 位和源操作数内容的低 4 位相互交换,各自的高 4 位则保持不变。

第 5 条指令是将累加器 A 中内容的高 4 位与低 4 位交换。

例 4-27 已知(R0)=40H,(A)=65H,(40H)=7FH,分析依次执行以下各条指令后,A 与 40H 单元中数据的内容。

```
XCH     A,      @R0 ;(A) = 7FH,(40H) = 65H
XCHD    A,      @R0 ;(A) = 75H,(40H) = 6FH
SWAP    A       ;(A) = 57H
```

4.3.2　算术运算指令

算术运算指令包括加、减、乘、除基本四则运算和加 1(增量)、减 1 (减量)运算。除加 1 和减 1 指令外,算术运算指令影响进位 Cy、半进位 AC、溢出位 OV 三个标志位。所以在使用时要注意和利用标志位的状态变化。助记符分别为:ADD、ADDC、INC、SUBB、DEC、DA、MUL、DIV。

1. 不带进位的加法指令,ADD

```
ADD    A,    Rn ;寄存器寻址,(A) + (Rn) →(A)
ADD    A,    direct ;直接寻址,(A) + (direct)→(A)
ADD    A,    @Ri ;寄存器间接寻址,(A) + ((Ri))→(A)
ADD    A,    #data ;立即寻址,(A) + data →(A)
```

这组指令的功能是将工作寄存器、内部 RAM 单元的内容或立即数的 8 位无符号二进制数与累加器内容相加,所得结果存放在累加器 A 中。进位对运算结果无影响,但该组指令影响进位。

加法时单片机确定 PSW 中各标志位的规则是:

- 相加后 D7 位有进位输出时,则 Cy 置 1,否则清 0;
- 相加后 D3 位有进位输出时,则辅助进位 AC 置 1,否则清 0;
- 相加后如果 D7 位有进位输出而 D6 位没有,或者 D6 位有进位输出而 D7 位没有,则置位溢出标志 OV,否则清 0;
- OV=1,表示两个正数相加而和变为负数,或者两个负数相加而和变为正数的错误结果;
- A 中结果里有奇数个 1,则奇偶标志 P 置 1,否则清 0。

例 4-28　分析如下指令执行后累加器 A 和 PSW 中标志位的变化情况。

```
MOV    A,    # 19H
ADD    A,    # 66H
```

解　执行结果为,(A)=19H+66H=7FH,用二进制表示为,A=01111111B。

计算过程:

$$
\begin{array}{r}
00011001 \\
+\quad 01100110 \\
\hline
01111111
\end{array}
$$

PSW 中各位为,Cy=0,AC=0,OV=0,P= 1,其中 F0,RS1,RS0 位保持原状态不变。

这里,如果将运算看成是两个无符号数相加,结果是正确的;如果将运算看成是两个带符号数相加,结果也是正确的,其正确性可以用 OV=0 来表示。

例 4-29　分析执行如下指令后累加器 A 和 PSW 中各标志位的变化。

```
MOV    A,    #85H
ADD    A,    #0AEH
```

解　执行结果为,85H+AEH =133H,但累加器为 8 位寄存器,所以 A 中内容取后 8 位,则 A=33H,用二进制表示:A=00110011B。

计算过程:

```
      10000101
+     10101110
--------------
   (1)00110011
```

PSW 中标志位为,Cy=1,AC=1,OV=1,P=0。

如果将运算看成两个无符号数相加,再考虑 Cy=1,结果是正确的;如果将运算看成是两个带符号数相加,显然结果是错的,因为两个负数相加不可能为正,可以由 OV=1 看出结果错误。

2. 带 Cy 进位的加法指令,ADDC(Add with Carry Flag)

```
ADDC    A,    Rn        ;寄存器寻址,(A)+(Rn) +Cy→(A)
ADDC    A,    direct    ;直接寻址,(A)+ (direct)+Cy→(A)
ADDC    A,    @Ri       ;寄存器间接寻址,(A)+((Ri)) +Cy→(A)
ADDC    A,    #data     ;立即寻址,(A)+data+ Cy→(A)
```

这组指令的功能是将工作寄存器的内容、内部 RAM 单元的内容或立即数的 8 位无符号二进制数与进位标志一起相加,所得结果存放在累加器 A 中。

PSW 中标志位状态的变化和不带 Cy 的加法指令相同,主要用于多字节加法。当进位 Cy 为 0 时,其结果与不带进位的相同。

例 4-30 (A)= 53H,Cy=1,分析指令执行后累加器 A 和 PSW 中标志位状态的变化。

```
ADDC  A,    #0FBH
```

解 执行结果为:53H+FBH+Cy=14FH,但累加器为 8 位寄存器,所以 A 中内容取后 8 位,则 A=4FH,用二进制表示:A=01001111B。

计算过程:

```
       01010011
       11111011
+             1
---------------
   (1) 01001111
```

PSW 中标志位为,Cy=1,AC =0,OV=0,P=1。

3. 加 1 指令,INC (Increment)

```
INC     A         ;寄存器寻址,(A)+ 1→(A)
INC     Rn        ;寄存器寻址,(Rn)+ 1→ (Rn)
INC     direct    ;直接寻址,(direct) + 1→(direct)
INC     @Ri       ;寄存器间接寻址,(( Ri))+1→ ((Ri))
INC     DPTR      ;寄存器寻址,(DPTR)+1→ (DPTR)
```

加 1 指令又称为增量指令。前 4 条为 8 位数加 1 指令,使指定变量按 8 位无符号数加 1。但只有第一条指令能影响奇偶标志位 P。若用以修改输出口(P1,P2 口等)数据时,原来的值是从口锁存器读入而不是从引脚读入的。第 5 条指令 INC DPTR 用于对地址指针 DPTR 中内容加 1,是 AT89S51 指令系统唯一的一条 16 位算术运算指令。

加 1 指令用于频繁修改地址指针和实现数据加 1,通常配合寄存器间接寻址指令使用。

例 4-31 (A)=0FFH,(R7)=10H,(30H)=56H,分析指令执行后累加器、寄存器和 PSW 中标志位状态的变化情况。

```
        MOV     A,      #0FFH
        MOV     R7,     #10H
        MOV     30H,    #56H
        MOV     R1,     #30H
        MOV     DPTR,   # 8000H
                INC     A
                INC     R7
                INC     30H
                INC     @R1
                INC     DPTR
```

加 1 指令依次执行结果：(A)＝00H，P＝0，(R7)＝ 11H，(30H)＝57H，(R1)＝30H，(30H)＝ 58H，注意(R1)不变；(DPTR0)＝8001H，(DP0H)＝80H，(DP0L)＝01H。

4. 带 Cy 的减法指令，SUBB (Subtract with Borrow)

```
SUBB    A,  Rn          ;寄存器寻址,(A) - (Rn) - Cy→(A)
SUBB    A,  direct      ;直接寻址,(A) - (direct) - Cy→(A)
SUBB    A,  @Ri         ;寄存器间接寻址,(A) - ((Ri)) - Cy→(A)
SUBB    A,  #data       ;立即寻址,(A) - data - Cy→(A)
```

该组指令是把累加器 A 中的操作数减去源地址所指操作数和指令执行前的 Cy 值，结果存放在累加器 A 中。

减法操作时单片机确定 PSW 中各标志位的规则是：

- 若减法时位 7 有借位，则 Cy＝1，否则 Cy＝0；
- 若减法时位 3 有借位，则 AC＝1，否则 AC＝0；
- 若减法时位 7 有借位而位 6 无借位或位 7 无借位而位 6 有借位，则 OV＝1，否则 OV＝0；
- OV＝1 表示一个正数减去一个负数结果为负数，或者一个负数减去一个正数结果为正数的错误结果；
- 如果 A 中结果里有奇数个 1，则 P＝1，否则 P＝0。

为了实现不带 Cy 的减法，可以先将 Cy 清 0(CLR C)，然后执行带 Cy 的减法指令。

例 4-32　已知(A)＝0C9H，(R0)＝30H，(30H)＝54H，Cy＝1，分析指令 SUBB A，@R0 执行后累加器和 PSW 中各标志位的变化。

解　执行结果：(A)＝0C9H－54H－Cy＝74H。

计算过程：

```
    11001001
    01010100
−          1
────────────
    01110100
```

PSW 中各位为：Cy＝0，AC＝0，OV＝1，P＝0。

5. 减1指令,DEC (Decrement)

```
DEC    A         ;寄存器寻址,(A)-1→(A)
DEC    Rn        ;寄存器寻址,(Rn)-1→(Rn)
DEC    direct    ;直接寻址,(direct)-1→(direct)
DEC    @Ri       ;寄存器间接寻址,((Ri))-1→((Ri))
```

这组指令使指定源操作数内容减1。除第一条指令(对累加器A操作)对奇偶校验标志位P有影响外,其他指令都不影响PSW标志位。

6. 十进制调整指令,DA(Decimal Adjust)

DA　A　　;①若 AC=1 或 $A_{3\sim0}>9$,则(A)+ 06H→(A)

　　　　　;②若 Cy=1 或 $A_{7\sim4}>9$,则(A)+ 60H→(A)

这条专用指令常跟在ADD或ADDC指令后,将相加后存放在累加器A中的结果调整为压缩的BCD码(Binary-Coded Decimal,二—十进制码),以完成十进制加法运算功能。执行该指令仅影响进位Cy。为了保证BCD数相加的结果也是BCD数,该指令必须紧跟在加法指令之后。注意该指令是将进行加法运算的两个数当作BCD数据。

BCD码是用二进制编码表示的十进制数,十进制数0～9表示成二进制数时只需4位编码(0000B～1001B),所以一个字节(8位)可以存放两个BCD码,高、低4位分别存放一个BCD码,在一个字节中存放两个BCD码称为压缩BCD码,即进行运算的是十进制数,使用十六进制表示,如下例中的85H和59H,实际指十进制的85和59。

注意第②步判断是在第①步判断并运算后的基础上进行的,所以实际运行时,由硬件对累加器A进行加06H、60H或66H的操作。

例4-33　编制85H+59H的BCD码加法程序,并分析其工作过程。

解　相应的BCD码加法程序为:

```
MOV    A,  #85H      ;85H→(A)
ADD    A,  #59H      ;85H+59H=0DEH→(A)
DA     A             ; 44H→(A),Cy=1
```

计算过程:

```
    10000101
+   01011001
------------
    11011110
+       0110       低4位>9,加06H调整
------------
    11100100       高4位>9,加60H调整
+   01100000       (A)=44H,Cy=1,即十进制的144D
------------
```

执行结果:　　(1) 01000100

7. 乘法指令,MUL(Multiply)

```
MUL    AB
```

乘法指令的功能是把累加器A和寄存器B中两个8位无符号数相乘,并把16位积的低8位字节存于累加器A,高8位字节存于寄存器B。如果积大于255(0FFH),则置位溢出标志OV,进位标志Cy总是清0。在需要保留Cy值的程序中,需先将Cy值转存,待乘法指令执行

完成后，再恢复 Cy 值。

例 4-34　设(A)=50H=80D，(B)=0A0H=160D，执行指令 MUL AB，求 A、B 的内容。

解　执行 MUL AB 指令后，结果乘积为 3200H(12800D)。

(A)=00H，(B)=32H，OV=1，Cy=0。

8. 除法指令，DIV (Division)

```
DIV    AB
```

除法指令的功能是把累加器 A 中的 8 位无符号数除以寄存器 B 中的 8 位无符号数，所得商的整数部分保存在累加器 A 中，余数保存在寄存器 B 中。若寄存器 B 中除数为 0，则 OV=1，表示除法无意义；否则 OV=0。进位标志 Cy 总是清 0。在需要保留 Cy 值的程序中，需先将 Cy 值转存，待除法指令执行完成后，再恢复 Cy 值。

例 4-35　设(A)=0BFH，(B)=32H，执行指令 DIV AB，求 A、B 的内容。

解　结果(A)=03H，(B)=29H，OV=0，Cy=0。

4.3.3　逻辑运算指令

逻辑运算指令包括清 0、求反、移位、与、或、异或等操作。操作助记符：CLR、CPL、RL、RLC、RR、RRC、ANL、ORL、XRL。

1. 逻辑与指令，ANL (And Logical)

```
ANL    A,        Rn          ;寄存器寻址,(A)∧(Rn)→(A)
ANL    A,        direct      ;直接寻址,(A)∧(direct)→(A)
ANL    A,        @Ri         ;寄存器间接寻址,(A)∧((Ri))→(A)
ANL    A,        #data       ;立即寻址,(A)∧data → (A)
ANL    direct,   A           ;寄存器寻址,(direct)∧(A) →(direct)
ANL    direct,   #data       ;立即寻址,(direct) ∧ data→(direct)
```

前 4 条指令是将累加器 A 的内容与源地址中的操作数按位进行逻辑与操作，结果存放在累加器 A 中。后两条指令是将直接地址单元的内容与源地址中的操作数按位进行逻辑与操作，结果存放在直接地址单元中。

逻辑与指令可以从某存储单元中取出某几位，而把其他位变为 0。

例 4-36　编写程序将 RAM 中 30H 单元的压缩 BCD 码变成分离的 BCD 码，并存放在 40H 和 41H 中。

解

```
MOV    A,      30H         ;(30H)内容送 A
ANL    A,      #0F0H       ;与 0F0H 相与,取高 4 位
SWAP   A                   ;A 中内容高低 4 位交换,变成分离 BCD 码
MOV    40H,    A           ;分离 BCD 码存入 40H 单元
MOV    A,      30H         ;(30H)送 A
ANL    A,      #0FH        ;与 0FH 相与,取低 4 位
MOV    41H,    A           ;分离 BCD 码存入 41H
```

2. 逻辑或指令,ORL (Or Logical)

```
ORL   A,        Rn        ;寄存器寻址,(A)∨(Rn)→(A)
ORL   A,        direct    ;直接寻址,(A)∨ (direct)→ (A)
ORL   A,        @Ri       ;寄存器间接寻址,(A)∨((Ri))→ (A)
ORL   A,        #data     ;立即寻址,(A)∨data→(A)
ORL   direct,   A         ;寄存器寻址,(direct) ∨(A) → (direct)
ORL   direct,   #data     ;立即寻址,(direct) ∨data→ (direct)
```

前4条指令是将累加器A的内容与源地址中的操作数按位进行逻辑或操作,结果存放在累加器A中。后两条指令是将直接地址单元的内容与源地址中的操作数按位进行逻辑或操作,结果存放在直接地址单元中。

逻辑或指令可用于使某存储单元的几位数据变为1,而其余位不变。

例4-37 编写程序将累加器A中低4位送入P1口低4位,而P1口高4位保持不变。

```
ANL   A,    #0FH     ;取A中低4位,高4位清0
ANL   P1,   #0F0H    ;使P1口低4位为0,高4位不变
ORL   P1,   A        ;累加器A低4位送入P1口低4位
```

此段程序经常用在P1口输出控制时有些位变化而有些位保持不变的情况。需要注意的是,由于部分十六进制的数据是用字母的形式表示,如"F",而程序中的标号也常用字母的形式表示,为了区分数据和标号,所以几乎所有的汇编都规定,凡是以字母开头的数据,都应当在字母前添加一个数字"0",如本例中的"#0FH"和"#0F0H"。

3. 逻辑异或指令,XRL (Exclusive-Or Logical)

```
XRL   A,        Rn        ;寄存器寻址,(A)⊕(Rn)→(A)
XRL   A,        direct    ;直接寻址,(A) ⊕ (direct) → (A)
XRL   A,        @Ri       ;寄存器间接寻址,(A)⊕((Ri)) → (A)
XRL   A,        #data     ;立即寻址,(A)⊕ data→(direct)
XRL   direct,   A         ;寄存器寻址,(direct) ⊕(A) → (direct)
XRL   direct,   #data     ;立即寻址,(direct) ⊕ data→ (direct)
```

前4条指令是累加器A的内容与源地址中的操作数按位进行逻辑异或操作。结果存放在累加器A中。后两条指令是将直接地址单元的内容与源地址中的操作数按位进行逻辑异或操作,结果存放在直接地址单元中。

逻辑异或指令可用于对某存储单元中的数据进行变换,完成其中某些位取反而其余位不变的操作。也常用于判别两操作数是否相等,若相等,结果为全0,否则不为全0。

4. 累加器清0和取反指令,CLR (Clear),CPL (Complement Logical)

```
CLR   A    ;寄存器寻址,00H→(A)
CPL   A    ;寄存器寻址,(Ā)→(A)
```

这两条指令为单字节单周期指令,分别完成对累加器A中内容清0和逐位逻辑取反。

5. 移位指令,RL (Rotate Left), RLC (Rotate Left With Carry Flag), RR (Rotate right),RRC (Rotate Right With Carry Flag)

```
RL      A         ;寄存器寻址,循环左移 1 位
RR      A         ;寄存器寻址,循环右移 1 位
RLC     A         ;寄存器寻址,带进位循环左移 1 位
RRC     A         ;寄存器寻址,带进位循环右移 1 位
```

图 4.6 为循环移位指令执行示意图。注意,不带进位 Cy 和带进位 Cy 的移位指令执行时的区别。指令执行时,每次左移或右移 1 位。经常利用 RLC A 指令将累加器 A 中的内容作乘 2 运算,相对于 MUL AB 乘法指令字节数减少,指令执行速度加快。

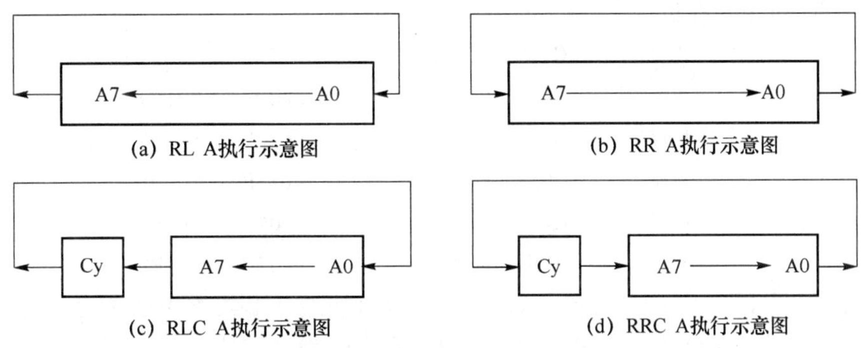

图 4.6　循环移位指令执行示意图

例 4-38　已知 16 位二进制数低 8 位存放在内部 RAM 的 M1 单元,高 8 位存放在 M1+1 单元,编写程序将其数据扩大 2 倍(设扩大后数据小于 65 536)。

解　利用移位指令实现。思路:利用 RLC 指令将低 8 位数据左移实现乘 2 功能,最低位需补 0,所以必须清除进位标志 Cy;再进行高 8 位数据带进位左移实现乘 2 功能。程序如下:

```
CLR     C                  ;清 Cy
MOV     R1,     #M1        ;操作数低 8 位地址送 R1
MOV     A,      @R1        ;操作数低 8 位数据送累加器 A
RLC     A                  ;低 8 位数据左移,最高位存放在 Cy 中
MOV     @R1,       A       ;送回 M1 单元
INC     R1                 ;R1 指向 M1 + 1 单元
MOV     A,      @R1        ;操作数高 8 位送 A
RLC     A                  ;高 8 位数据左移,M1 最高位通过 Cy 移入
                           ;M1 + 1 最低位
MOV     @R1,    A          ;送回 M1 + 1 单元
```

4.3.4　位(布尔)操作类指令

单片机在检测与控制系统中常需要处理一些位变量,如控制开关的闭合与打开,如果用以字节为单位的寄存器、RAM 等描述该位变量,会浪费该字节其余未使用到的位,因此可以使用单片机内部的位存储单元。AT89S51 有一个布尔(BOOLEAN)处理机,它具有一套处理位变量的指令集,以 RAM 地址 20H～2FH 单元中的 128 位和地址为 8 的倍数的 SFR 的位地址单元作为操作数,利用进位标志 Cy 完成对位变量的传送、修改和逻辑操作等。有以下助记符:MOV、CLR、CPL、SETB、ANL、ORL、JC、JNC、JB、JNB、JBC 等。

1. 位传送指令,MOV(Move)

```
MOV     C,              bit;位寻址,(bit)→ (Cy)
MOV     bit,            C;位寻址,(Cy)→ (bit)
```

第一条指令把由操作数指定的位变量送到PSW中的进位标志Cy中,第二条指令传送方向相反。位传送指令使用时必须有进位标志Cy的参与,可以是任何可直接寻址的位。

例4-39 编程将00H位中内容和7FH位中内容互换。

解 位00H位于内部RAM的20H单元的D0位,7FH位于内部RAM的2FH单元的D7位。设01H位为暂存位。

```
MOV     C,      00H     ;(00H) →(Cy)
MOV     01H,    C       ;(Cy) →(01H)
MOV     C,      7FH     ;(7FH) →(Cy)
MOV     00H,    C       ;(7FH) →(00H)
MOV     C,      01H     ;(01H) →(Cy)
MOV     7FH,    C       ;(00H) →(7FH)
```

"MOV C,00H"指令中的源操作数00H是以直接地址形式给出的位地址,这是因为目的操作数是Cy。如果指令为"MOV A,00H",则00H就是字节地址,这是因为目的操作数是A。因此,如何区别指令中出现的是字节变量还是位变量,只需观察另一操作数即可。

2. 位清0,置1,取反指令,CLR,SETB(Set Bit),CPL

```
CLR     C       ;0→ (Cy)
CLR     bit     ;0→ (bit)
SETB    C       ;1→ (Cy)
SETB    bit     ;1→(bit)
CPL     C       ;(Cy 取反)→ (Cy)
CPL     bit     ;(bit 取反)→ (bit)
```

这组指令的功能分别是清0、置1和取反进位标志或直接寻址位。不影响其他寄存器或标志位。当直接位地址为端口中某一位时,具有"读—修改—写"功能。

例4-40 (21H)=71H,Cy=1,顺序执行以下指令,分析结果及Cy。

```
        程序            执行结果
CLR     C               ;(Cy) = 0
CLR     08H             ;08H 为 21H 的 D0 位,(21H) = 70H
CPL     09H             ;09H 为 21H 的 D1 位,(21H) = 72H
SETB    C               ;(Cy) = 1
SETB    0FH             ;0FH 为 21H 的 D7 位,(21H) = 0F2H
CPL     C               ;(Cy) = 0
```

所以,程序执行完成后,(21H)=0F2H,Cy=0。21H中的位定义如图4.7所示。

	D7	D6	D5	D4	D3	D2	D1	D0
21H	0FH	0EH	0DH	0CH	0BH	0AH	09H	08H

图4.7 21H中的位定义

3. 位与和或指令,ANL,ORL

```
ANL    C,    bit          ;(Cy)∧(bit)→(Cy)
ANL    C,    /bit         ;(Cy)∧(bit 取反)→(Cy)
ORL    C,    bit          ;(Cy)∨(bit)→(Cy)
ORL    C,    /bit         ;(Cy)∨(bit 取反)→(Cy)
```

这组指令的功能分别是进位标志 Cy 的内容与直接位地址的内容进行逻辑与、或操作,结果送 Cy。其中斜杠"/"表示对该位取反后再参与运算,但不改变原来数值。

4. 位条件转移指令,JC (Jump if Carry Flag Set),JNC (Jump if No Carry Flag),JB (Jumpif Direct Bit Set),JNB (Jump if Direct Not Set),JBC (Jump if Direct Set & Clear Bit)

```
JC     rel           ;若(Cy)=1,则(PC)+2+rel→(PC)
                     ;若(Cy)=0,则(PC)+2→(PC)
JNC    rel           ;若(Cy)=0,则(PC)+2+rel→(PC)
                     ;若(Cy)=1,则(PC)+2→(PC)
JB     bit,rel       ;若(bit)=1,则(PC)+3+rel→(PC)
                     ;若(bit)=0,则(PC)+3→(PC)
JNB    bit, rel      ;若(bit)=0,则(PC)+3+rel →(PC)
                     ;若(bit)=1,则(PC)+3→(PC)
JBC    bit,rel       ;若(bit)=1,则(PC)+3+rel →(PC),且(bit)=0
                     ;若(bit)=0,则(PC)+3→(PC)
```

这组指令的功能是若满足条件则转移到目的地址去执行,不满足条件则顺序执行下一条指令,如图 4.8 所示。注意:目的地址一定要在以下一条指令起始地址为中心的 256 B 范围内(－128～＋127 B)。

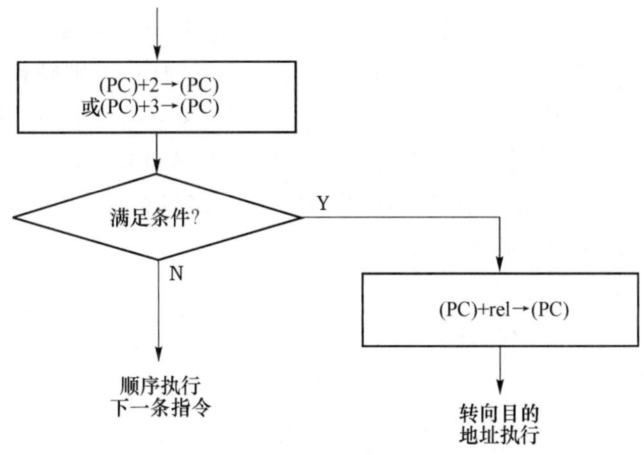

图 4.8　位变量条件转移指令执行流程图

例 4-41　试判断片内 RAM 50H 单元内容的正负,若为正数,将 P1.0 置 1,同时 P1.1 清 0;若为负数,将 P1.0 清 0,P1.1 置 1。

解
```
MOV    A,       50H
JB     ACC.7,   LOOP1;ACC.7=1 说明 50H 单元的数为负
SETB   P1.0
```

```
        CLR     P1.1
        SJMP    LOOP2
LOOP1:
        CLR     P1.0
        SETB    P1.1
LOOP2:…
```

4.3.5 控制转移类指令

程序在执行过程中有时因为操作的需要,如循环操作或散转操作,不再需要按顺序逐条执行指令,而需要改变程序的运行方向,即将程序跳转到到某个指定的地址处再执行,也就是需要指令具有修改程序计数器 PC 内容的功能。完成这些操作需要利用控制转移类指令。助记符为:AJMP、LJMP、SJMP、JMP、JZ、JNZ、CJNE、DJNZ、ACALL、LCALL、RET、RETI、NOP。

1. 无条件转移指令,AJMP (Absolute Jump)、LJMP (Long Jump)、SJMP (Short Jump)、JMP (Jump)

无条件转移指令是指当指令被执行后,程序将无条件跳转到指定的目的地址,去执行该目的地址单元所对应的指令。该组指令包含绝对短转移指令、长转移指令、相对短转移指令和间接转移指令。

```
AJMP    addr11        ;双字节,双周期,(PC)+2→(PC),addr11 →(PC10~0)
LJMP    addr16        ;三字节,双周期,addr16 →(PC)
SJMP    rel           ;双字节,双周期,(PC)+2→(PC),(PC)+rel→(PC)
JMP     @A+DPTR       ;单字节,双周期,(A)+(DPTR)→(PC)
```

第一条为绝对短转移指令,指令中包含 11 位的转移地址,即转移的目的地址必须与 AJMP 指令的下一条指令的第一个字节在同一 2 KB 的范围内,否则转移出错。具体的计算方法是:将指令的第一字节中的第 10 位～第 8 位(即 $A_{10}A_9A_8$)和指令的第二字节中的 8 位(即 A_7～A_0)合并后传送给 $PC_{10\sim0}$,而 $PC_{15\sim11}$保持不变,形成新的 16 位地址。由于 PC 的高 5 位可有 32 种组合,分别对应 32 个页号,即可将 64 KB 的存储空间分为 32 页,每页为 2 KB。

例 4-42 求下列程序中目的地址 JMPSUB 的范围。

```
        ORG     1FF0H
TEST:   AJMP    JMPSUB
```

程序的执行过程如下。

(1) 先计算 PC:PC=1FF0H+02H=1FF2H;

(2) 求 PC 的高 5 位 $PC_{15\sim11}$=00011;

(3) 目的地址范围:0001100000000000B～0001111111111111B,即 1800H～1FFFH。转移的目标地址必须在此范围,否则出错。

第 2 条为长转移指令,16 位地址可变(2^{16}=65 536=64 KB),所以转移范围为 64 KB 空间。转移的目的地址可以在 64 KB 程序存储器地址空间的任何地方,不影响任何标志位。不论长转移指令放在程序的什么位置,程序执行时都会转移到相应的 16 位地址处执行。

第 3 条为相对短转移指令。地址偏移量 rel 是 8 位带符号数。用补码表示,其值范围为

－128～＋127。当 rel 为正数时，表示正向转移；为负数时，表示反向转移。执行该指令时，在 PC 加 2 之后，把指令的有符号的偏移量 rel 加到 PC，获得新的 16 位目标地址。

在编写程序时，只需在相对转移指令中直接使用代表目的地址的标号即可，汇编系统将会自动计算出相对偏移量。

例 4-43
```
LOOP： MOV   A，  R6
       …
       SJMP   LOOP
       …
```
程序在编译时，汇编程序将会自动计算出转移到 LOOP 处的偏移量。

第 4 条为间接转移指令，累加器 A 中的 8 位无符号数与数据指针 DPTR 中的 16 位地址相加，相加所得的 16 位新地址即为转移的目的地址，不改变累加器和数据指针内容，也不影响标志位。如果 DPTR 的值不变，而给 A 赋予不同的值，则可实现多分支转移，因此常用于散转程序。

例 4-44　已知键值 0～3，存于 30H 中，不同的键值，执行不同的功能，各功能起始地址为 KEY0～KEY3，编写散转程序。

解
```
         MOV      A，30H             ;取键值
         RL       A                  ;键值乘 2
         MOV      DPTR，# JMPTAB     ;转移指令表首址
         JMP      @A + DPTR          ;转入转移指令表
         …
JMPTAB： AJMP     KEY0               ;键值 0 功能程序，转移地址:JMPTAB
         AJMP     KEY1               ;键值 1 功能程序，转移地址:JMPTAB + 2
         AJMP     KEY2               ;键值 2 功能程序，转移地址:JMPTAB + 4
         AJMP     KEY3               ;键值 3 功能程序，转移地址:JMPTAB + 6
```
注意 RL　A 指令完成键值乘 2 功能，原因是 AJMP 指令占两个字节，保证正确转移。如 30H 中为 2 时，移位后 A＝4，转移地址为 JMPTAB＋4，散转后执行 AJMP KEY2 指令。

2. 条件转移指令

条件转移指令是指程序的转移是有条件的，如指令中的条件被满足，则进行转移，转移的目的地址是以下一条指令的首地址为中心的 256 B 范围内(－128～＋127)；如条件未被满足，则顺序执行下一条指令。该组指令包括累加器 A 判零转移指令、比较转移指令、减一条件转移指令。

(1) 累加器 A 判零转移指令，JZ (Jump if Accumulator is Zero)，JNZ (Jump if Accumulator is Not Clear)

JZ　rel；　若(A)＝ 0，(PC)＋ 2 ＋ rel→(PC)；若(A)≠0，则(PC)＋2→(PC)

JNZ　rel；若(A)≠0，(PC)＋2 ＋ rel→(PC)；若(A)＝0，则(PC)＋2→(PC)

这组指令为双字节指令，条件满足，则转移到 rel 指定的目的地址，条件不满足，则继续执行下一条指令，如图 4.9 所示。

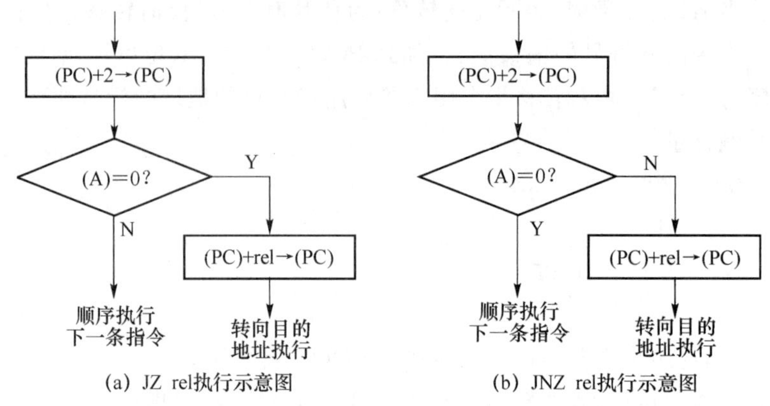

图 4.9 JZ 和 JNZ 指令执行流程图

例 4-45 设(A)=08H,执行下列指令,分析程序转移情况。

```
⋮
JZ   LOOP1;(A)≠0,程序继续执行
CLR A     ;(A) = 0
JZ   LOOP2;(A) = 0,程序转向 LOOP2 执行
⋮
```

(2) 比较转移指令,CJNE (Compare Jump if Not Equal)

```
CJNE A,      direct,   rel
CJNE A,      #data,    rel
CJNE Rn,     #data,    rel
CJNE @Ri,    #data,    rel
```

这组指令为三字节指令,功能是比较两个操作数的大小,数值不相等时转移,相等则继续执行下一条指令。转移时根据操作数内容的大小,改变进位标志 Cy。具体过程如下:

① 若目的操作数=源操作数,则(PC)+3→(PC),Cy=0;

② 若目的操作数>源操作数,则(PC)+3+rel→(PC),Cy= 0;

③ 若目的操作数<源操作数,则(PC)+3+rel→(PC),Cy=1。

CJNE 指令流程示意图如 4.10 所示。

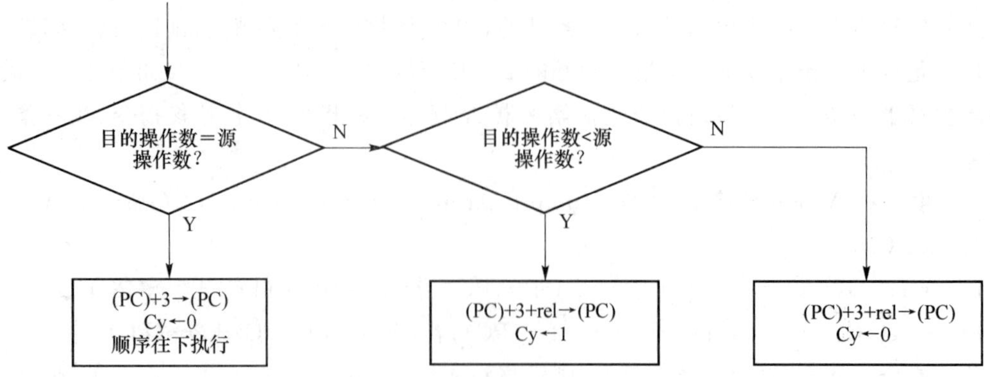

图 4.10 CJNE 指令执行流程图

例 4-46　编写程序根据 A 中内容大于 40H、等于 40H、小于 40H 分别执行不同的功能。

解

```
CJNE     A,       #40H,NEQ        ; (A)≠40H,程序转移
EQ:      …                        ;(A) = 40H,处理程序
         ⋮
NEQ:     JC       SMALL           ;(A)<40 H,程序转移
         ⋮                        ;(A)>40H,处理程序
SMALL:   …                        ;(A)<40H,处理程序
```

例 4-47　求 R2、R3 中的较大值,并将较大值保存在 R7 中,较小值保存在 R6 中。

解　编写程序时,经常将程序写为子程序的形式,方便程序的调用,提高程序的利用率。编写子程序时,应规定好入口参数和出口参数以及子程序的名称。

入口参数:R2,R3;出口参数:R6,R7;名称:COMPARE。

```
          ORG     0500H
COMPARE:  MOV     A,R2            ;(R2)→(A)
          MOV     30H,R3          ;(R3)→(30H), 30H 为暂存器
          CJNE    A,30H,NEQ
NEQ:      JC      SAVE
          XCH     A,30H
SAVE:     MOV     R6,A
          MOV     R7,30H
          RET
```

(3) 减一条件转移指令,DJNZ (Decrement Jump if Not Zero)

```
DJNZ  Rn,rel
DJNZ  direct,rel
```

这组指令的功能是指令每执行一次,将目的操作数所指向的地址单元的内容减 1,然后判断其值是否为 0。若不为 0,则程序转移到目的地址继续执行;若为 0,则按顺序继续往下执行。这组指令常用于控制程序循环。如预先将循环次数装入寄存器 Rn 或内部 RAM 单元,利用该指令以减 1 后是否为"0"作为转移条件,即可实现对循环次数地控制。执行流程如图 4.11 所示。

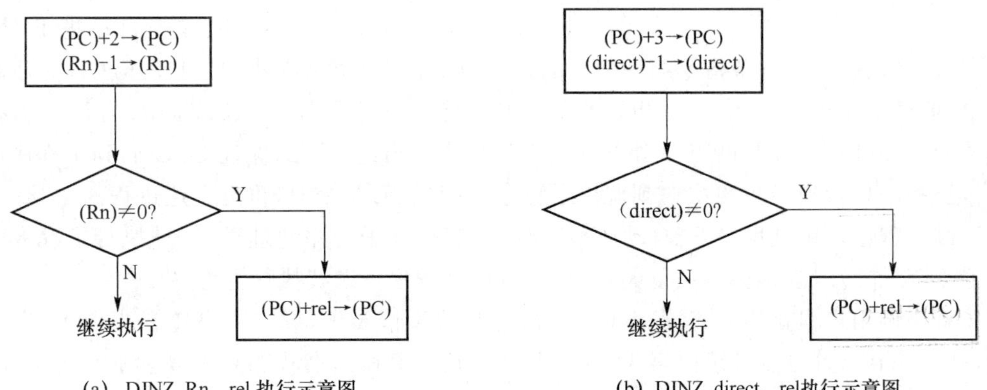

(a) DJNZ Rn, rel 执行示意图　　(b) DJNZ direct, rel执行示意图

图 4.11　DJNZ 指令执行流程图

例 4-48 从 P1.7 输出 5 个方波。

解

```
        ORG 0050H
        MOV R2,#0AH          ;方波个数初值
        CLR   P1.7           ;清 P1.7
PULSE;  CPL   P1.7           ;P1.7 位状态取反
        DJNZ R2,PULSE        ;(R2)-1≠0,继续输出,(R2)-1=0,退出循环结束输出
          ⋮
```

方波的高电平或低电平时间为 4 个机器周期(CPL 指令为 1 个机器周期;DJNZ 指令为 3 个机器周期),具体时间由 CPU 的晶振决定。图 4.12 为方波输出图形。

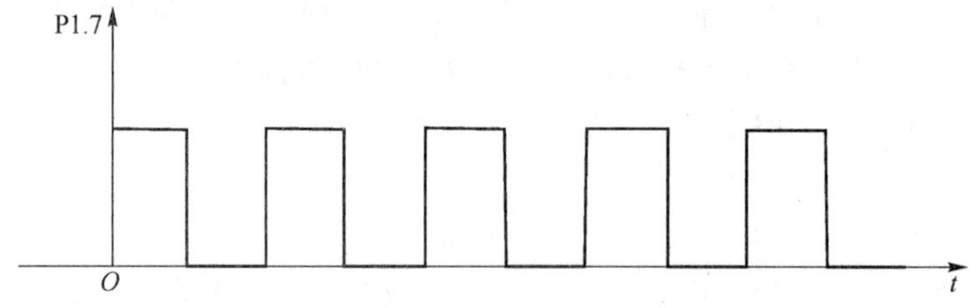

图 4.12 P1.7 输出波形示意图

3. 子程序调用和返回指令

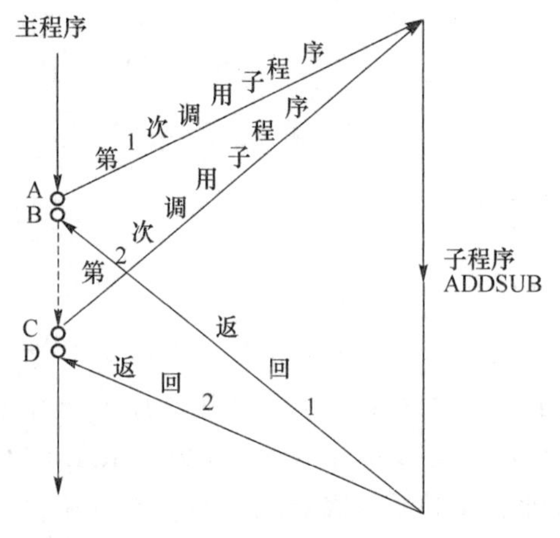

图 4.13 主程序调用子程序返回示意图

编写程序时,往往许多地方需要执行同样的操作或运算,如压缩 BCD 码变成分离 BCD 码、双字节加法程序等,这时可以把这些多次使用的程序段从整个程序中独立出来,单独编写成一个公用程序段,这种相对独立、具有一定功能的公用程序称为子程序。调用子程序的程序称为主程序。子程序的最后一条指令为返回主程序的指令(RET)。主程序通过调用指令(ACALL,LCALL)自动转入子程序,主程序调用子程序以及从子程序返回主程序的过程如图 4.13 所示。

当主程序执行到 A 处,遇到调用程序 ADDSUB 指令时,CPU 首先自动把 B 处(称为断点)即调用指令下一条指令第一字节的地址(PC 值)保留到堆栈中(自动压栈),然后将子程序 ADDSUB 的起始地址送入 PC,于是,CPU 转向执行子程序 ADDSUB;当程序执行到 RET 指令时,CPU 自动把断点 B 处的地址从堆栈中弹出送入 PC,保证 CPU 回到主程序继续执行。当程序执行到 C 处再次遇到调用子程序 ADDSUB 指令时,重复上述过程。

归纳了程序调用过程如下:自动压栈保存断点 PC→子程序地址送 PC→执行子程序→子程序遇 RET 指令→自动弹栈恢复断点 PC→返回主程序→继续执行主程序。

子程序调用过程就如读书读完 50 页时,有其他事情要做,放一支书签在当前页,事情做完,打开书找到书签位置继续读第 51 页。书签起到了保存读书状态和恢复读书状态的作用,保证按顺序读书、不会漏读。如果没有书签,则是一团糟的状态。

主程序和子程序是相对的，一个子程序调用另一个子程序时，就变成了另一个子程序的主程序，称为子程序的嵌套。图 4.14 表示一个两级子程序嵌套的子程序调用及堆栈中断点地址的存放情况。

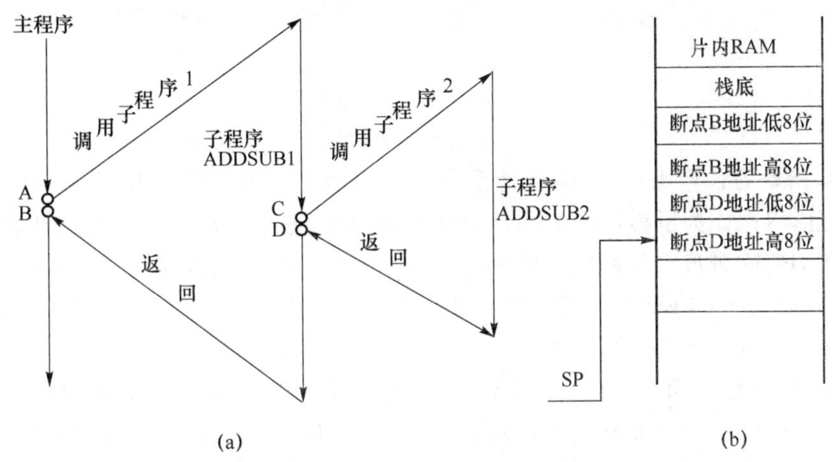

图 4.14　两级子程序嵌套及断点地址的存放

子程序的优点：减少编写和调试工作量，减少程序占用的存储空间，提高程序利用率，简化程序结构。编写子程序时，应写清入口参数和出口参数，方便调用，详见 5.4.4 小节。

(1) 调用指令，ACALL (Absolute Subroutine Call)，LCALL (Long Subroutine Call)

ACALL addr11　　;双字节，双周期，(PC) + 2→(PC)
　　;(SP) + 1→(SP)，($PC_{7\sim0}$)→((SP))
　　;(SP) + 1→(SP)，($PC_{15\sim8}$)→((SP))
　　;addr11→$PC_{10\sim0}$，PC 高 5 位不变

ACALL 是短调用指令，隐含两次压栈操作，压栈时先压 PC 低 8 位，后压 PC 高 8 位。执行过程如下：首先将 PC 加 2 计算出调用指令下一条指令的起始地址，将此作为子程序的返回地址压入堆栈中进行保护，即栈指针 SP 加 1，PCL 进栈，SP 再加 1，PCH 进栈。最后把 PC 的高 5 位和 addr11 相加后获得的子程序入口地址送 PC，CPU 转向子程序开始执行。由于调用的目的地址与 ACALL 的下一条指令的第一个字节的高 5 位 $addr_{15\sim11}$ 相同，因此目的地址必须与 ACALL 的下一条指令的第一个字节在同一 2 KB 范围内。

例 4-49　Delay:　ACALL　AXD

如果 Delay 的标号值为 0300H，AXD 的标号值为 0350H，SP 为 80H，则指令执行后，(SP)＝82H，内部 RAM 中堆栈区内(81H)＝02H，(82H)＝03H，(PC)＝0350H。

例 4-50　若(SP)＝60H，分析下列程序的执行过程，并求子程序 SUBADD 的目的地址范围。

```
        ORG   2FFEH
TEST: ACALL   SUBADD
```

解　程序的执行过程如下。

① 先计算 PC：PC＝2FFEH＋02H＝3000H；

② 低 8 位入栈：(SP)＝60H＋1＝61H，(61H)＝00H；

③ 高 8 位入栈：(SP)＝60H＋1＝61H，(61H)＝00H；

④ 求 PC 的高 5 位:$PC_{15\sim11}$=00110;

⑤ 目的地址范围:0011000000000000～0011011111111111,即 3000H～37FFFH 调用的目的地址必须在此范围,否则将出错。

```
LCALL addr16      ;三字节,双周期,(PC) + 3→(PC)
                  ;(SP) + 1→(SP),(PC7~0)→((SP))
                  ;(SP) + 1→(SP), (PC15~8)→((SP))
                  ;addr16→(PC)
```

LCALL 指令为长调用指令,执行过程如下:首先将 PC 加 3 计算出调用指令的下一条指令的起始地址,将此作为子程序的返回地址压入堆栈中进行保护,即栈指针 SP 加 1,PCL 进栈,SP 再加 1,PCH 进栈。最后把子程序入口地址送 PC,CPU 转向子程序开始执行。子程序的首地址可以设置在 64 KB 程序存储器地址空间的任何位置。

例 4-51 Delay: LCALL AXD

如果 Delay 的标号值为 0400H,AXD 的标号值为 5000H,SP 为 80H,则指令执行后,(SP)=82H, 内部 RAM 中堆栈区内(81H)=03H,(82H)=04H,(PC)=5000H。

例 4-52 将例 4-50 中程序改为长调用指令,分析 SP 中的内容。

解 程序的执行过程如下。

① 先计算 PC:PC=2FFEH+03H=3001H;

② 低 8 位入栈:(SP)=60H+1H=61H,(61H)=01H;

③ 高 8 位入栈:(SP)=61H+1H=62H,(62H)=30H;

④ 目的地址范闱:0000H～FFFFH。

(2) 返回指令,RET (Return from Subroutine),RETI (Return from Interrupt)

RET ;((SP))→($PC_{15\sim8}$),弹出 PC 高 8 位,(SP)－1→(SP)

;((SP))→($PC_{7\sim0}$),弹出 PC 低 8 位,(SP)－1→(SP)

RET 为子程序返回指令,只能用在子程序末尾。指令把堆栈中的断点地址恢复到程序计数器 PC 内,使程序回到断点处继续执行,该指令隐含两次弹栈操作,弹栈时先弹 PC 高 8 位,后弹 PC 低 8 位。

例 4-53 若 SP 的值为 72H,(72H)=02H,(71H)=58H,则执行指令 RET 后,分析 SP 和 PC 的内容。

解 (SP)－2→(SP)=70H,(PC)=0258H,CPU 从 0258H 处开始执行程序。

例 4-54 编写程序将内部 RAM 的 30H～3AH、40H～4EH 区域清 0。

解

```
        ORG     0000H           ;CPU 复位后 PC 值
        LJMP    MAIN            ;转向 MAIU 程序
        ORG     0100H           ;MAIN 起始地址
MAIN:   MOV     SP,  #60H       ;设置堆栈栈底地址指针为 60H
        MOV     R0,  #30H       ;第一清 0 区首地址送 R0
        MOV     R2,  #0BH       ;第一清 0 区单元个数送 R2
        LCALL   ZERO            ;30H～3AH 单元清 0
        MOV     R0,  #40H       ;第二清 0 区首地址送 R0
        MOV     R2,  #0FH       ;第二清 0 区单元个数送 R2
        LCALL   ZERO            ;40H～4EH 单元清 0
```

```
          ⋮
ZERO:     MOV     @R0,          #00H;清 0
          INC     R0            ;修改清 0 区地址指针
          DJNZ    R2,ZERO       ;(R2) - 1≠0,转向 ZERO
          RET                   ;(R2) - 1 = 0,清 0 完毕,子程序返回。
```

RETI　;((SP))→($PC_{15\sim8}$),弹出 PC 高 8 位,(SP) - 1→(SP)

　　;((SP))→($PC_{7\sim0}$),弹出 PC 低 8 位,(SP) - 1→(SP)

RETI 为中断返回指令,只能用在中断程序末尾。执行该指令后,除程序返回原断点地址处继续执行外,还清除相应的中断优先级状态位,以允许 CPU 响应低优先级的中断请求。CPU 执行 RETI 指令后至少需要再执行一条指令,才能响应新的中断请求。

4. 空操作指令

NOP　　;(PC) + 1→(PC),单字节

执行该单字节单周期指令仅使程序计数器 PC 值加 1,不进行任何操作,消耗时间为 12 个时钟周期。可作短时间的延时,如例 4-48 所示,当略增加方波周期时,可采用 NOP 指令。

```
          MOV     R2, #0AH      ;方波个数初值
          CLR     P1.7          ;清 P1.7
PULSE:    CPL     P1.7          ;P1.7 位状态取反
          NOP                   ;延时
          NOP                   ;延时
          DJNZ    R2, PULSE
```

方波的高电平或低电平时间为 6 个机器周期(CPL 指令 1 个机器周期;DJNZ 指令 3 个机器周期,NOP 指令 1 个指令周期)。相对例 4-48 的方波周期加大。

本章主要介绍 AT89S51 汇编语言指令系统,指令是编程设计的基础,所以必须很好地掌握指令格式、执行过程、周期、字节数。指令的机器码参见附表 1 和附表 2。

习　题

1. 写出汇编执行指令的格式,并解释各部分的含义。

2. 简述汇编伪指令的特点,说明 ORG,DB,END,EQU,DS 的用法和功能并举例

3. 什么是寻址?为什么要寻址?AT89S51 共有几种寻址方式?

4. 变址间接寻址有何特点?主要应用在什么场合?采用 DPTR 或 PC 作为基址寄存器其寻址范围有何不同?

5. 访问程序存储器使用哪些寻址方式?哪些指令可以实现?

6. 请指出下列指令的类别,并说明寻址方式。

```
MOV     A,          60H
MOV     A,          #60H
MOV     60H,        #40H
MOV     60H,        40H
MOV     0B0H,       #28H
```

7. 访问内部RAM单元可使用哪些寻址方式?

8. 访问外部RAM单元可使用哪些寻址方式?

9. 编写程序将内部RAM单元的50H的内容送外部RAM的7FFEH单元。

10. 编写程序将内部RAM单元的060H的内容送外部RAM的07FFH单元。

11. 编写查共阳极数码管的显示代码程序,要显示的数据存在30H单元。

12. 已知40H,41H中有一个16位二进制数,高位在40H,低位在41H,请编程将其乘2,结果存回原处。

13. 已知减数存放R3,R4中,被减数存放在R5,R6中,高位字节在R3,R5,低字节在R4,R6,编写双字节减法程序,结果存32H,33H。

14. 编程求4字节组合BCD码的和,加数在30H～33H单元,被加数在40H～43H单元,和保存在33H～37H单元。

15. 利用位操作实现下列逻辑操作,不能改变未涉及位的内容。

(1) P2口的P2.0、P2.1置位;

(2) ACC.7、ACC.5、ACC.3、ACC.1清除;

(3) 清除累加器的低4位。

16. 编程将工作寄存器组三区的内容传递到20H开始的单元。

17. 编程将内部RAM的50H～55H的内容依次存入5FH～5AH。

18. 编写程序将片外RAM的3000H单元开始存放的20个数传送到片内30H开始的单元。

19. 分析下列程序执行时SP、PC中的数值,以及堆栈区的内容。

```
            ORG     200CH
            MOV     SP,         #50H
            LCALL   SUBADD
            MOV     A,          #30H
            ⋮
            ORG     3000H
SUBADD:     MOV     R0,         #30H
            LCALL   BIN2BCD
            RET
BIN2BCD:    ⋮
```

第 5 章　AT89S51 程序设计与调试

学习单片机指令系统的目的是能够将其汇编指令有机地组合在一起，根据硬件结构设计出满足实际需要的完整、可靠、可灵活扩展的应用软件。汇编语言是一种面向机器的语言，与面向过程的高级语言相比，其缺点是编程不够方便，不易移植到其他类型机器；但其显著的优点是程序结构紧凑，占用存储空间小，实时性强，执行速度快，能直接管理和控制存储器及硬件接口，充分发挥硬件的作用，因而特别适用于编写实时测控、软硬件关系密切、程序编制工作量不太大的单片机应用系统的程序开发。对于从事单片机应用系统的程序设计开发的人员来说，首先必须掌握编程的步骤和方法、汇编程序的基本格式，其次应该熟练应用单片机系统的开发、调试工具，并最终将程序下载到单片机中独立运行。本章主要介绍以上几个方面的内容，目的是通过本章学习，编程人员能够顺利编写出完成一定功能的程序，并能很好地利用相应的开发系统进行调试、下载到单片机中独立运行。另外，本章用一节内容介绍 C 语言应用于单片机编程的有关实用知识，目的是希望读者能够了解 C 语言编写单片机应用程序的方法、步骤，并能够熟练应用汇编语言和 C 语言进行系统开发。

5.1　程序设计步骤

根据设计任务要求，采用汇编语言编写程序的过程称为汇编语言程序设计。对于一个单片机应用系统，在硬件调试通过后便可着手进行应用程序的开发。开发一个完整的应用程序大致可分为以下几个步骤。

1. 拟定设计任务书

根据实际系统的功能要求，明确系统的设计任务、功能要求和技术指标，即需要明确要解决的具体问题，包括主要任务，工作过程，现有的条件、已知的数据、对运算精度和速度的要求，设计的硬件结构等，这是应用程序设计的基础和条件。然后采用“自顶向下逐层分解”的方式，将复杂的系统进行合理的逐层分解，直至每个子系统能被简单、清楚的表达和理解为止。这些都是任务书所需包含的内容，任务书要条理清楚、内容完整。

2. 建立数学模型并确定算法

根据实际情况，描述出各输出变量与输人变量之间的数学关系，即数学模型。数学模型的正确度是系统性能好坏的决定性因素之一。例如，在热电偶温度测量控制系统中，要得到当前的温度值，需要根据热电偶的温度－电压之间的数学模型来计算。而热电偶的输出电压与温度的关系为非线性关系，这就涉及如何将其进行线性化处理的问题，线性化处理对系统的测量精度起决定性的作用，也直接关系到系统的控制精度。所以系统的数学模型和根据数学模型确定的算法一定要统筹考虑，认真确定。

3. 程序的总体设计及其流程图

结构化模块设计是程序设计的主要方法,首先根据设计任务书导出软件模块,得到软件模块结构,包括模块间接口的定义。如根据系统的要求将程序大致分为:数据采集模块、数据处理模块、算法模块、串口接收发送模块、控制输出模块、故障诊断模块等,并规定每个模块的任务及其相互间的关系等。然后安排程序结构并画出程序设计流程图。最后编写程序设计说明书,它主要包括两部分内容:一是模块结构图(指出系统由哪些模块组成,模块间的调用关系),二是模块的功能说明(指出每个模块的输入、输出以及模块的功能)。

程序流程图是用图形的方法将程序设计思路及程序流向完整地展现在平面图上,使程序结构直观 、一目了然,有利于程序的审核、查错和修改。流程图通常在编写程序之前绘制,有时也在编写过程中绘制。画流程图时先画出简单的功能性流程图,然后对功能性流程图进行扩充和具体化,如存储空间的分配、寄存器的应用、标志位的说明等,进而再绘出详细的流程图。先画出主程序流程图,再画各模块的流程图。好的流程图可大量节省源程序的编辑、调试时间,保证程序的质量和正确性。也可以不画流程图,但应保证在设计者的头脑里有明确、清晰的编程思路和流程图 。

在设计汇编程序时,还需要编制详细的资源分配表,包括 RAM 单元的分配、参数定义、位地址定义、使用的寄存器、数据指针的定义、各外围芯片的地址、子程序的功能等,以备程序的编制、检查和修改 。

4. 编写源程序

经上述几个步骤后进入编程阶段。根据系统总体设计的要求,按照流程图所设定的结构、算法和流向,选择合适的指令顺序编写,所编写的程序即为应用系统的源程序。

编程时应注意以下事项及技巧如下:

(1) 尽量采用循环结构和子程序。这样可以减少程序的存储空间,提高程序效率。

(2) 尽量少用无条件转移指令。这样可使程序条理更清晰,从而减少错误。

(3) 对于子程序的设计,应考虑其通用性。

(4) 累加器是信息传送的枢纽,通常用累加器传递入口参数或返回参数。

(5) 添加注释,即在每条指令后面或一段完整功能程序的开始和结尾部分说明该指令的功能,或说明程序完成的功能、入口参数、出口参数、具体的编程时间等,以备程序的检查和修改,增加程序的可读性、可维护性 。

5. 源程序的汇编与调试

把汇编语言源程序翻译成单片机能识别的机器语言(即目标代码)的过程称为汇编。所以汇编语言编写的源程序还需要汇编成目标代码。

汇编有人工汇编和机器汇编两种。人工汇编即用手工方法逐条将汇编语言指令转换成机器码指令。人工汇编需要经过两次编译才能完成,第一次完成指令码的翻译,第二次完成地址偏移量的计算。人工汇编简单易行,但程序较长、较复杂时效率较低、出错率高, 在单片机发展的初期使用。随着计算机编程语言的丰富以及计算机的不断普及,出现了许多编译软件,能够利用计算机自动将汇编源程序(助记符形式)翻译成目标代码(机器码),称之为机器汇编。机器汇编实际是人工汇编的模拟。目前常用的编译软件有 Med Win、Keil C 等,许多开发系统、仿真器等都具有将汇编源程序编译成目标代码的功能。编译后的文件内容为十六进制码或二进制码格式,其文件名为 *. hex 或 *. bin 形式。机器汇编速度快、效率高、正确无误,已经取代了人工汇编。

对于大型的应用程序，编写完成即能成功运行的可能性较小，反复对程序进行严格、全面的调试和验证以及现场运行，直到完全正确、符合设计要求。

单片机应用软件的调试借助于相应型号的单片机开发系统进行在线仿真调试，调试完成后利用编程器将程序下载到单片机中运行。具体仿真调试和下载参见本章 5.3 节。

6. 系统软件的整体试行与测试

程序调试通过下载到单片机后，将整个系统硬件完整连接，进行系统的总体测试。测试一般由两个阶段组成，第一阶段由程序员根据功能要求自行测试，写出测试报告；第二阶段由专业程序测试人员完成，根据程序员的软件使用说明和功能进行测试，并出具测试结果和建议。

7. 总结归纳后进一步编写程序说明文件

程序说明文件是对程序设计工作进行的技术总结，有利于程序的后续修改、开发和经验交流，而且是正确使用、扩展和维护程序的必备文件。一般应包括以下几个方面的内容：

- 程序设计任务书，包括功能要求和技术指标；
- 程序流程图、RAM 分配表，参数定义、位地址定义、带注释的源程序清单等；
- 数学模型和应用的算法；
- 实际功能及技术指标测试结果说明书；
- 软件使用及维护说明书。

对于实际单片机应用系统的开发，有可能只包括其中的几个步骤，如一些系统可能不需要数学模型和算法，应根据具体情况确定软件的开发步骤。

5.2　源程序的基本格式及编辑环境

5.2.1　源程序的基本格式

AT89S 系列单片机汇编语言源程序的格式基本相同，但不同型号的单片机内部资源不同，如中断源个数不同、SFR 不同等，所以对应的源程序略有不同。编写源程序时应注意以下几个方面。

1. AT89S51 的矢量分配

AT89S51 共有 5 个中断源，5 个矢量入口地址。其中断矢量入口地址分别为：0003H、000BH、0013H、001BH、0023H，另外，0003H～002AH，共 40 个单元被保留，专门用于中断服务程序 。

2. 程序的起始

对于 AT89S 系列单片机，没有程序启动运行指令，系统复位后立即启动并开始执行源程序。单片机复位后程序计数器指针 PC 值为 0000H，所以单片机复位后一定从程序存储器的 0000H 单元开始执行，而 0000H～0003H 之间的空间不足以存放主程序，因此，在 0000H～0003H 单元必须放置一条转移指令（AJMP 或 LJMP），转向主程序。由中断矢量分配表可知，0003H～002AH 为中断矢量区，应用系统主程序必须跳过这一区域，所以主程序起始地址一般设置在 002BH 之后。

3. 中断服务程序

由中断矢量分配表可知,中断矢量区分配给每个中断源的中断服务程序的地址空间只有8个单元,一般是不够的,所以在中断矢量的入口处也放置一条转移指令,而实际的中断服务程序则安排在主程序地址空间之外的地址单元区段。

4. 程序字节

程序字节(即程序长度)一定要小于或等于程序的存储空间容量,AT89S51具有4 KB的Flash程序存储器,所以编写程序的字数一定要小于或等于4 KB,大于4 KB程序运行将出错。如程序量较大,可以选用具有较大Flash存储空间的单片机,如ATS9S53 (12 KB Flash)或者外扩程序存储器EPROM等。

5. 伪指令

伪指令在汇编程序中具有一定的控制作用,其用法一定要遵循指令格式。根据以上情况,源程序的基本格式及地址分配举例如下 。

```
        ORG     0000H
        LJMP    MAIN            ;转向主程序
        ORG     0003H
        LJMP    INT0            ;转向外部中断0服务程序
        ORG     000BH
        LJMP    TIMER0          ;转向定时器0中断服务程序
                ⋮
        ORG     0023H
        LJMP    SERIAL          ;转向串行口中断
        ORG     0040H
MAIN:   SETB    IT0             ;主程序从0040H开始
        SETB    EX0             ;主程序初始化
        SETB    EA
                ⋮
        ACALL   DISP            ;调用显示子程序
        ACALL   DISPOSE         ;调用数据处理子程序
                ⋮
        ORG     0300H
DISP:           …               ;显示子程序
                ⋮
DISPOSE:        …               ;数据处理子程序
                ⋮
        ORG     0400H
INT0:   …                       ;外部中断0中断服务程序
        ⋮
        ORG     0500H
TIMER0:   …                     ;定时器0中断服务程序
        ⋮
```

```
        ORG     0600H
SERIAL:   …
        ⋮
        ⋮                       ;其他中断服务程序
        ORG     0A00H
TABDB:DB        12H,56H,3FH     ;固定表格区段
        ⋮
        END                     ;程序结束
```

主程序段一般包括内部 RAM 单元设置、中断设置、参数设置，以及外围芯片的地址、参数设置等初始化程序，各个模块子程序的调用、中断等待等。主程序是整个源程序的核心，一定要安排好各部分的先后顺序，保证程序的正常执行。

上述地址分配在实际应用中应视具体情况而定 。

5.2.2 源程序的编辑环境

完成了系统软件的总体设计以后，就可以在 PC 上编写程序了。用于编写汇编程序的编写环境很广泛，可在许多文字编辑窗口进行输入，如在写字板、记事本，或专门的汇编编辑、调试软件，如 Keil C 中进行，文件名以. asm 为后缀。

因为编写完成的汇编软件还需要在特定的编译环境下进行语法编译，所以一般情况下，源程序直接在编译或仿真环境下进行编写。编写前首先在 PC 上安装需要的软件，如 Keil C，并进行适当的配置，然后建立工程，就可以编写源程序了。

5.3 程序调试与下载运行

源程序编辑、输入完成后，则可以进入源程序的调试和最后下载阶段，如图 5.1 所示。由图中看出，源程序的调试下载可能会经过几个循环，才能最终完成。编译指在计算机中利用专用的编译软件对源程序的语法进行检查的过程，如 Keil C 等。

仿真就是使用可控的手段来模仿真实的情况，是对目标系统而言。仿真调试也称在线仿真调试，指利用单片机开发系统对目标系统的单片机进行实时仿真调试、在线运行的过程，主要用于目标系统的硬件和软件调试，以检查软件和硬件的错误。目标系统指根据总体设计要求完成的硬件系统。程序下载指利用编程器或下载器将调试通过程序的目标代码写到单片机的 Flash 或程序存储器的过程。

5.3.1 单片机开发系统(装置)

单片机开发系统一般由计算机和仿真器组成，仿真器与计算机一般通过 RS232 串行接口、LPT 并行接口、USB 接口等相连，如图 5.2 所示。

电缆 1 是计算机与仿真器的连接电缆，根据仿真器与计算机的连接方式不同可以是并行、串行或 USB 电缆；仿真器通过适配器和目标系统相连。仿真器由仿真单片机、监控程序存储

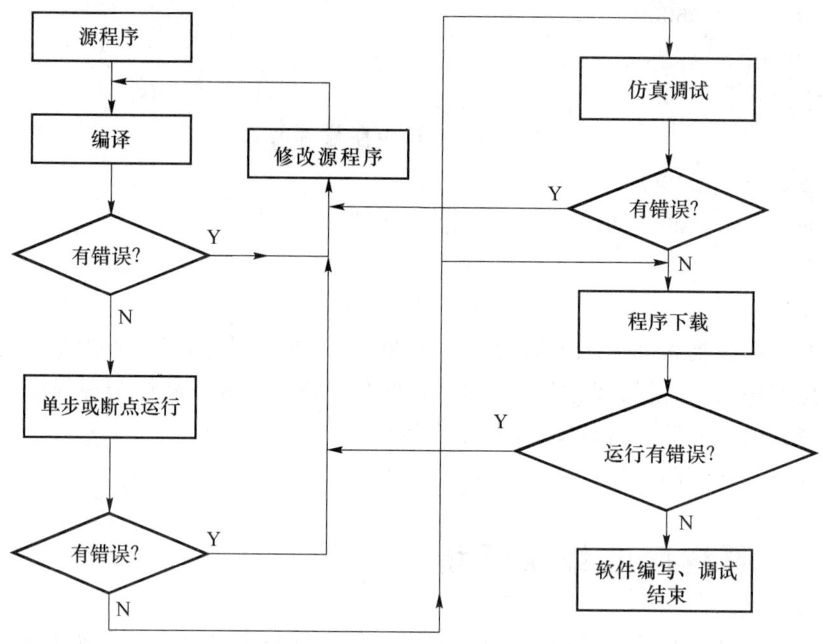

图5.1　源程序的调试仿真流程图

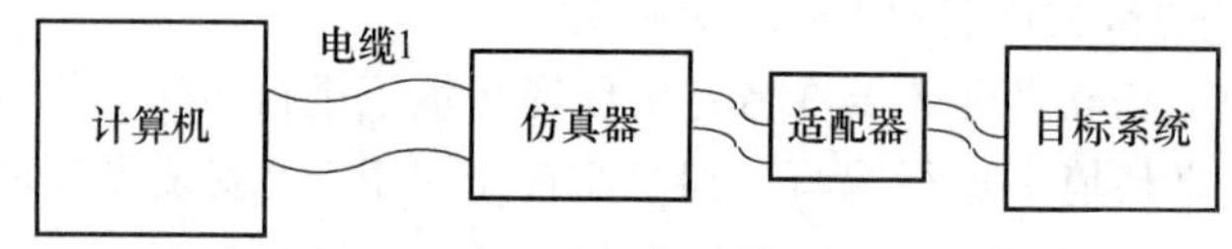

图5.2　开发系统与目标系统连接图

器、存放用户目标程序和数据的仿真存储器、存放断点的断点存储器、仿真单片机运行状态切换和读出修改数据的控制电路等组成,并提供和用户目标系统单片机插座相连的仿真适配器,仿真适配器保证其上的插座与所仿真单片机的引脚、封装结构相同。

仿真器可分为通用型和专用型两类。通用型仿真器可以开发多种单片机,通过更换适配器即可进行多种型号的单片机仿真;专用型只能开发一种单片机。

单片机的开发系统是面向机器的,由于不同单片机系列的硬件组成结构、指令系统各不相同,其对应的开发系统也各不相同,因此在选用开发系统时要根据具体使用的单片机进行选择。虽然不同的单片机开发系统不同,但开发系统一般都应具有以下功能。

1. 模拟仿真功能

能够实现程序的模拟仿真、调试,主要由开发系统支持的软件决定。

2. 在线仿真功能

开发系统中的在线仿真器应能仿真目标系统中的单片机,并能模拟目标系统的ROM、RAM和I/O口,使在线仿真时目标系统的运行环境完全"逼真"于实际运行的环境,以实现系统的、完全的、一次性的仿真。

3. 调试功能

具有单步、硬件断点、连续、启停等运行方式,在任何运行方式下均能返回到监控状态,并支持高级语言的单步和断点运行。

能够读出和修改目标系统所有资源的状态。具有逻辑分析仪的功能,可以跟踪存储器信息的变化，并能显示某位的状态变化波形。

4. 辅助设计功能

能够支持汇编语言和高级语言，允许使用混合编程，并提供反汇编功能。

5. 用户操作界面

用户操作界面友好，方便操作，各种操作同时在集成环境下完成，并能实现编辑、编译、调试环境之间快速切换。

5.3.2　源程序调试

源程序的调试必须在专用的调试环境下进行，如 Keil C。源程序的调试一般包括两个过程：模拟调试和在线仿真调试。

1. 模拟调试

模拟调试指在 PC 机的调试环境下模拟实际单片机运行的调试过程。用户只需要计算机以及编译环境，不需要单片机开发系统及硬件目标系统就可以对程序进行验证，因此调试与硬件无关的系统具有一定的优点，特别适合于偏重算法的程序仿真。模拟调试的缺点是无法完全仿真与硬件相关的部分，因此最终还要通过在线仿真调试来完成最终的设计。

模拟调试是源程序调试必须经过的过程。一般经过两个步骤。

(1) 编译程序，检查汇编语言的语法是否正确

此过程检查源程序的语法是否正确，提示程序中错误的指令或格式，常称为编译。当编译出现错误时，系统会给出错误所在的行以及错误的提示信息。用户应根据这些提示信息，更正程序中出现的错误，反复编译直至完全正确为止。程序编译通过后，一般的编译软件在编译的同时输出对应的目标代码文件，该文件名格式为 *.hex 或 *.bin，这就是最后下载到程序存储器的十六进制或二进制文件。有些软件的输出文件及格式事先需要设置如 Keil C，请参照软件指导设置。

(2) 模拟运行程序，观察程序的执行是否符合要求

程序检查没有错误后，进行单步或断点调试。目的是观察程序的流程是否正确，程序是否按要求执行，中断是否能正常进入等。因是模拟调试，所以有些在目标系统中需硬件确定的状态需要手动在 PC 上进行设置，如某个管脚的置位或清除、定时器中断标志的置位或清除等。如在检测能否正常进入定时器中断服务程序时，先将定时器中断服务程序的第一条指令设为断点，然后运行程序并观察程序能否进入断点执行，以及程序执行是否正确等。

2. 仿真调试

由于单片机本身没有自开发功能，必须借助于开发工具来排除目标系统样机中的硬件故障、程序错误，最后生成目标程序。模拟调试完成后，一般还要经过仿真调试。

仿真调试指使用单片机开发系统的单片机替代用户目标系统的单片机，并使其完成全部或大部分功能的调试过程。仿真调试必须配备相应的单片机开发系统。使用开发系统用户就可以对程序的运行进行控制，如单步、断点、全速、查看资源等。仿真调试有利于发现硬件和软件的问题，简化程序的编写难度，缩短开发调试时间，所以在单片机应用系统的开发过程中占有非常重要的地位。

在实际的系统开发中，初级单片机学习者一般要经过上述两个过程（即进行模拟调试和仿真调试）才能最终使程序满足要求，而熟练的有经验的单片机开发人员一般不必进行仿真调

试,如图 5.1 所示,程序模拟调试通过后直接将程序下载到单片机的 Flash 或 EPROM 中,然后运行目标系统,但这样做时一定要注意设置一些状态显示(如发光二极管、引脚的高低电平等),以检测程序运行是否正确。如果目标系统运行过程出现问题,如某些状态指示灯不亮或某些引脚输出错误或数据显示错误等,首先要根据具体的问题分清硬件和软件问题,对于硬件问题要核查电路设计是否合理、正确,印制板线路连接是否有短路、断路情况等,对于软件问题要重新修改程序。找到问题解决问题后,再反复经过上述过程调试,直至满足要求。

5.3.3 程序下载运行

程序调试通过后,进入程序下载阶段。程序下载指的是利用编程器将调试正确的汇编程序的目标代码写入到 Flash 或 EPROM 中,以便单片机能够独立运行。编程器有许多厂家生产。目前较常用的方法是利用计算机的 USB 接口,由于 AT8951 自身不具备 USB 接口,需利用芯片 CH341T 进行 USB 接口的转换进行实现,通过 AT89S51 的串口将程序下载到 Flash 中。具体的连接如图 5.3 所示。USB 转串口电路如图 5.4 所示。

图 5.3 程序下载连接图

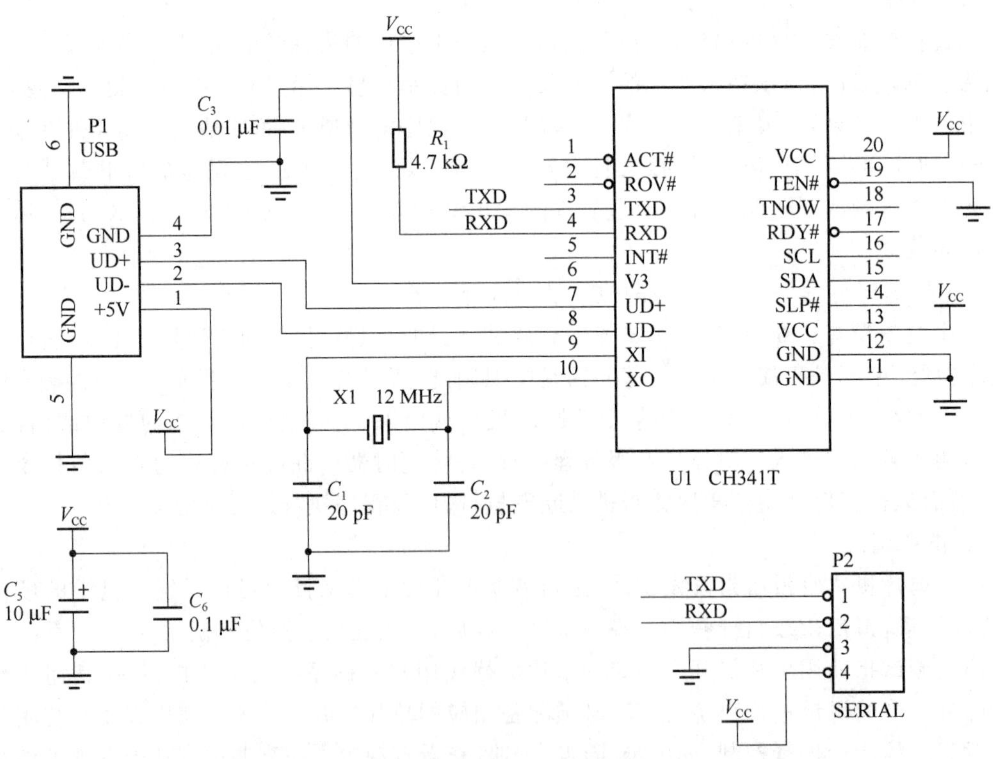

图 5.4 USB 转串口电路图

其中,P1 和 P2 为接插件,P1 为 USB 接口,用于与计算机的 USB 接口相连接;U1 为 USB 总线转串口芯片 CH341T,实现 USB 总线到串口的转换;P2 与单片机 AT89S51 的串口引脚相连接;5 V 电源由计算机内部产生,为 USB 四条引线之一;V_{CC}为单片机开发板电源。

程序下载时可以直接利用计算机 USB 接口的 5 V 电源，即开发板可以不连接 V_{CC} 电源。

5.4　程序设计方法

汇编语言程序设计并不难，但要编写出质量高、可读性好、存储容量小和执行速度快的优秀程序并非易事。要做到这一点，只掌握汇编语言的指令还远远不够，还需要掌握程序设计的基本方法，并且不断吸取、总结经验，提高编程技巧。汇编程序结构及基本设计方法有以下几种：

- 顺序结构程序设计；
- 分支结构程序设计；
- 循环结构程序设计；
- 子程序结构程序设计；
- 中断结构程序设计。

5.4.1　顺序结构程序

顺序结构程序指程序中没有使用转移类指令的程序段，是程序设计中最基本、最简单的编程结构，所以也称为简单结构或直线结构。顺序结构程序按照指令存储的位置，由低地址到高地址按顺序逐条执行。这类程序结构简单，易于阅读和理解 。

例 5-1　编写 16 位数加 1 程序，16 位数存储在 30H、31H 单元，低位字节在前。

解：

```
ORG   0500H
MOV   A,       30H     ;取 16 位数的低位字节     ;双字节,单周期
ADD   A,       #01H    ;低位字节加 1             ;双字节,单周期
MOV   30H,     A       ;送 30H 单元              ;双字节,单周期
MOV   A,       31H     ;取高位字节               ;双字节,单周期
ADDC  A,       #0      ;高位字节加进位位         ;双字节,单周期
MOV   31H,     A       ;高位字节送 31H           ;双字节,单周期
```

上述程序段完成了 16 位数加 1 的功能，程序顺序执行，共占用 12 个程序存储器单元，程序执行时间为 6 个机器周期。如果单片机使用 12 MHz 晶振，则每个机器周期为 1 μs，程序执行时间 6 μs。顺序结构设计虽然简单，但任何程序都离不开顺序结构程序。

5.4.2　分支结构程序

分支结构程序的特点是程序中含有转移指令，使程序具有判断和选择能力。由于转移指令分无条件转移和有条件转移，所以分支程序也分无条件分支和条件分支两类。无条件分支程序中含有无条件转移指令(如 SJMP、AJMP 等)，比较简单。条件分支程序中含有条件转移指令，比较复杂。AT89S51 的分支程序设计主要就是正确运用累加器 A 判零条件转移、比较条件转移、减 1 条件转移和位控制条件转移这 4 类指令进行编程。

例 5-2 L1: JNB P1.0,L2 ;P1.0 上接有一按键,按下时 P1.0=0

JNB P1.1,L3 ;P1.1 上接有一按键,按下时 P1.1=0

这就是分支程序的结构,可通过判断按键的状态来执行后续的动作。如果 P1.0 为"0",就转移;反之就顺序执行。如果想实现的功能是 P1.0 为"1"转移,为"0"就顺序执行,则需使用 JB 指令。需要注意的是,在例子中程序的判别仅有两个出口,进行二选一的操作,因此成为单分支选择结构,单分支转移的程序设计一般根据运算结果的状态标志来判断是否转移。

例 5-3 已知 40H(VAR)单元内有一自变量 X,按如下条件编写程序求 Y(FUN)的值,并存入 41H 单元。

$$Y=\begin{cases}1 & X>0\\ 0 & X=0\\ -1 & X<0\end{cases}$$

解 这是三分支归一的条件转移问题,有"先分支后赋值"和"先赋值后分支"两种编程方法,流程如图 5.5 所示。

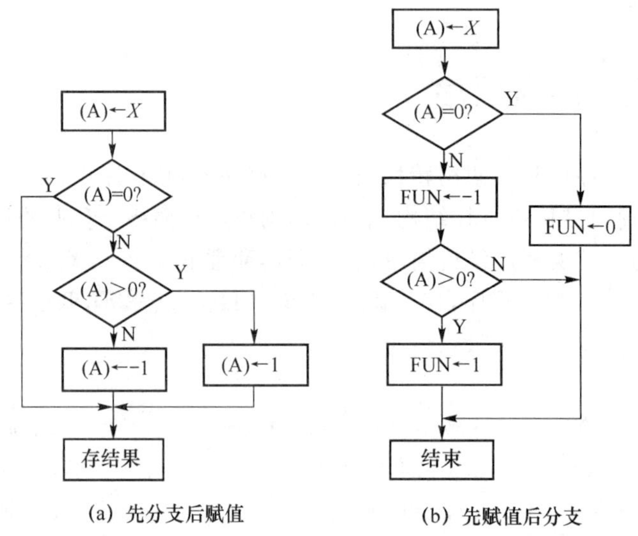

图 5.5 分支程序流程图

(1) 先分支后赋值程序。

```
        ORG     0600H
        VAR     DATA    40H
        FUN     DATA    41H
XY:     MOV     A,      VAR         ;X→(A)
        JZ      ZERO                ;X = 0,转 ZERO
        JNB     ACC.7   POS         ;X>0,转 POS
        MOV     A,      #0FFH       ;X<0,-1→(A)
        SJMP    ZERO                ;转 ZERO
POS:    MOV     A,      #01H        ;1→(A)
ZERO:   MOV     FUN,    A           ;存 Y 值
        RET
```

(2) 先赋值后分支程序。把 VAR 内容送 A,若 A=0,则 FUN=0,计算完成。若 A≠0,则假设 A<0,赋值 FUN=-1,然后判断 A 是否小于 0,若 A<0,则计算完成;若 A>0,则重新赋值 FUN=1。

```
        ORG     2000H
        VAR     DATA    40H
        FUN     DATA    41H
XY:     MOV     A,      VAR             ;X→A
        JZ      ZERO                    ;X = 0,转 ZERO
        MOV     FUN,    #0FFH           ;-1→FUN
        JB      ACC.7   DONE            ;X<0,转 DONE
        MOV     FUN,    #01H            ;1→(FUN)
        SJMP    DONE
ZERO:   MOV     FUN,    #00H            ;0→(FUN)
        RET
```

在汇编程序设计时,当程序的判别部分有两个以上的出口流向时,须进行多分支结构的转移。常用的两种多分支转移指令为。

```
比较转移指令:  CJNE  A,   direct, rel
               CJNE  A,   #data, rel
               CJNE  Rn,  #data, rel
               CJNE  @Rn,direct, rel
散转转移指令:  JMP   @A + DPTR
```

比较转移指令是对两操作数的大小进行比较,当不相等时转移,并指出两操作数的大小关系;若相等,则顺序执行后续的程序。此分支方法的优点是程序层次清晰、简单易懂,但速度较慢,特别是层次较多时。

散转转移指令则由数据指针 DPTR 确定多分支转移程序的首地址,根据当前累加器 A 的内容动态地选择对应的分支程序。

例 5-4　通过键盘扫描程序 KEYSCAN 将键值 0~9 读入至累加器 A,键值不同功能不同,设计程序根据键值分别转入键控程序 KEY0~KEY9。即要求:

当(A)=0 时,转键控程序 KEY0;

当(A)=1 时,转键控程序 KEY1;

⋮

当(A) =9 时,转键控程序 KEY9。

解

```
        ORG     0500H
        ACALL   KEYSCAN                 ;读键值,送累加器 A
        RL      A                       ;A 中内容乘 2
        MOV     DPTR,   #JMPTBL         ;散转首址
        JMP     @A + DPTR               ;以 A 中内容为散转偏移量
        ⋮
JMPTBL: AJMP    KEY0                    ;第 1 个键按下,转向 KEY0 执行
```

```
        AJMP    KEY1        ;第 2 个键按下,转向 KEY1 执行
        ⋮
        AJMP    KEY9        ;第 10 个键按下,转向 KEY9 执行
KEY0:   ⋮                   ;第 1 键程序处理段
KEY1:   ⋮                   ;第 2 键程序处理段
        ⋮
KEY9:   ⋮                   ;第 10 键程序处理段
```

在该例中就使用直接转移指令组成一个转移表,然后将该单元的内容读入累加器 A,转移表的首地址放入 DPTR 中,再利用散转转移指令实现分支转移。

分支结构程序设计相比顺序结构程序设计难度要大,编写时最好先画出程序流程图,清楚程序的执行方向,然后再根据流程图进行程序的编写。

5.4.3 循环结构程序

循环结构就是多次重复执行某一程序段,直到满足结束条件,再向下顺序执行。该程序段通常称为循环体。循环结构并不减少程序执行时间,但可使程序紧凑,节省程序存储单元,增加可读性。循环次数越多,程序长度缩短越显著。

1. 循环结构的组成

(1) 循环初始化

循环初始化程序段位于循环程序开头,用于完成循环前的准备动作。一般需要设置循环控制计数器、数据指针、各工作寄存器及其他变量的初值等。

(2) 循环处理

这部分程序位于循环体内,需要重复执行,是循环结构的核心,程序编写应尽量简练,以缩短程序的执行速度。

(3) 循环控制

循环控制也在程序体内,用于控制循环执行次数。不断修改循环计数器、数据指针,判断循环结束条件是否满足。当循环次数已到时,则跳出循环控制,顺序执行后续程序。

(4) 循环结束

处理、存放循环程序的执行结果以及恢复各工作单元循环前的初值。循环程序有两种编制方法,具体实现如图 5.6 所示。

2. 循环结构的控制

根据循环控制部分的不同,循环程序结构可分为循环计数控制结构和条件控制结构。

计数循环结构:计数循环控制结构是依据计数器的值来决定循环次数,一般为计数器“减1”,当计数器减到“0”时,循环结束。通常在初始化时设定计数的初值。常用的循环控制指令为“DJNZ Rn,rel”和“DJNZ direct,rel”,前者是以工作寄存器作为控制计数器,后者则是以直接寻址单元作为控制计数器。

例 5-5 已知单片机内部 RAM 的 BLOCK 单元开始有一无符号数据块,数据块长度在 LEN 单元。编写程序,求数据块中数据的累加和并将其存入 SUM1 和 SUM2 单元。

解 为了全面了解两种循环结构,现编写两种方案的程序。流程如图 5.7 所示。

(1) 先处理后判断程序

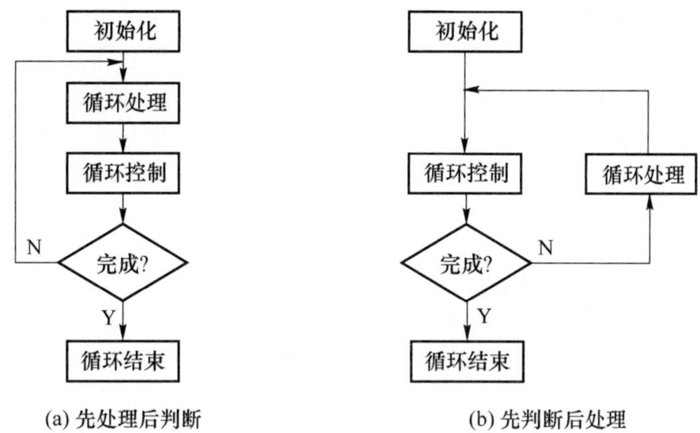

图 5.6　循环程序结构类型

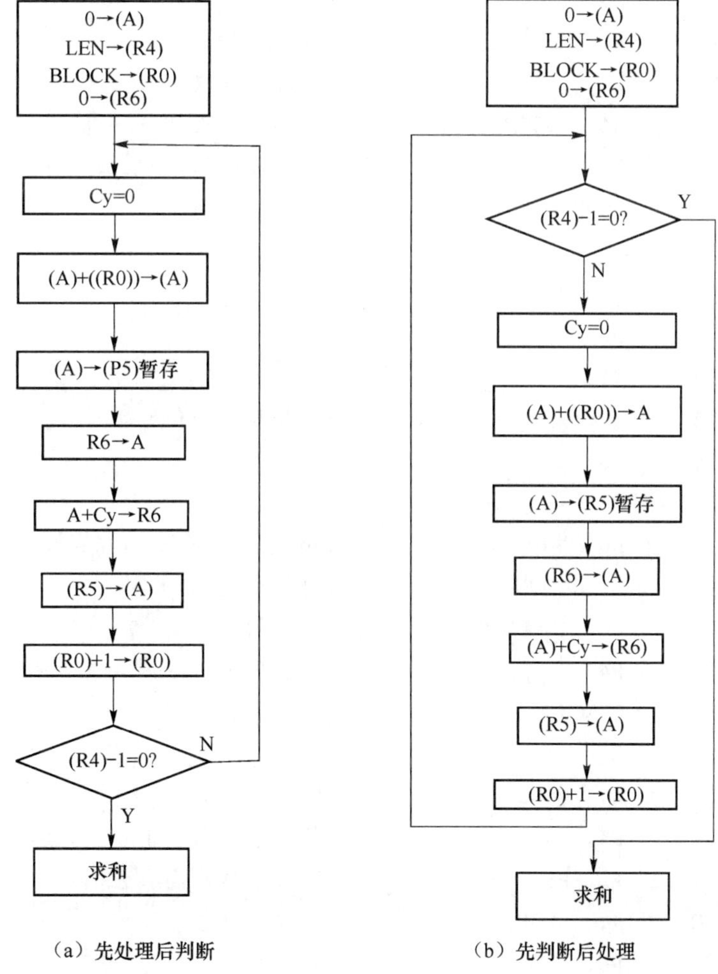

图 5.7　两种方案的程序流程图

```
        ORG     0700H
LEN     DATA    30H
```

```
SUML    DATA    31H              ;累加和低8位存储地址
SUMH    DATA    32H              ;累加和高8位存储地址
BLOCK   DATA    50H
        CLR     A                ;A清0
        MOV     R6,#0            ;R6清0,暂存累加和高8位
        MOV     R4, LEN          ;块长度送R4
        MOV     R0, #BLOCK       ;块起始地址送R0
LOOP:   CLR     C                ;清进位位Cy
        ADDC    A, @R0           ;(A)+((R0))送A
        MOV     R5, A            ;转存累加和A值
        MOV     A, R6            ;取累加和高8位
        ADDC    A, #0H           ;计算高8位
        MOV     R6, A            ;累加和高8位送R6
        MOV     A, R5            ;取累加和低8位
        INC     R0               ;修改数据块指针
        DJNZ    R4, LOOP         ;循环次数未到,转LOOP
        MOV     SUML, A          ;循环次数到,存累加和低8位
        MOV     SUMH, R6         ;存累加和高8位
```

(2) 先判断后处理程序

```
        ORG     0700H
LEN     DATA    30H
SUML    DATA    31H              ;累加和低8位
SUMH    DATA    32H              ;累加和高8位
BLOCK   DATA    50H
        CLR     A                ;A清0
        MOV     R6 ,#0           ;R6清0,暂存累加和高8位
        MOV     R4 , LEN         ;块长度送R4
        MOV     R0, #BLOCK       ;块起始地址送R0
        INC     R4               ;块长度加1,因先判断后处理,执行减1
        SJMP    CHECK            ;跳至循环控制
LOOP:   CLR     C                ;清进位位Cy
        ADD     A, @R0           ;(A)+((R0))送A
        MOV     R5, A            ;转存累加器A值
        MOV     A, R6            ;取累加器和高8位
        ADDC    A, #0H           ;计算高8位
        MOV     R6, A            ;累加和高8位送R6
        MOV     A, R5            ;取累加和低8位
        INC     R0               ;修改数据块指针
CHECK:  DJNZ    R4, LOOP         ;循环次数未到,转LOOP
        MOV     SUML, A          ;循环次数到,存累加和低8位
```

```
        MOV     SUMH,  R6           ;存累加和高 8 位
        END
```

在例子中,寄存器 R4 作为计数控制变量,R0 作为变址单元,用它来寻找数据块中的每一个单元。被循环操作的数据一般采用间接寻址的方式来定义,如程序中的"ADD　A,@R0"。

上述两段程序是有区别的。若块长 LEN≠0,则执行结果相同。若块长 LEN=0,则先处理后判断程序结果错误,就是说,先处理后判断程序至少有一次执行循环体内的程序。所以在编写此类程序时,应注意采用合适的处理方法。

计数控制方法只有在循环次数已知的情况下才适用。对循环次数未知的问题,一般根据某种条件来判断是否应该终止循环,即采用条件控制结构。

例 5-6　已知从单片机内部 RAM 的 30H 单元开始存放有一串字符,该字符串以 0B 为结束标志,编写程序,求该字符串的长度。

解　定义一个长度计数器和一个字符串指针,长度计数器用来记录字符串的长度,字符串指针用来指向当前字符,如果当前字符与"0 B"不相同,则长度计数器和字符串指针分别加 1,继续处理下一个字符;如果相同,字符串结束,长度计数器的内容就是字符串的长度。

```
        MOV   R0,   #0FFH    ;R0 为长度计数器
        MOV   R1,   #2FH     ;R1 为字符串指针
  NEXT:INC    R0
        INC    R1
        CJNE   @R1,   #0BH, NEXT; 比较字符,若不等则比较下一个字符
        END
```

这些例子都是在一个循环程序中不包含其它的循环程序,称为单循环程序。如果一个循环中包含了其他循环程序,则称为多重循环程序。例如,有 DJNZ 指令构成的软件延时程序。

例 5-7　AT89S51 的晶振为 12 MHz,设计 10 ms 延时子程序。

解　12 MHz 晶振的机器周期为 1 μs,可用双重循环写出延时程序。根据指令的执行周期计算延时时间。

```
        ORG     0300H
DEL:    MOV     R7, #40             ;单周期,1 μs
DEL1:   MOV     R6, #125            ;单周期,1 μs
DEL2:   DJNZ    R6, DEL2            ;双周期,2 μs,125 × 2 = 250 μs
        DJNZ    R7, DEL1            ;双周期,2 μs,0.25 × 4 = 10 ms
        RET
```

以上延时程序的延时时间计算不够精确,精确的延时时间计算如下。

(1+125 * 2) * 40+2=10.042 ms,要想实现精确定时,可将程序修改如下:

```
        ORG     0300H
DEL:    MOV     R7, #40             ;单周期,1 μs
DEL1:   MOV     R6, #123            ;单周期,1 μs
        NOP                         ;单周期,1 μs
DEL2:   DJNZ    R6, DEL2            ;双周期,2 μs,123 × 2 + 2 = 248 μs
        DJNZ    R7, DEL1            ;双周期,2 μs,(248 + 2) × 40 + 1 = 10.001 ms
        RET
```

该段程序的延时时间为10.002 ms。注意：使用软件延时过程中不允许中断，否则会严重影响延时时间。

5.4.4 子程序结构程序

子程序是一种能完成某确定任务的程序段，其资源可为所有调用程序共享，因此，子程序在结构上应具有通用性和独立性。子程序的编写可以简化程序的逻辑结构，缩短程序长度，使程序调试变得轻松 。

1. 子程序编写时应注意的问题

(1) 保护现场和恢复现场

如果子程序使用主程序已经用过的寄存器和工作单元，子程序的运行可能会改变这些寄存器和工作单元的内容，从子程序返回，主程序再使用它们时就会发生错误。为避免这些错误，必须在子程序执行之前，将其内容保存起来，通常是进行压栈操作或改变工作寄存器的物理地址(由RS0、RS1决定)，称为保护现场。子程序执行完成返回主程序后，再将压栈的内容取出，即弹栈或恢复原来工作寄存器的物理地址，并送数据回到原来的寄存器或单元，称为恢复现场 。

保护现场和恢复现场有两种方式。

① 调用前保护调用后恢复

主程序中编写保护和恢复程序。调用子程序之前将某些参数转存或压栈，返回主程序之后将压栈的参数弹出。适用于每次调用时需保护不同内容的情况。

② 调用后保护返同前恢复

子程序中编写保护和恢复程序。保护操作在子程序开始处编写，恢复操作在子程序的RET指令前编写。适用于保护内容固定的情况。

被保护的内容主要由子程序使用的寄存器确定。

(2) 主程序和子程序之间的参数传递

主程序和子程序之间传递的参数主要有入口参数和出口参数。入口参数是指子程序需要的原始数据，由主程序传递给子程序；出口参数是由子程序根据入口参数执行子程序后获得的结果参数，由子程序传进给主程序。

参数的传递方法主要有以下几种。

① 用寄存器或累加器传递参数

将入口参数或出口参数放在工作寄存器或累加器中，程序最简单，运算速度也最快。缺点是工作寄存器数量有限，不能传递太多的数据，主程序必须先把数据送到工作寄存器；参数个数固定，不能由主程序任意设定 。

② 利用寄存器传递参数地址

CPU在主程序中把子程序入口参数地址利用寄存器R0～R7传进给子程序，可以大大节省传进数据的工作量并实现可变长度运算。如参数在内部RAM中，可用R0、R1传递；参数在外部RAM或程序存储器中，可用DPTR作地址传送。可变长度运算时，可用一个寄存器来指出数据长度，或者在RAM中使用结束标志，如特殊的ASCII码字符0DH(CR，回车符)等 。子程序执行完成后的出口参数也如此传递给主程序。

③ 利用堆栈传递参数

由于堆栈符合先进后出的原则，有一定规律可循，因此可以利用堆栈传递参数。主程序传递参数给子程序：主程序将参数依次压栈，子程序再依次弹栈并将其应用于子程序操作和运算。子程序传递参数给主程序：子程序将参数依次压栈，主程序再依次弹栈则可将参数应用于主程序。这种方法的特点是简单，能传递大量参数，不必为特定的参数分配存储单元，使用堆栈可以使中断响应的现场保护大大简化，但要注意堆栈指针的深度。

在使用堆栈时须注意的是：子程序在调用和返回时，隐含两次堆栈（压栈和弹栈）操作，并且有可能在子程序中再次调用子程序（即子程序嵌套），会导致多次堆栈操作，为了保证堆栈能正常进行，编程时应注意堆栈区需要满足要求，或根据堆栈安排子程序嵌套深度。

④ 利用位地址传递参数

当子程序的入口参数是字节中的某些位时，将这些位地址作为参数传递即可。

以上是子程序编写时要注意的问题。那么如何编写一段功能完整、可读性强、通用性好的子程序呢？在具体编写时还应遵循以下几个原则。

2. 子程序编写的原则

（1）通用性

为使子程序能适应各种不同程序、不同条件下的调用，子程序应具有较强的通用性。如数制转换子程序、多字节运算子程序等，理应能适应各种不同应用程序的调用。

（2）可浮动性

可浮动性是指子程序段可设置在 64 K 存储器的任何地址。在编写子程序时，使用相对转移指令可使子程序被主程序正常调用，以便汇编时生成浮动代码。假如子程序段只能设置在固定的存储器地址段，那在编制主程序时需特别注意存储器地址空间的分配，防止两者重叠。

（3）可读性

对于通用子程序，为便于各种用户程序的使用，要求在子程序编制完成后提供一个说明文件，使用户不必详读源程序，只需阅读说明文件就可了解其功能。说明文件一般包含如下内容：

- 子程序名。标明子程序功能的名字。
- 子程序功能。简要说明子程序能完成的主要功能。
- 初始和结束条件。说明有哪些参量、参量传送和存储单元，说明执行结果及其存储单元。
- 所用的寄存器。提示主程序对哪些寄存器内容做进栈保护。
- 子程序调用。指明本子程序可调用哪些子程序。

（4）完整性

子程序第一条指令的地址称为子程序的入口地址，第一条指令前必须有标号，因主程序调用子程序时要利用标号。该标号应以子程序的功能命名，一般用英文或汉语拼音表示，以便阅读时一目了然，如多字节加法运算可以用 ADDN 标记，延时程序可以用 DELAY 标记等。子程序执行完成后一定要返回主程序，而子程序是通过 RET 指令返回到主程序的，所以在子程序的结尾必须安排 RET 指令，以便子程序顺利返回主程序 。

有些复杂而庞大的子程序还需说明占用资源情况、程序算法及程序结构流程图等。随子程序功能的复杂程度不同，其说明文件的要求也各不相同。

3. 子程序的基本结构

典型的子程序的基本结构如下:

```
MAIN:
        ⋮
        LCALL  SUB                 ;调用子程序 SUB
        ⋮
        ORG  0900H
SUB:    PUSH   PSW                 ;保护现场
        PUSH   ACC                 ;
        ⋮                          ;子程序功能
        POP   ACC
        POP    PSW                 ;恢复现场
        RET                        ;子程序的返回指令
```

需要注意的是,在上述子程序结构中,保护现场和恢复现场部分是根据实际的需求来确定是否需要存在,而且需要保护的对象有哪些,也是根据实际情况来决定的。

4. 子程序编写举例

例 5-8 编写由 P1.0 口循环输出方波的程序。

解

```
            ORG      0100H
MAIN:       SETB     P1.0        ;设置 P1.0 输出高电平
            ACALL    DELAY       ;调用延时子程序
            CLR      P1.0        ;设置 P1.0 输出低电平
            ACALL    DELAY       ;调用延时子程序
            AJMP     MAIN        ;循环输出方波
DELAY:      MOV      R1, #0FFH
            DJNZ     R1, $
            RET
            END
```

例 5-9 编写存取共阴极数码管对应的显示代码子程序。

解

```
;程序名称:SEGDISC
;功能:取得共阴极数码管对应显示代码程序
;入口参数:(R3) =要显示的数字,如 0、1 等
;出口参数:(R4) =显示数字的代码
         ORG      06000H
SEGDISC: PUSH     ACC                        ;ACC 压栈,保护现场
         MOV      A,       R3                ;取显示内容
         MOV      DPTR,     #SEGTAB          ;显示码首地址
         MOVC     A,       @A + DPTR         ;查表得对应显示码
         MOV      R4,       A                ;显示码送 R4
         POP      ACC                        ;累加器 ACC 弹栈,恢复现场
```

```
        RET                                ;子程序返回
        ORG      0800H
SEGTAB: DB       3FH,06H,5BH,4FH,66H       ;对应于字符 0,1,2,3,4
        DB       6DH,7DH,07H,7FH,67H       ;对应于字符 5,6,7,8,9
```

其中,SEGTAB 不属于子程序的内容,可以放于程序的任何位置。

该程序使用了寄存器 R3、R4 进行参数传递。因子程序中已经设计了保护现场和恢复现场的操作,所以主程序中可直接调用该子程序,不需要再进行现场的保护和恢复操作。主程序可如下编写:

```
        ORG      0000H
        LJMP     MAIN
        ORG      0050H
MAIN:   MOV      SP,#70H                   ;设置堆栈指针
        ACALL    SEGDISC                   ;调子程序
        ⋮
        END
```

例 5-10　编写多字节无符号数相加子程序。

解

```
        ;程序名称:ADDN
        ;功能:多字节无符号数相加程序
        ;入口参数:(R0) = 被加数低位地址指针
        ;           (R1) = 加数低位地址指针
        ;           (R2) = 字节数
        ;出口参数:(R0) = 和数高位地址指针
ORG     0800H
        ADDN:     CLR      C               ;清进位 Cy
        ADDN1:    MOV      A,@R0           ;被加数送 A
                  ADDC     A, @R1          ;被加数和加数执行带进位加法
                  MOV      @R0,A           ;和送 R0 指向的指针
                  INC      R0              ;修改被加数指针
                  INC      R1              ;修改加数指针
                  DJNZ     R2, ADDN1       ;判断字节数是否加完
                  JNC      DONE            ;无进位,结束
                  MOV      @R0, #01H       ;有进位,存入 01
                  RET                      ;子程序返回
        DONE:     DEC      R0              ;R0 内容减 1
        RET                                ;子程序返回
```

本程序的参数传递是通过寄存器传递参数地址完成的。程序执行后,被加数被覆盖。

调用该程序的主程序可如下编写:

```
        ORG      0000H
        LJMP     MAIN
```

```
            ORG     0050H
MAIN:       MOV     SP,     #70H        ;设置堆栈指针
            MOV     00H,    C           ;进位位转存 20H.0
            PUSH    20H                 ;RAM 中的 20H 单元入栈,保护现场
            MOV     R0,     #30H        ;被加数地址指针
            MOV     R1,     #50H        ;加数地址指针
            MOV     R2,     #10         ;相加字节数:10
            ACALL   ADDN                ;调用子程序
            POP     20H                 ;弹栈 20H,恢复现场
            ⋮
            END
```

例 5-11 编制程序将 RAM 单元 VAR1、VAR2 中的双字节十六进制数转换成 4 位 ASCII 码,存放于 Rl 指向的 4 个内部 RAM 单元。

解 由于 VAR1、VAR2 中高、低 4 个数需要转换成 ASCII 码,所以将 ASCII 码转换程序编写成子程序,以便重复调用。子程序如下:

```
            ;程序名:HEX2ASC
            ;功能:十六进制数到 ASCII 转换
            ;入口参数:堆栈
            ;出口参数:堆栈
            ORG     0600H
HEX2ASC:    MOV     R0,     SP          ;取堆栈指针
            DEC     R0
            DEC     R0                  ;堆栈指针减 2
            XCH     A,      @R0         ;A 内容压栈保护,取出 HEX 内容送 A
            ANL     A,      #0FH        ;取 A 中的低 4 位
            ADD     A,      #02H        ;A 中内容加 2,得偏移量
            MOVC    A,      @A + PC     ;查表
            XCH     A,      @R0         ;将 ASCII 码压栈,A 中内容恢复单字节
            RET                         ;子程序返回,单字节指令
            DB      "0123456789"        ;十六进制数的 ASCII 字符表
            DB      "ABCDEF"
```

说明 1:本程序通过堆栈传递参数。

说明 2:堆栈指令减 2 的原因是主程序调用子程序时隐含两次压栈,所以调用子程序后,栈顶指针变成了 SP+2,要取出原来压栈的内容必须减 2 。

说明 3:A 中内容加 2 的原因是查表指令到表首地址有两条单字节指令。

主程序完成 VAR1、VAR2 中十六进制到 ASCII 码的转换,主程序编写如下:

```
            ORG     0000H
            LJMP    MAIN
            ORG     0050H
            VAR1    DATA,   50H
            VAR2    DATA,   51H
```

```
MAIN:   MOV     SP,     #60H        ;设置堆栈指针
        MOV     VAR1,   #data1
        MOV     VAR2,   #data2
        MOV     R1,     #30H
        MOV     A,      VAR1        ;VAR1 内容送 A
        SWAP    A                   ;交换 A 高低字节,求高位的 ASCII 码
        PUSH    ACC                 ;压栈
        ACALL   HEX2ASC             ;HEX 转成 ASCII 码子程序
        POP     ACC                 ;取 ASCII 码
        MOV     @R1,    A           ;存 ASCII 码
        INC     R1                  ;修改指针
        PUSH    VAR1                ;求低位的 ASCII 码
        ACALL   HEX2ASC
        POP     ACC
        MOV     @R1,    A
        INC     R1
        MOV     A,      VAR2
        SWAP    A
        PUSH    ACC
        ACALL   HEX2ASC
        POP     ACC
        MOV     @R1,    A
        INC     R1
        PUSH    VAR2
        ACALL   HEX2ASC
        POP     ACC
        MOV     @R1,    A
        ⋮
        END
```

VAR1 和 VAR2 的 ASCII 码保存在 30H～33H 单元。

5.4.5　中断服务程序

中断服务程序可对实时事件的请求进行必要的处理,使系统能实时地并行完成各个操作,中断服务程序必须包括现场保护、中断服务、现场恢复、中断返回 4 个部分。中断服务程序编写方法与子程序类似,同时应注意以下问题。

(1) 在中断程序的结尾一定要使用 RETI,以便返回到主程序调用处。

(2) 中断服务程序中要清除中断标志,以免重复进入。具体标志和清除方法参见各中断部分。

(3) 中断服务程序的长度应尽量短小,以免执行时占用 CPU 过多的时间。所以主程序与中断服务程序之间的数据交换多采用标志位。

(4) 中断嵌套深度受堆栈区的影响。系统复位后,栈指针 SP 的初始值为 07H,与工作寄存器区重叠,所以程序中一般要重新定义。AT89S51 内部虽有 128 B 的 RAM,所以其堆栈深度有限。

例 5-12 编写中断服务程序,当外部中断 0 引脚出现电平的上升沿时(如水位超过报警上限)输出报警信号。P1.0 引脚输出报警信号,高电平报警,低电平取消报警。主程序实现报警信号的取消,即报警信息得到处理后清除报警信号。

中断服务程序:

```
          ORG     0H
          LJMP    MAIN
          ORG     0003H
          LJMP    INTRP0
            ⋮
MAIN:     SETB    EX0
          SETB    EA
            ⋮
          ORG     0100H
INTRP0:   CLR     IE0       //当进入中断报务程序时,硬件会自动清除该中断标志,
                            //所以在程序中可以不需要清除
          JB      P1.0,RETURN;
          SETB    P1.0;
RETURN:   RETI;
```

5.5 C51 基础

C 语言是一种编译型程序设计语言,它兼顾了多种高级语言的特点,并具备汇编语言的功能。C 语言有功能丰富的库函数、运算速度快、编译效率高、有良好的可移植性,而且可以直接实现对系统硬件的控制。C 语言是一种结构化设计语言,支持由顶向下结构化程序设计技术。C 语言的模块化程序结构可以使程序模块实现共享。C 语言的可读性让人更容易借鉴前人的开发经验,提高程序的开发水平。

C 语言应用于单片机编程除了上述特点外,还有以下突出特点:编译器可以自动完成变量存储单元的分配,省去了分配和记录存储单元的烦琐;不必对单片机和硬件接口的结构有很深入的了解,省去了单片机的漫长学习时间;良好的可移植性只要将程序略加改动就可以将其应用于其他类型的单片机,省去了更改单片机型号时重新编写程序的无奈和痛苦。因此利用 C 语言编写程序可以大大缩短目标系统软件的开发周期,程序的可读性明显增加,便于改进、扩充,研制规模更大、性能更完备的系统。C 语言的缺点是生成的目标代码较大,但随着大规模集成电路的飞速发展,片内 ROM 的空间做到 16/32 KB 的已经很多,所以代码较大已经不是重要的问题了。目前,支持硬断点的单片机仿真器已能很好地进行 C 语言程序调试,为使用 C 语言编程的单片机提供了便利条件。因此,用 C 语言进行程序设计已成为单片机开发、应用的必然趋势。

C51 指 8051 系列的 C 语言编译器。本书的 C51 程序针对特定的编译器 Keil

C51 μVision。

5.5.1　C51 的程序结构及编译环境

1. C51 的程序结构

C51 的程序结构与一般的 C 语言程序基本相同。C51 程序是一个函数的集合，这个集合有且仅有一个名为 main 的函数，main 函数也称为主函数，是程序的起点，也是程序的终点。不论 main 函数在程序的什么位置，程序总是从 main 函数开始执行，当 main 函数所有语句执行完成后，则程序执行结束。

函数相当于汇编程序的子程序。由于每个子程序是一个模块，所以 C51 程序设计称为结构化的程序设计。

C51 程序举例：

```
#include <at89s51.h>                 /*预处理伪指令*/
     ⋮
#define uint unsigned int             /*定义伪指令*/
     ⋮
uchar rcv;                            /*变量定义*/
uchar data flag
     ⋮
sbit flag1 = flag^1;                  /*位变量定义*/
     ⋮
void delay();                         /*全局函数定义*/
void delay()                          /*函数*/
{
    uchar m;
    for (m = 0;m<1000;m ++ ){};
}
void int0(void) interrupt 0 using 1   /*中断服务程序*/
{
     ⋮
}
voidmain ()                           /*主函数*/
{
     ⋮
}
```

C51 程序基本由预处理器命令、变量定义、函数组成。利用 C 语言编程时，一般在程序的开始都要引入头文件。如 #include <stdio. h> 语句，说明该段程序包含了 stdio. h 头文件。C51 程序除了包含 C 语言标准的头文件外，一般还要包含与单片机硬件有关的头文件，如 #include <at89s51. h>语句，说明该段程序包含 at89s51. h 头文件，与单片机有关的头文件中一般定义对应单片机累加器 A、片内 I/O 口、可位寻址单元的地址、中断矢量的入口地址以及特殊单元的名称定义等。包含头文件后，经头文件定义的 SFR 等可以在程序中直接用变量名称代替，如在头文件中定义

```
sfr TMOD     = 0x89 ;
```

程序中要给 TMOD 赋值时,直接利用 TMOD=40 就可以了,相当于汇编语言中的

```
MOV     TMOD,   #40
```

不同的单片机因其硬件结构不同,上述定义也有所区别,所以不同的单片机需要有自己的头文件。如 AT89C2051 与 AT89C51 属于同一个系列,但 AT89C2051 只有 P1 口和 P3 口,所以 AT89C51 的头文件与 AT89C2051 的头文件不同。而 AT89S51 与 AT89C51 相比,增加了双数据指针、辅助寄存器、看门狗控制寄存器、定时器/计数器 2 看门狗定时器等,所以它们的头文件也不同,一般对于不同的单片机需定义不同的头文件。头文件可以在原来的基础上更改以适应其他型号的单片机,如 AT89S51.h 可在 at89c51.h 的基础上增加一些寄存器的定义即可。

C51 程序编写时注意以下几点。

(1) 每个 C51 程序都至少包含一个名为 main 的主函数,也可以包括一个 main 函数和若干其他函数。因此,函数是 C51 程序的基本单位。被调用的函数可以是编译器提供的库函数,也可以是用户根据需要自己编制设计的函数。

(2) C51 程序总是从 main 函数开始执行,不管 main 函数在程序中的什么位置。

(3) C51 程序中一般包含相关单片机硬件定义的头文件。

(4) 变量的定义要遵循 C51 变量定义原则。

(5) C51 程序书写格式自由,一行内可以写一条或几条语句。每条语句最后以分号结束。

(6) 可以用/* … */对 C51 中的某段程序加注释,也可以利用//对某行内容加注释。

2. C51 的编译环境及开发过程

许多公司都开发了 C51 的集成开发环境(IDE)及开发系统,常用的 C51 集成开发环境有 Keil C51 μVision 和 Med Win 等软件。Keil C51 μVision 是 Keil Software, Inc/Keil Elektronik GmbH 开发的基于 51 内核的微处理器软件开发平台,内嵌多种符合当前工业标准的开发工具,可以完成从工程建立和管理、编译、链接、目标代码的生成、软件仿真及硬件仿真等完整的开发流程。Med Win 是南京万利电子(南京)有限公司推出的配合其 Insight 仿真器的集成开发环境。

C51 源程序是 ASCII 文件,除了应用上述编译环境编写外,也可以采用如 EDIT、记事本、写字板等进行编写。C51 程序的开发过程如图 5.8 所示。

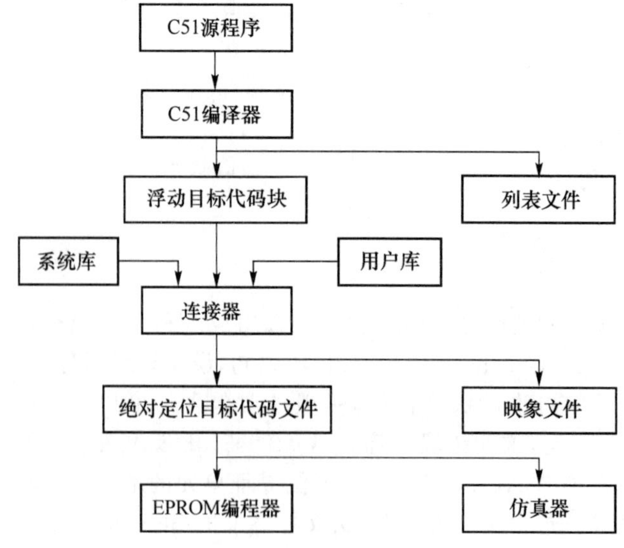

图 5.8　C51 程序开发过程

5.5.2　C51 的数据类型与存储类型

1. C51 的数据类型

C51 的数据类型与一般 C 语言相同。有以下几种数据类型：位型 bit、无符号字符型（unsigned char）、有符号字符型（signed char）、无符号整型（unsigned int）、有符号整型（signed int）、无符号长整型（unsigned long）、有符号长整型（signed long）、浮点型（float）和指针型。具体的数据类型、长度和值域如表 5.1 所示。

表 5.1　C51 的数据类型

数据类型	长度/bit	长度/B	值域范围
bit	1	—	0,1
unsigned char	8	1	0～255
signed char	8	1	－128～127
unsigned int	16	2	0～65 535
signed int	16	2	－32 768～32 767
unsigned long	32	4	0～4 294 967 295
signed long	32	4	－2 147 483 648～2 147 483 647
float	32	4	±1.176E－38～±3.4E＋38(6 位数字)
double	64	8	±1.176E－38～±3.4E＋38(10 位数字)
一般指针	24	3	存储空间 0～65 535

当数值计算结果隐含着另外一种数据类型时，数据类型可以自动进行转换。例如，将一个位变量赋给一个整型变量时，位型值自动转换成整型值，有符号的变量的符号也能自动进行处理。这些转换也可以用 C 语言的标准指令进行人工转换。

上述数据类型中只有 bit 和 unsigned char 两种数据类型可以直接转换成机器指令。如果不进行负数运算，编程时最好使用无符号格式（unsigned），以保证程序的运算速度并减少存储空间。有符号字符变量虽然只占一个字节，但需要进行额外的操作来测试代码的符号位，会降低程序的代码效率。所以在 C51 编程时，尽量避免使用大量的、不必要的数据类型，以减轻程序的代码，提高执行速度。

C51 中表示十六进制数据时，用“0x34”表示，与汇编中表示的十六进制数 34H 等价。

为了书写方便，编程时常使用简化的缩写形式定义数据类型。具体方法是在程序开头使用预处理命令＃define。如：

```
#define uchar unsigned char
#define uint unsigned int
```

这样，在以后的编程中，就可以用 uchar 代替 unsigned char，用 uint 代替 unsigned int 来定义变量。C51 编程中变量可以定义成以上数据类型。如：

```
uchar send_data, rec_data;
```

2. C51 数据的存储类型

因为 C51 是面向单片机及其硬件控制系统的开发工具，利用 C51 编写的程序最后要转换成机器码,并下载到单片机中运行,而单片机中数据的存储空间共有四个:片内程序存储器空间、片外程序存储器空间、片内数据存储器空间、片外数据存储器空间。在利用汇编指令编写程序时指令本身就确定了数据的读写位置,如 MOVX 指令用来实现外部数据存储器的读写,所以不必再说明。而利用 C51 编写的程序需要在程序中说明数据的存储空间,这样最后生成的目标代码中的数据才能按要求存储。所以 C51 编写程序时数据的定义除了前面加上数据类型外,还需要额外增加数据存储空间的说明。这一点与 C 程序是有区别的。数据的存储类型定义了数据在单片机系统中的存储位置,所以在 C51 中将变量、常量定义成各种存储类型,目的是将它们定位在相应的存储空间。

根据单片机硬件结构的特点,C51 定义了 6 种存储类型:data,bdata,idata,pdata,xdata,code,这些存储类型与 51 单片机实际存储空间的对应关系如表 5.2 所示。

表 5.2　C51 存储类型与 51 单片机存储空间的对应关系

存储类型	与单片机存储空间的对应关系
data	直接寻址片内数据存储区,访问速度快
bdata	可位寻址片内数据存储区,允许位与字节混合访问
idata	间接寻址片内数据存储区,可访问片内全部 RAM 地址空间
pdata	分页寻址片外数据存储区,由 MOVX @R0 访问
xdata	片外数据存储区,由 MOVX @DPTR 访问
code	程序代码存储区,由 MOVC @A+DPTR 访问

当使用存储类型 data 和 bdata idata 定义常量和变量时,C51 编译器会将它们定位在片内数据存储区中(片内 RAM)对于 AT89S51 而言,该存储区为 128 字节。变量的存储类型举例如下:

```
unsigned char data var1;
bit bdata flag;
float idata a,b,c;
unsigned int pdata temp;
unsigned char xdata array1[10];
unsigned int code array2[12];
```

上述语句定义了变量 var1、flag、a、b、c、temp 和数组 array1、array2。无符号字符型变量 var1 存储类型为 data,定位在内部 RAM 区;flag 位变量存储类型为 bdata,定位在片内数据存储区的位寻址区;a,b,c 浮点变量存储类型为 idata,定位在片内数据存储区,并只能用间接寻址的方法访问;temp 无符号整型变量的存储类型为 pdata,定位在片外数据存储区,用指令 MOVX @Ri 访问;无符号字符型一维数组变量 array1 存储类型为 xdata,定位在片外数据存储区,占据 10 B;无符号整型一维数组 array2 变量类型为 code,定位在程序存储区,由 MOVC @DPTR 访问。

变量定义时,有时会略去存储类型的定义,此时,编译器会自动选择默认的存储类型,而默认的存储类型由存储模式决定。

3. C51 的存储模式

C51 有三种存储模式 SMALL、COMPACT 和 LARGE,存储模式决定了变量默认的存储类型、参数传递区和无明确存储类型的说明,如表 5.3 所示。

表 5.3　存储模式及说明

存储模式	参数及局部变量传递区域	范围	默认存储类型	特点
SMALL	可直接寻址的片内存储区	128 B	data	访问方便，所有对象(包括堆栈)都必须嵌入片内 RAM
COMPACT	分页片外存储区	256 B/页	pdata	通过 Ri 间接寻址，堆栈位片内 RAM
LARGE	片外存储区	64 KB	xdata	通过 DPTR 间接寻址，效率较低，数据指针不能对称操作

具体采用哪种存储模式可以在 C51 集成开发环境中选择。

5.5.3　AT89S51 结构的 C51 定义

C51 是基于单片机的高级编程语言，因单片机内部有特殊功能寄存器、I/O 口、可位寻址单元等，它们都对应某些固定的地址，如累加器 A 的地址为 0E0H，为了直接访问它们并方便编程，一些 C51 编译器提供了与标准 C 语言不兼容，只适用于单片机进行 C51 编程的关键字，用来定义这些单元。一般将它们定义在头文件中，也可以在编程过程中定义。C51 中引入了两个关键字"sfr"和"sbit"进行相应的定义。

1. 关键字"sfr"

语法：　sfr　sfr_name '＝'int constant '；'

说明：sfr_name 必须是一个寄存器的名字，"＝"后面是该寄存器的地址，一般用十六进制表示，必须是常数，不允许带有运算符的表达式，这个常数值必须在特殊功能寄存器地址范围内。

范围：用于定义单片机中的特殊功能寄存器、片内 I/O 接口。

例 5-13　利用 sfr 定义 P0、P1、PSW、ACC、B、SP、DPL、DPH。

解

```
sfr P0 = 0x80;
sfr P1 = 0x90;
sfr PSW = 0xD0;
sfr ACC = 0xE0;
sfr B = 0xF0;
sfr SP = 0x81;
sfr DPL = 0x82;
sfr DPH = 0x83;
```

2. 关键字"sbit"

语法：sbit sbit_name '＝' bit address '；'

说明：sbit_name 必须是一个位地址的名字，"＝"后面是该位的地址，位地址必须位于单片机的片内可寻址单元。因为位地址的赋值方法有三种，所以上述语法有三种实现方法。

(1) sbit sbit_name '＝' sfr_name '^'int_constant '；'

sfr_name 必须是已定义的 SFR 或片内 I/O 口的名字，int_constant 是该位在 sfr_name 中的位置，数值范围 0～7。这种定义方法相似于汇编中位定义的方法 PSW.0。

例如：

```
sfr   PSW = 0xD0;              /* 定义 PSW 地址为 0xD0 */
```

```
sbit  OV = PSW ^ 2;          /* 定义 OV 位为 PSW.2 */
sbit  Cy = PSW ^ 7;          /* 定义 Cy 位为 PSW.7 */
```

(2) sbit sbit_name '=' int_constant '^'int_constant ';'

这种方法是以一个整常数作为基地址,该值必须在 0x80～0xFF 之间,并能被 8 整除。前一个 int_constant 是地址,后一个 int_constant 是该位在该地址中的位置,数值范围 0～7。

例如:
```
sbit  OV  = 0xD0 ^ 2;        /* 定义 OV 位地址为 0xD2 */
sbit  Cy  = 0xD0 ^ 7;        /* 定义 Cy 位地址为 0xD7 */
```

(3) sbit sbit_name '=' int_constant ';'

这种方法将位的绝对地址赋给变量,int_constant 是位地址,地址必须位于 0x80～0xFF 之间。

例如:
```
sbit OV  = 0xD2;             /* 定义 OV 位地址为 0xD2 */
sbit Cy  = 0xD7;             /* 定义 Cy 位地址为 0xD7 */
```

因为第(1)种方法不需要记忆寄存器地址,所以实际编程中应用居多。为了通用,寄存器、I/O 口、特殊位的定义一般写在相应单片机的头文件中。头文件可以用记事本等编辑。开始部分先说明应用的单片机类型,然后再开始定义。

例 5-14 编写 AT89S51 部分寄存器及位定义的头文件。

解

```
/* -----------------------------------------------------------
AT89S51.H
---------------------------------------------------------- */
/* ------------------------------------------------
Byte Registers
------------------------------------------------ */
sfr P0     = 0x80;
sfr SP     = 0x81;
sfr DPL     = 0x82;
sfr DPH     = 0x83;
sfr PCON     = 0x87;
sfr TCON     = 0x88;
sfr TMOD     = 0x89;
sfr ACC     = 0xE0;
    ⋮
/* ----------------------------------------------
P0 Bit Registers
---------------------------------------------- */
sbit P0_0 = 0x80;
sbit P0_1 = 0x81;
sbit P0_2 = 0x82;
sbit P0_3 = 0x83;
sbit P0_4 = 0x84;
```

```
sbit P0_5 = 0x85;
sbit P0_6 = 0x86;
sbit P0_7 = 0x87;
    ⋮
/* ----------------------------------------------------
Interrupt Vectors:
Interrupt Address = (Number * 8) + 3
--------------------------------------------------- */
#define IE0_VECTOR 0 /* 0x03 外部中断 0 */
#define TF0_VECTOR 1 /* 0x0B 定时器 0 */
#define IE1_VECTOR 2 /* 0x13 外部中断 1 */
#define TF1_VECTOR 3 /* 0x1B 定时器 1 */
#define SIO_VECTOR 4 /* 0x23 串行口 */
#endif
```

程序中应用寄存器或其中某位时，其名称应与头文件中定义的名称相同，并且大小写相同。包含上述头文件的 C51 程序中，给 P0 或 P0 某位赋值时，要如下编写：

```
    P0 = 0x7F;            /* P0 赋值 */
    if (P0_0)
        display();
    else
        dispose();
```

如果将 P0 小写编译时就会出现错误。

sbit 除了上述特殊位地址定义外，在实际编程中还可以用来定义位。例如：

```
    unsigned char bdata flag;    /* 定义 flag 为 bdata 无符号字符型变量 */
    sbit flag1 = flag^1;         /* flag1 定义为 flag 的第 1 位 */
    sbit flag2 = flag^2;         /* flag2 定义为 flag 的第 2 位 */
```

如此定义的 flag1、flag2 则可以在程序中做标志位使用。

5.5.4　C51 程序设计举例

本节以前面的汇编程序为例介绍 C51 程序的设计。

例 5-15　利用 C51 编写(例 5-4)键盘散转程序。

解　程序清单如下：

```
#include <reg52.h>
#define uchar unsigned char
void keyjmp(uchar key_data);/* 定义全局函数 */
void key0_dispose(void);
void key1_dispose(void);
void key2_dispose(void);
void key0_dispose(void)
```

```
{
/*键0处理内容*/
}
void key1_dispose(void)
{
/*键1处理内容*/
}
void key2_dispose(void)
{
/*键2处理内容*/
}
/*键散转子程序,入口参数:键值key_data,返回参数:无*/
void keyjmp(uchar key_data)
{   uchar key_temp;
    key_temp=key_data;
    switch(key_data)
    {
        case 0: {key0_dispose(); break;}        /*键处理子程序*/
        case 1: {key1_dispose(); break;}
        case 2: {key2_dispose(); break;}
        default:break;
    }
void main(void)              /*主程序*/
{
    keyjmp(0);
}
```

例5-16 利用C51编写存取共阴极数码管对应显示代码函数(例5-9)。

解

;程序名称:SEGDISC

;功能:取得共阴极数码管对应显示代码程序

;入口参数:要显示的数字如0、1等

;出口参数:显示数字的代码

程序清单如下:

```
#include <reg52.h>
#define uchar unsigned char
uchar getdiscode(uchar dis_data);/*定义全局函数*/
uchar code segtab[10]={0x3F,0x06,0x5B,0x4F,0x66,0x6D,0x7D,0x07,0x7F,0x67};
/*定义显示代码在程序存储器空间*/
uchar getdiscode(uchar dis_data)
{   uchar temp_data,i;
```

```
    i = dis_data;
    temp_data = segtab[i];
    return(temp_data);
}
void main (void)
{uchar x,y;
x = 8;
y = getdiscode(x);
}
```

例 5-17　利用 C51 编写初始化程序。要求:定时器 1 模式 2,产生串口波特率,定时器 0 模式 1。

解

```
void initialize(void)
{
    PCON = 0;
    SCON  =  0x50;          /* 串口允许接收 */
    TMOD  =  0x21;          /* 定时器 1 模式 2,自动装载;定时器 0 模式 1,16 位 */
    TH1  =  0xFD;           /* 波特率 19 200 */
    TL1  =  0xFD;
    TR1  =  1;              /* 启动定时器 1 */
    RI  =  0;               /* 清串口中断标志 */
    TH0 = 0xDC;             /* -9216/256 */
    TL0 = 00;               /* -9216 % 256 */
    IE = 0x90;              /* 开总中断 */
    ET0 = 1;                /* 开定时器 0 中断 */
}
```

习　　题

1. 编写程序,求(30H)和(31H)单元内两数差的绝对值,结果保存在(40H)中。

2. 编写子程序,将(R0)和(R1)指出的内部 RAM 中两个 3 字节无符号整数相加,结果送(R0)指出的内部 RAM 中。

3. 编写程序,将内部 RAM 中(50H～56H)的内容循环左移 4 位。

4. 编写多字节十进制数加法子程序。

5. 编写 4 位压缩 BCD 码转换成二进制整数子程序。BCD 码高位地址指针为 R0,二进制整数结果存于 R3、R4 中。BCD 码放在 20H(高位)、21H 中,编写主程序并调用上述子程序,求对应的二进制整数。

6. 编写排序程序,将在内部 RAM 以 50H 为起始地址的单元中,存放着的 10 个单字节无符号数,按从小至大的次序排列。

7. 编写比较两个 ASCII 字符串是否相等程序。

8. 编写的应用程序为什么要调试? 开发单片机应用系统为什么要借助仿真器?

9. C51编写程序有什么特点?

10. 编写延时10 ms程序,晶振为24 MHz。

11. 编写调试程序计算N个单字节数据的和,即$Y=\sum_{K=1}^{N}X_K$,其中,N个数据X_N依次存放在40H单元开始的片内RAM区,结果Y放在R3(和的高字节)、R4(和的低字节),工作寄存器(2区)中。并计算下列式子的结果:

(1) 22H+61H+11H+26H+15H+0DH;

(2) 35H+21H+42H+54H+0D8H+32H。

第 6 章　AT89S51 单片机并行 I/O 口

单片机需要与外围设备进行信息交换，信息交换通过 I/O 接口实现。随着超大规模集成电路技术的发展，越来越多的功能部件、器件集成到单片机的芯片内，使之功能不断增强，单片机内部集成了并行 I/O 接口电路，用于与外围设备交换信息。本章首先介绍 I/O 接口的基本概念、I/O 接口的控制方式，然后介绍 AT89S52 单片机并行 I/O 口及其应用。

6.1　AT89S51 的并行 I/O 口

AT89S51 单片机共有 4 个 8 位的并行双向口，32 条输入/输出(I/O)口线。由于结构上的一些差异，故各口的性质和功能也就有了差异。它们之间的异同如表 6.1 所示。

表 6.1　AT89S51 并行 I/O 口

I/O 接口	P0	P1	P2	P3
性质	真正双向口	准双向口	准双向口	准双向口
功能	I/O 接口，第二功能	I/O 接口	I/O 接口，第二功能	I/O 接口，第二功能
SFR 字节地址	80H	90H	A0H	B0H
位地址范围	80H～87H	90H～97H	A0H～A7H	B0H～B7H
驱动能力	8 个 TTL 负载	4 个 TTL 负载	4 个 TTL 负载	4 个 TTL 负载
第二功能	程序存储器、片外数据存储器低 8 位地址及 8 位数据	Flash 编程信号 MOSI，MISO，CLK	程序存储器、片外数据存储器高 8 位地址	串行口：RXD，TXD 中断：$\overline{INT0}$，$\overline{INT1}$ 计数器：T0，T1 读写信号：$\overline{WR}$，$\overline{RD}$

6.2　AT89S51 并行 I/O 口结构与特点

6.2.1　I/O 口结构

AT89S51 内部集成 4 个并行 I/O 端口，称为 P0，P1，P2 和 P3，共占用 32 只引脚，每一条 I/O 线都能独立地用作输入或输出，但四个通道的功能不完全相同。当不需要进行外部芯片扩展时，P0，P1，P2 均可做典型的并行 I/O 口使用，P3 口作 I/O 口或第二功能口使用。当需要进行外部芯片扩展时，P0 口为地址/数据分时复用，P2 口为高 8 位地址线，由 P0 和 P2 口组成16位地址线。

1. P0口

P0口是一个多功能8位口,可以字节访问也可位访问,其字节访问地址为80H,位访问地址为80H～87H。P0口位结构原理图如图6.1所示,P0口包含输出锁存器,输入缓冲器BUF1(读引脚),BUF2(读锁存器)以及由FET场效应管、Q1和Q0组成的上拉和下拉电路,由图可知。

① 地址/数据输出和锁存器输出$\overline{Q}$两个信号作为2选1多路开关的输入,多路开关的输出用于控制输出FET Q0的导通和截止。多路开关的切换由内部控制信号控制。

② 内部控制信号和地址/数据信号共同(相"与")控制P0口的输出上拉电路Q1的导通和截止。

③ 当内部控制信号置1时,多路开关接通地址/数据输出,即此时多路开关的输出为地址/数据输出;内部控制信号置0时,多路开关接通锁存器的输出$\overline{Q}$,即此时多路开关的输出为锁存器的输出$\overline{Q}$。

(1) 地址/数据总线复用

在访问外部存储器时P0口作为地址/数据复用口使用。该功能时控制信号为1,即多路开关的输入为地址/数据,其工作过程下。

当地址/数据线置1时,控制上拉电路的"与"门输出为1,上拉FET Q1导通,同时地址/数据输出通过反相器输出0,导致下拉FET Q0截止,这样A点电位通过导通的Q1与V_{CC}相连,输出为高电平。

地址/数据输出线置0时,"与"门输出为0,上拉FET Q1截止,同时地址/数据输出通过反相器输出1,控制下拉FET Q0导通,这样A点电位通过导通Q0与GND相连,输出为低电平。

通过上述分析可以看出,此时的引脚输出状态随地址/数据线而变。因此,P0口可以作为地址/数据复用总线使用。这时上下两个FET处于反相,构成了推拉式输出电路,其负载能力增加。

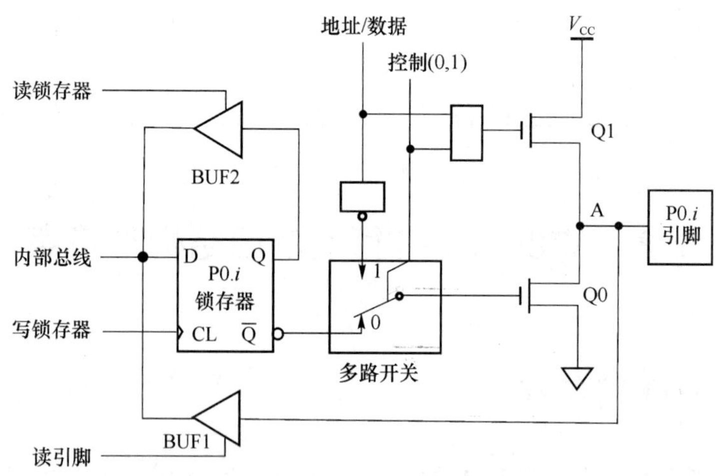

图6.1 P0口位结构原理图

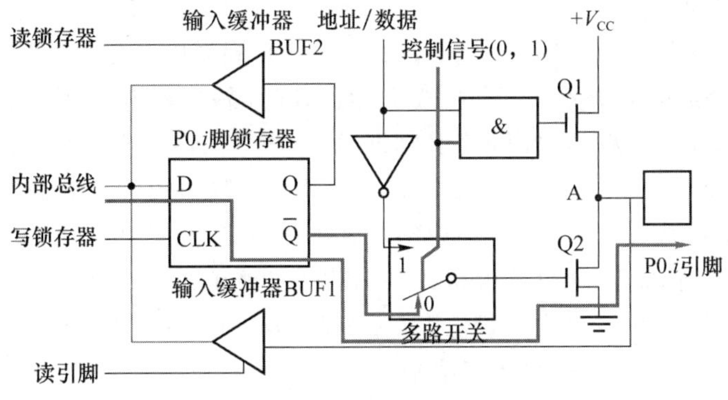

(a) P0口由总线向引脚输出时流程图

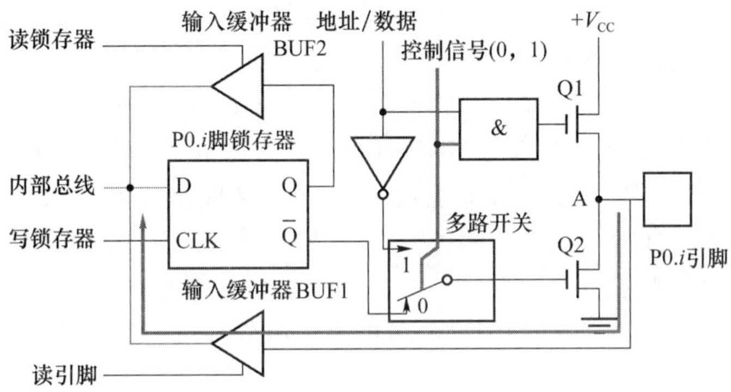

(b) 读引脚流程图

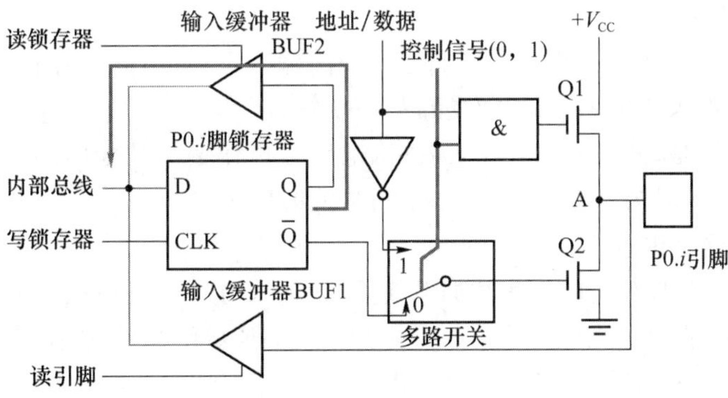

(c) 读锁存器时流程图

图 6.2　P0 口 I/O 功能流程图

(2) 作为 I/O 口

此时内部控制信号置 0，多路开关接通输出锁存器的 $\overline{\text{Q}}$ 端。这时明显地可以看出两点：

- 由于内部控制信号为 0，与门关闭，上拉 FET 截止，形成 P0 口的输出电路为漏极开路输出，故需外接上拉电阻才能正常工作；
- 输出锁存器的 $\overline{\text{Q}}$ 端引至下拉 FET 栅极，因此 P0 口的输出状态由下拉电路决定。P0 口作输出口，即内部数据总线通过 P0 口向外围设备输出数据，即写出状态。工作流程图如 6.2(a)所示。

若向 P0.*i* 输出 1(如指令，SETB P0.0)，首先内部数据总线输出高电平到锁存器的 D 端，

输出锁存器的 $\overline{Q}$ 端为 0,下拉 FET 截止,这时 P0. i 为漏极开路输出,当外接了上拉电阻时,P0. i 引脚输出 1;若向 P0. i 输出 0(如指令,CLR P0.0),同样内部数据总线输出低电平到锁存器的 D 端,输出锁存器的 $\overline{Q}$ 端为 1,下拉 FET 导通,P0. i 输出低电平 0。

P0 口作输入口时,有两种情况,读引脚即读入 P0 口各引脚的状态(如指令,MOV C,P0.0)和读锁存器状态(如指令,ANL P1,A),工作流程如图 6.2(b)和(c)所示。为了使 P0. i 能正确读入数据,必须先使 P0. i 置 1。这样,保证下拉 FET 也截止,P0. i 处于悬浮状态,则 A 点的电平由外设的电平而定,通过输入缓冲器 BUF1 读入 CPU。这时 P0 口相当于一个高阻抗输入口。当作为输入口时,事先不置位 P0. i 为零,会导致 FET Q2 导通,从而将 P0. i 引脚拉为低电平,则无法从 P0. i 引脚输入高电平。

在输入状态下,从锁存器和从引脚上读来的信号一般是一致的,但也有例外。例如,当从内部总线输出低电平后,锁存器 Q=0,$\overline{Q}$=1,场效应管 Q2 导通,引脚呈低电平状态。此时无论引脚上外接的信号是低电平还是高电平,从引脚读入单片机的信号都是低电平,因而单片机读入的数据不能正确地反映读入端口引脚上的信号。又如,当从内部总线输出高电平后,锁存器 Q=1,$\overline{Q}$=0,场效应管 Q2 截止。如外接引脚信号为低电平,此时从锁存器读入信号为 1,而从引脚读入信号为 0,从而导致引脚上读入的信号与从锁存器读入的信号不同。为此,AT89S51 单片机在对端口 P0~P3 的输入操作,凡属于读-修改-写方式的指令,从锁存器读入信号,其他指令则从引脚线上读入信号。原因在于读-修改-写指令需要得到端口原输出的状态,修改后再输出,读锁存器而不是读引脚,可以避免因外部电路的原因而使原端口的状态被读错。

(3) P0 口功能

① 作 I/O 口使用

此时的 I/O 口相当于一个准双向口,输出锁存、输入缓冲,但输入时需先将其置 1;每条口线可以独立定义为输入或输出,具有双向口的一切特点。

与其他口的区别是,漏极开路输出,与外围电路接口作输出功能时必须外接上拉电阻,才能有高电平输出;输入时为悬浮状态,为一个高阻抗的输入口。

② 作地址/数据复用总线

此时 P0 口为真正的双向口。作数据总线用时,输入/输出 8 位数据 D0~D7;作地址总线用时,输出低 8 位地址 A0~A7。当 P0 口作地址/数据复用总线之后,就不能再作 I/O 口使用。

2. P1 口

P1 口是一个 8 位口,可以字节访问也可按位访问,其字节访问地址为 90H,位访问地址为 90H~97H。

(1) 位结构和工作原理

P1 口的位结构如图 6.3 所示。

包含输出锁存器、输入缓冲器 BUF1(读引脚)、BUF2 (读锁存器) 以及由 FET 场效应管 Q0 与上拉电阻组成的输出/输入驱动器。P1 口的工作过程分析如下。

① P1 口作输出口

CPU 输出 0 时,D=0,Q=0,$\overline{Q}$=1,晶体管 Q0 导通,A 点被下拉为低电平,即输出 0;CPU 输出 1 时,D=1,Q=1,$\overline{Q}$=0,晶体管 Q0 截止,A 点被上拉为高电平,即输出 1。

② P1 口作输入口

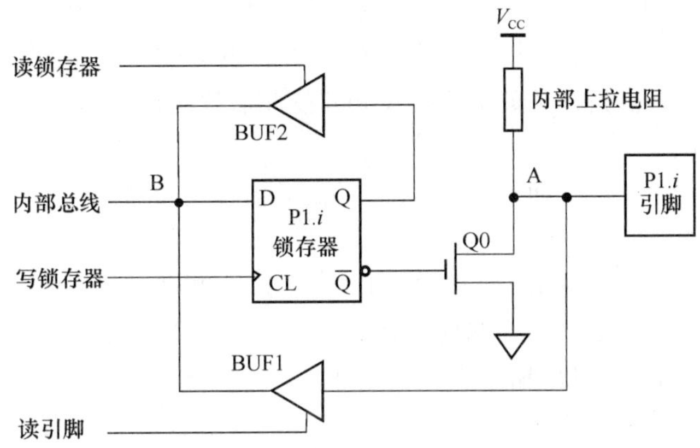

图 6.3　P1 口位结构原理图

先向 P1. i 位输出高电平，使 A 点提升为高电平，此操作称为设置 P1. i 为输入线。若外设输入为 1 时 A 点为高电平，由 BUF1 读入总线后 B 点也为高电平；若外设输入为 0 时 A 点为低电平，由 BUF1 读入总线后 B 点也为低电平。

(2) P1 口的特点

- 输出锁存功能；
- 输入缓冲，输入时有条件，即需要先将该口设为输入状态，先写 1；
- 工作过程中无高阻悬浮状态，也就是该口只有输入和输出两种状态。

具有这种特性的口不属于“真正”的双向口，而被称为“准”双向口。

这里需要注意的是，若在输入操作之前不将 A 点设置为高电平(即先向该口线输出 1，如指令，MOV P1，#0FFH)，如果 A 点电平为低电平时，则外设输入的任何信号均被拉为低电平，亦即此时外设的任何信号都输不进来。更为严重的是，A 点为低电平，而外设为高电平时，外设的高电平通过 Q0 强迫下拉为低电平，将可能有很大的电流流过 Q0 而将它烧坏。

3. P2 口

P2 口是一个多功能的 8 位口，可以字节访问也可位访问，其字节访问地址为 A0H，位访问地址为 A0H～A7H。

(1) P2 口位结构和工作原理

P2 口位结构原理如图 6.4 所示。

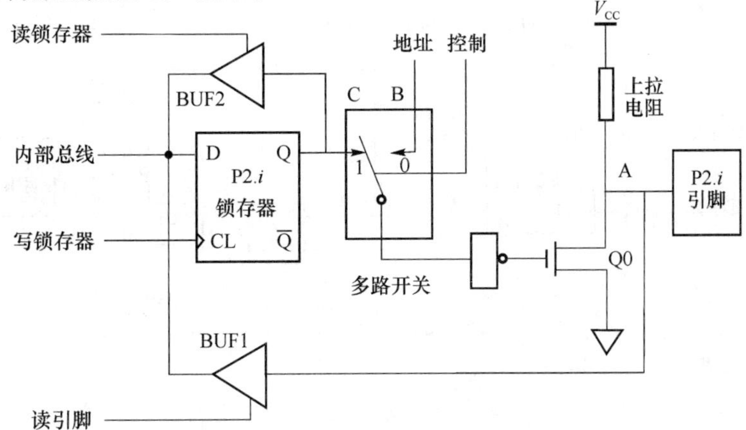

图 6.4　P2 口位结构原理图

P2 口与 P1 口位结构基本相同,P2 口的位结构中增加了一个多路开关和一个反相器。

多路开关的输入有两个:一个是口输出锁存器的输出端 Q;一个是地址寄存器(PC 或 DPTR)的高位输出端。多路开关的输出经反相器反相后控制输出 FET Q0。多路开关的切换由内部控制信号控制。

输出锁存器的输出端是 Q 而不是,多路开关之后需接反相器。

(2) P2 口的功能

从上述工作过程的分析中可以看出 P2 口是一个双功能口:

① 作 I/O 口使用时,P2 口为准双向口,功能与 P1 口一样;

②作地址输出时,P2 口可以输出高 8 位地址。

(3) P2 口使用中注意的问题

① 由于 P2 口的输出锁存功能,在取指周期内或外部数据存储器读、写选通期间,输出的高 8 位地址是锁存的,故不需要外加地址锁存器。

② 系统中如果外接程序存储器,由于访问片外程序存储器的连续不断的取指操作,P2 口需要不断送出高位地址,这时 P2 口的全部口线均不宜再作 I/O 口使用。

③ 在无外接程序存储器而有片外数据存储器的系统中,P2 口使用可分为两种情况。

- 若片外数据存储器的容量小于 256 B:可使用 MOVX A,@Ri 及 MOVX @Ri,A 类指令访问片外数据存储器,这时 P2 口不输出地址,P2 口仍可作为 I/O 口使用。
- 若片外数据存储器的容量大于 256 B:这时使用 MOVX A,@DPTR 及 MOVX@DPTR,A 类指令访问片外数据存储器,P2 口需输出高 8 位地址。在片外数据存储器读、写选通期间,P2 口引脚上锁存高 8 位地址信息,但是在选通结束后,P2 口内原来锁存的内容又重新出现在引脚上。

使用 MOVX A,@Ri 及 MOVX @Ri,A 类访问指令时,高位地址通过程序设定,只利用 P1、P3 甚至 P2 口中的某几条口线送高位地址,从而保留 P2 口的全部或部分口线作 I/O 口用。

4. P3 口

P3 口是一个多功能 8 位 I/O 口,可以字节访问也可位访问,其字节访问地址为 B0H,位访问地址为 B0H~B7H。

(1) 位结构与工作原理

P3 口的位结构原理如图 6.5 所示。

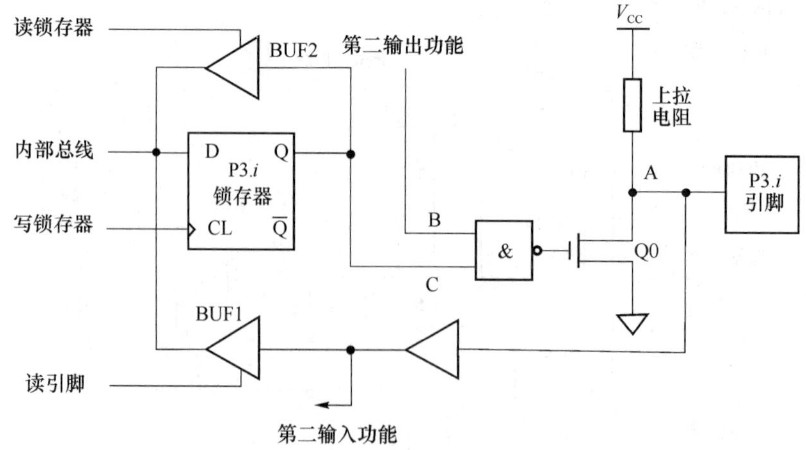

图 6.5　P3 口位结构原理图

从 P3 口的位结构图中可以看出，它与 P1 口位结构基本相同，相比于 P1 口增加了一个与非门和一个输入缓冲器。与非门有两个输入端：一个为口输出锁存器的 Q 端，另一个为第二功能的控制输出。与非门的输出端控制输出 FET 管 Q0。两个输入缓冲器，第二输入功能取自第一个缓冲器的输出端；I/O 口的通用输入信号取自第二个缓冲器的输出端。其工作过程如下。

当第二输出功能 B 点置 1 时，输出锁存器的输出可以顺利通到引脚 P3. i。其工作状况与 P1 口相类似。这时 P3 口的工作状态为 I/O 口，该口具有准双向口性质。

当输出锁存器的输出置 1 时，第二输出功能可以顺利通到引脚 P3. i。

若第二输出为 0 时，因与非门的 C 点已置 1，现 B 点为 0，故与非门的输出为 1，使 Q0 导通，从而使 A 点也为 0。若第二输出为 1 时，与非门的输出为 0，Q0 截止，从而使 A 点也为高电平。这时 P3 口的工作状态处于第二输出功能状态。

(2) P3 口的功能

与 P1 口不同，P3 口除作 I/O 接口，还是一个多功能口。

① 可作 I/O 口使用，为准双向口。

② 可以作为第二功能的输入、输出口使用。

第二输入功能：

P3.0 —— RXD，串行输入口。

P3.2 —— $\overline{\text{INT0}}$，外部中断 0 的请求。

P3.3 —— $\overline{\text{INT1}}$，外部中断 1 的请求。

P3.4 —— T0，定时器/计数器 0 外部计数脉冲输入。

P3.5 —— T1，定时器/计数器 1 外部计数脉冲输入。

第二输出功能：

P3.1 —— TXD，串行输出口。

P3.6 —— $\overline{\text{WR}}$，外部数据存储器写选通，输出，低电平有效。

P3.7 —— $\overline{\text{RD}}$，外部数据存储器读选通，输出，低电平有效。

6.2.2　I/O 端口的结构特点

1. 锁存器加引脚的典型结构

AT89S51 单片机的 I/O 端口都由内部总线实现操作控制。P0～P3 这 4 个 I/O 端口都可用作普通 I/O 口，因此，要求有输出锁存功能。内部总线又是分时操作，故每个 I/O 端口都有相应的锁存器。然而，I/O 端口又是外部电路连接的输入/输出通道，必须有相应的引脚，故形成了 I/O 端口的锁存器加引脚的典型结构。

2. I/O 端口的复用结构

(1) I/O 端口的总线复用。AT89S51 单片机在使用并行扩展总线时，P0 口可用作数据总线口和低 8 位地址总线口，这时，P0 口为真正的双向口。P0 口输出并行总线的地址/数据信号；P2 口输出高 8 位地址信号。

(2) I/O 端口的功能复用。AT89S51 单片机的 P3、P. 1 口(P1. 5，P1. 6，P1. 7)口为功能复用的 I/O 端口。端口内部有复用输出功能的控制端，引脚也有复用输入功能的控制端。

3. 准双向口结构

P0、P1、P2、P3口作普通I/O口使用时,都是准双向口结构。准双向口的典型结构见图6.3。准双向口的输入操作和输出操作本质不同,输入操作是读引脚状态;输出操作是对口锁存器的写入操作。由口锁存器和引脚电路可知:当由内部总线给口锁存器置0或1时,锁存器中的0、1状态立即反映到引脚上。但是在输入操作(读引脚)时,如果口锁存器状态为0,引脚被钳位在0状态,导致无法读出引脚的高电平输入。这就要求在输入操作前先置位相应锁存器,需要先给端口写入1,因此称为准双向口。

6.3 并行I/O口操作

由上述分析可知,AT89S51的P0、P1、P2、P3口均可进行字节操作和位操作,既可以8位一组进行输入、输出操作,也可以逐位分别定义各口线为输入线或输出线。由于AT89S51采用的统一编址方式,因此没有专门的I/O指令,4个I/O口均属于内部的SFR。其数据传送、位操作等指令如表6.2所示。

1. 有关I/O口操作的指令

表6.2 有关I/O口操作的指令表

数据传送指令	MOV Px,#DATA		MOV A,Px	
	MOV Px,A		MOV Rn,Px	
	MOV Px,Rn		MOV @Ri,Px	
	MOV Px,@Ri		MOV direct,Px	
	MOV Px,direct			
位操作指令	MOV Px.y,C	位传送指令	CPL Px.y	位取反
	CLR Px.y	位清0指令	JBP x.y,rel	位为1转移
	SETB Px.y	位置1指令	JBC Px.y,rel	位为1转移并清0
	CPL Px.y	位取反	JNB Px.y,rel	位为0转移
逻辑运算操作指令	ANL Px,A	逻辑与指令	INC Px	加1指令
	ORL Px,A	逻辑或指令	DEC Px	减1指令
	XRL Px,A	逻辑异或指令	DJNZ Px,rel	减1判零条件转移指令

例如:

```
ORL    P1,#00000010 B
```

可以使P1.1位口线输出1,而使其余各位不变。

```
ANL    P1,#11111101 B
```

可以使P1.1位线输出0,而使其余各位不变。

2. I/O口的读—修改—写操作

每个并行I/O口均有两种"读"方式:读锁存器和读引脚。在AT89S51单片机的指令系统中,有些指令是读锁存器内容,有些指令则是读引脚内容。读锁存器指令,是读取锁存器内容进行处理,再把处理后的值写入锁存器中,这类指令称"读—修改—写"操作。当指令的目的操作数单元为某 I/O 口或某 I/O 口的某位时，该指令所读的是锁存器内容，而不是读引脚上的内容。现列举部分具有此功能的指令：

```
ANL(逻辑与指令)        例如:ANL  P1,A
ORL(逻辑或指令)        例如:ORL  P2,A
XRL(逻辑异或指令)      例如:XRL  P3,A
CPL(位取反指令)        例如:CPL  P3.0
INC(增量指令)          例如:INC  P2
⋮
```

如果某个 I/O 口被指定为源操作数，则为读引脚的操作指令。例如，执行 MOV A, P1 时，P1 口的引脚状态传送到累加器中；而相对应的 MOV P1,A 指令则是将累加器的内容传送到 P1 口锁存器中。

6.4　I/O 口应用

6.4.1　I/O 端口应用特性

AT89S51 单片机内部有 4 个 8 位双向输入/输出口，它们的内部结构图在前面已作过介绍。从特性上看，这 4 个端口还有所差别。

P0 口：除了作为 8 位 I/O 口外，在扩展外部程序存储器和数据存储器时，P0 口要作为低 8 位地址总线和 8 位数据总线用。即在这种情况下，P0 口不能作 I/O 口用，而是先作为地址总线对外传送低 8 位地址，然后作为数据总线对外交换数据。

P1 口：只有 I/O 口功能，没有其他的功能(除 P1.0、P1.1 外)。故在任何情况下，P1 口都可以作 I/O 口用。

P2 口：在扩展外围设备时，要作为高 8 位地址线用。

P3 口：它的每个引脚都有不同的第二功能。当它的某些引脚用作第二功能时，这些口线将不能作为 8 位 I/O 口。

综上所述，AT89S51 单片机的 I/O 端口具有以下应用特性。

(1) 端口自动识别。无论是 P0、P2 口的总线复用，还是 P3 口的功能复用，内部资源会自动选择，不需要通过指令的状态选择。

(2) 口锁存器的读、改、写功能。许多涉及 I/O 端口的操作，实际上只是涉及口锁存器的读出、修改、写入的操作。这些指令都是一些逻辑运算指令、置位、清除指令、条件转移指令以及将 I/O 口作为目的地址的操作指令。

(3) 准双向口功能。由准双向口的结构可知，准双向口作输入口时，应先使锁存器置 1，然后再读引脚。例如，要将 P1 端口状态读入到累加器 A 中，应执行以下两条指令：

```
MOV  P1,#0FFH        ;P1 口置输入方式
MOV  A,P1            ;读 P1 口引脚状态到 ACC 中
```

(4) P0 口作普通 I/O 口使用。当不使用并行扩展总线时，P0、P2 口都可用作普通 I/O 口。但 P0 口为开漏结构，作 I/O 口时必须外加上拉电阻。

(5) I/O 口的驱动特性。P0 口每一个 I/O 口可输出驱动 8 个 LSTTL 输入端,而 P1～P3 口则可驱动 4 个 LSTTL 输入端。CMOS 单片机的 I/O 口通常只能提供几毫安的驱动电流,在全 CMOS 应用系统中几毫安输出电流足以满足许多 CMOS 电路输入驱动的要求。

6.4.2 I/O 口的应用

AT89S51 的 P0～P3 口直接用于输入/输出时,都是准双向口。用作输出口时,端口带有输出锁存器,用作输入口时,端口带有输入缓冲器,但没有输入锁存器,因此要输入的数据必须一直保持在引脚上,直到把数据取走。AT89S51 的 P0～P3 口都有一定的带负载能力,所以在有些简单应用的场合,可以直接与开关、发光二极管等外部设备相连。

在实际使用时,利用 AT89S51 I/O 口可以位寻址的特点,特别是在查询式输入/输出传送时,可以用 I/O 口的某一位(或几位)来作为状态信息的传送者,通过查询这一位的状态来确定外设是否处于“准备好”的状态。

例 6-1 为模拟图 6.6(a)的逻辑电路,设计了图 6.6(b)单片机电路,其中:用 P1 口的 P1.0、P1.1 作为变量输入端,用 P1.2 作为电路输出端,并用一个发光二极管来显示输出。P1.3 端传送状态信息。当准备好一组输入值后,按动状态按钮通知 CPU 开始模拟。

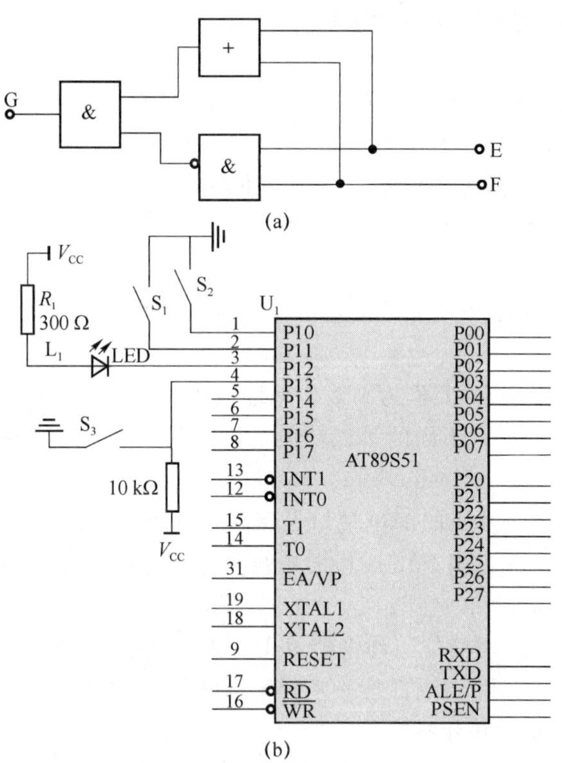

图 6.6 单片机模拟逻辑功能图

解 程序应从检测状态信息开始,当检测 P1.3 为低电平时,就开始模拟一组输入,并把结果送输出显示,然后再开始检测状态信息。程序清单如下:

```
        BIT     E       00H
        BIT     F       01H
```

```
        BIT     D       02H
LOOP1:  ORL     P1,     #08H    ;准备 P1.3 输入信息
LOOP2:  MOV     C,      P1.3    ;检测状态信息
        JC      LOOP2           ;未准备好循环检测
        ORL     P1,     #03H    ;P1.0、P1.1 为输入方式
        MOV     C,      P1.0    ;输入信号 E
        MOV     E,      C
        MOV     C,      P1.1    ;输入信号 F
        MOV     F,      C
        MOV     C,      E
        ANL     C,      F       ;C←E∧F
        MOV     D,      C       ;暂存于 D
        MOV     C,      E
        ORL     C,      F       ;C←E∧F
        ANL     C,      /D      ;C←(E∧F)̄∧(E∨F)
        MOV     P1.2,   C       ;输出结果
        SJMP    LOOP1           ;准备下一次模拟
```

本程序在读入引脚信号之前，都通过 ORL 指令使有关的位置 1，但不改变其他位的内容。

例 6-2　如图 6.7 所示为 AT89S51 单片机与开关(按键)、发光二极管的接口电路。单片机 P1.0～P1.3 连接到逻辑开关 S_0～S_3；P1.4～P1.7 连接到发光二极管 LED0～LED3。编写程序，要求发光二极管 LED0～LED3 的亮、灭与开关 S_0～S_3 的接通和断开状态相对应，当改变开关状态时，可观察到发光二极管的变化。试编写程序。

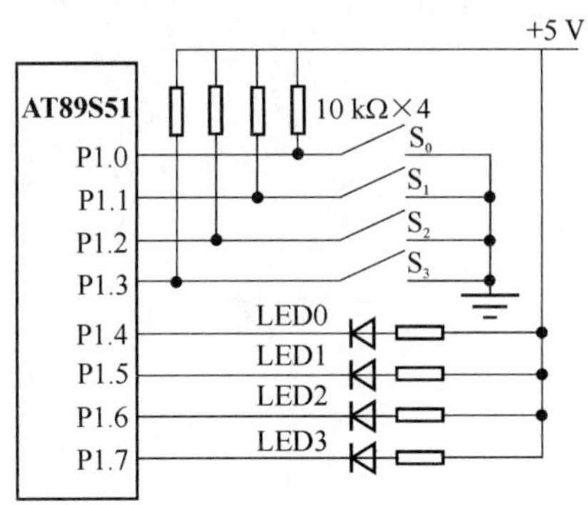

图 6.7　AT89S51 单片机与开关(键)、LED 发光二极管的接口

解　观察图中，可以分析，本例中单片机 P1.0～P1.3 作为数据输入口，P1.4～P1.7 作为输出口。开关状态输入显示程序清单如下。

```
LOOP: MOV     A,#0FH     ;P1.0～P1.3 口线送 1,作输入
      MOV     P1,A       ;
      MOV     A,P1       ;P1 口状态输入
      SWAP    A          ;开关状态到高 4 位
      MOV     P1,A       ;开关状态输出
      AJMP    LOOP       ;循环
```

习　题

1. 什么是I/O接口？I/O接口的作用是什么？

2. AT89S51单片机片内设有4个并行I/O端口，简述各个并行I/O口的结构特点。

3. 何谓准双向I/O口？

4. 何谓分时复用？在什么情况下出现复用？

5. AT89S51单片机的并行I/O端口信息有几种读取方法？读—修改—写操作是针对I/O口的哪一部分进行的？有什么优点？

6. 根据下图电路，编写程序。要求：$S_0 \sim S_7$ 按键分别按下时，相应的发光管 L0～L7 点亮。

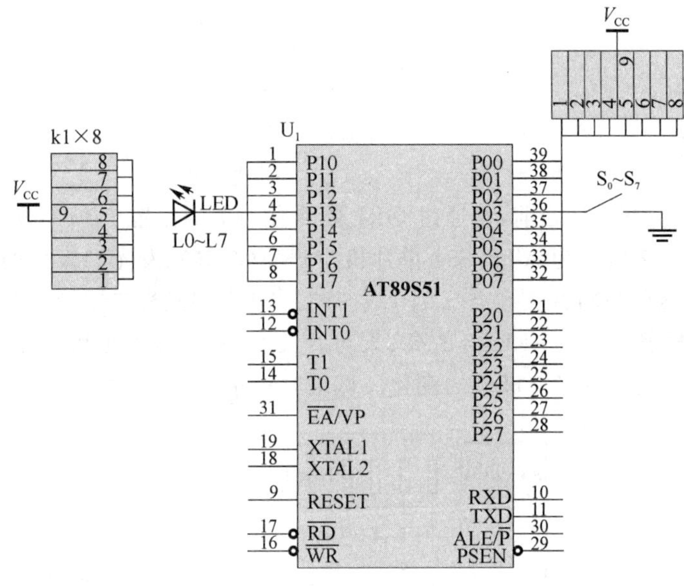

习题6图

第 7 章　AT89S51 单片机中断系统

中断系统在单片机系统中起着十分重要的作用。一个功能很强的中断系统,能大大提高单片机处理事件的能力,提高效率,增强实时性。本章介绍 AT89S51 单片机中断系统的结构及应用。

AT89S51 单片机的中断功能较强,设有 6 个中断源,共有 5 个中断矢量:定时/计数器 0、1,$\overline{INT0}$、$\overline{INT1}$外部中断和一个串行通信中断矢量。两级中断优先级,可实现两级中断嵌套。用户可以很方便地通过软件实现对中断的控制。

7.1 中断概述

1. 中断相关概念

(1) 中断

程序执行过程中,允许外部或内部事件通过硬件打断程序的执行,使其转向处理外部或内部事件的中断服务程序;完成中断服务程序后,CPU 继续原来被打断的程序,这样的过程称为中断。其中断响应过程如图 7.1 所示。

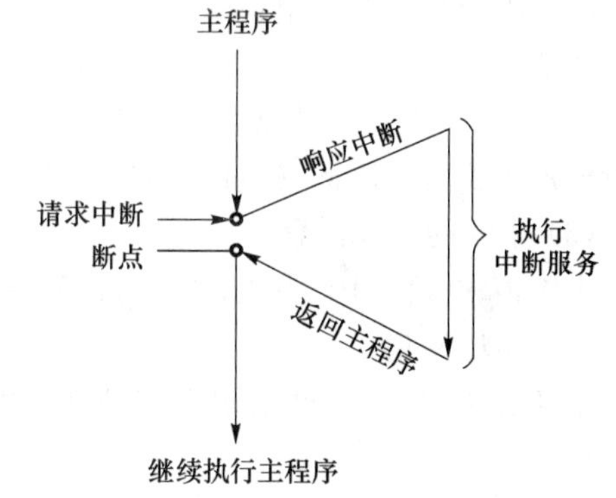

图 7.1　中断响应过程示意图

(2) 中断源

能产生中断的外部和内部事件称为中断源。中断源通常可分为以下几种。

① 设备中断:由单片机系统各组成部分的外围设备发出的中断申请,称为设备中断。如键盘、打印机、A/D 转换器等通过外部中断 0/1,串行口产生的中断。

② 定时中断:定时时钟提出的中断申请。例如,在定时控制或定时数据采集系统中,由内部或者外部时钟电路定时,一旦到达规定的时间,时钟电路就向 CPU 发出中断申请,如定时器/计数器 0/1 中断。

③ 故障源中断:目前,单片机的 RAM 多采用半导体存储器,电源掉电时,为了保护 RAM 中信息需要接入备用电源供电。一般的做法是,在直流电源上并联电容,当电容电压因电源掉电下降到一定值时就发出中断申请,CPU 响应中断执行保护现场信息的操作。

④ 程序性中断源:为调试程序而设置断点、单步工作等。

对于每个中断源,不仅要求能发出中断请求信号,而且这个信号还要能保持一定的时间,直至 CPU 响应这个中断请求后才能而且必须撤销这个中断请求信号。这样既不会因 CPU 未及时响应而丢失中断申请信号,也不会出现多次重复中断的情况。所以,要求每个中断源的接口电路中有一个中断请求触发器。另外,在实际系统中,往往有多个中断源,为了增加控制的灵活性,在每个中断源的接口电路中还设置一个中断屏蔽触发器,控制该中断源的中断申请信号能否送到CPU。

(3) 中断优先级

为使系统能及时响应并处理发生的所有中断,根据引起中断事件的重要性和紧迫程度,硬件将中断源分为若干个级别,称作中断优先级。随着中断技术的发展,在中断系统中设有多个中断源。所以当有两个以上的中断源同时请求中断时,CPU应响应优先级高的中断请求。不同的单片机中断系统对中断优先级的处理方法主要包括:硬件中断优先级排队电路、优先权比较电路、按优先顺序查询、采用软件随机设定等方法。

(4) 中断识别方式

单片机中断源的个数(AT89S51设有5个中断源),反映了该单片机处理中断的能力。由于设有多个中断源,中断系统必须具备正确地识别中断的功能,才能可靠的为其服务。利用中断标志识别正在发生的中断。识别中断有两种方式:查询中断和矢量中断。

查询中断方式是通过软件逐个查询各中断源的中断请求标志,其查询顺序反映了中断源的优先顺序。先查询的优先级高,后查询优先级低。通过查询找出申请中断的中断源,然后转向相应的中断服务程序执行。其缺点是软件查询循环占用一定的时间,每次必须从优先级最高的中断查询开始,逐级向优先级低的中断查询,影响CPU响应中断的效率,而且优先级低的中断请求被响应的概率会受影响。

矢量中断方式(又称向量中断)则以硬件为基础,为每个中断源直接提供对应的中断服务程序入口地址,或称矢量地址。中断请求通过优先级排队电路,一旦被响应,立即转向对应的矢量地址去执行。因此,矢量中断响应速度快,提高了CPU的响应效率。

(5) 中断的其他概念

中断请求:在CPU执行程序的过程中,出现了某种紧急或异常的事件,中断源中断信号有效时产生中断请求。

中断标志:伴随中断请求在特殊功能寄存器中登录的标记。AT89S51在TCON中保存中断标志状态。

中断允许:允许某中断源中断响应的操作,也称开中断。

中断入口地址(中断矢量):指中断服务程序的入口地址。

中断嵌套:中断嵌套是对中断服务程序的中断操作。中断嵌套的中断源应比被嵌套的中断源有更高的优先级。

中断保护:中断保护是指中断响应后保护原先程序中使用的资源免遭中断服务程序指令的破坏。通常将需要保护的资源送入堆栈中。

中断服务程序:指中断响应后,中断源要求的处理程序。

中断源清除:中断响应后应撤销中断请求标志,以免中断返回后又引发一次中断。

中断屏蔽(禁止):屏蔽CPU中断(即禁止所有或者某一个中断源中断),中断系统中可用程序设置中断允许和中断屏蔽。

中断返回:中断返回是中断服务程序中的最后一条指令RETI,执行该条指令后,程序返回原来中断断点的下一条指令处。

中断等待:中断等待是指中断开放(执行中断允许指令)后等待中断源出现中断请求。这种情况往往用于中断程序调试中。

2. 单片机中断系统需要解决的问题

单片机中断系统需要解决的问题主要有以下 3 点：

(1) 当单片机内部或外部有中断申请时，CPU 能及时响应中断，停下正在执行的任务，转去处理中断服务子程序，中断服务子程序执行完成后能回到原断点处继续处理原来的任务；

(2) 当有多个中断源同时申请中断时，应能先响应优先级高的中断源，实现中断优先级的控制；

(3) 当低优先级中断源正在执行中断服务程序时，若这时优先级比它高的中断源也申请中断，要求能停止低优先级中断源的服务程序，转去执行更高优先级中断源的服务程序，实现中断嵌套，并能逐级正确返回原断点处。

3. 中断的主要功能

(1) 实现 CPU 与外部设备的速度配合

由于应用系统的许多外部设备速度较慢，可以通过中断的方法来协调快速 CPU 与慢速外部设备之间的工作。

(2) 实现实时控制

在单片机中，依靠中断技术能实现实时控制。实时控制要求单片机能及时完成被控对象随机提出的分析和计算任务。在自动控制系统中，要求各控制参量随机地在任何时刻可向单片机发出请求，CPU 必须做出快速响应、及时处理。

(3) 实现故障的及时发现及处理

单片机应用中由于外界的干扰、硬件或软件设计中存在问题等因素，在实际运行中会出现硬件故障、运算错误、程序运行故障等，有了中断技术，单片机就能及时发现故障并自动处理。

中断技术的采用，推动了单片机科学和技术的发展，大大拓宽了单片机的应用以及各应用领域的自动化和智能化水平。

7.2　中断系统结构与中断控制

AT89S51 的中断系统共有 6 个中断源，5 个中断矢量，两级中断优先级，可实现两级嵌套，可通过软件来屏蔽或允许相应的中断请求。

7.2.1　AT89S51 中断系统结构

图 7.2 为 AT89S51 单片机中断功能示意图。AT89S51 有 6 个中断源，5 个中断矢量。外部中断源$\overline{\text{INT0}}$、$\overline{\text{INT1}}$对应两个中断矢量；串行通信有接收中断源和发送中断源，经过一个或门，公用同一个中断矢量；定时器/计数器 0、定时器/计数器 1 的溢出中断源对应两个中断矢量。

$\overline{\text{INT0}}$、$\overline{\text{INT1}}$的中断请求信号由外部事件产生，称外部中断源。定时器/计数器 0，定时/计数器 1 和串行口的中断请求信号均由 CPU 内部产生，故称为内部中断源。由图 7.2 可知，中断操作涉及的寄存器包括：TCON(Timer Control)定时器控制寄存器，串行口控制寄存器 SCON(Serial Control)，中断允许寄存器 IE(Interrupt Enable)，中断优先级寄存器 IP(Interrupt Priority)。

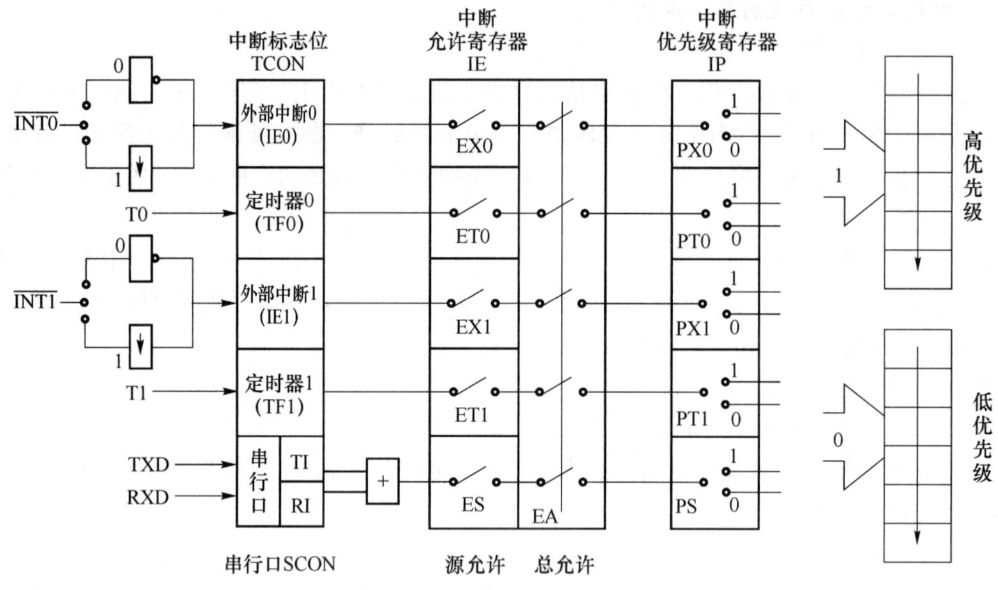

图 7.2　AT89S51 的中断系统结构示意图

7.2.2　中断相关寄存器

如上所述,单片机设置了 4 个专用寄存器用于中断控制,用户通过设置其状态来管理中断系统。4 个专用寄存器包括:定时器/计数器 0、1 控制寄存器 TCON;串行口控制寄存器 SCON;中断允许控制寄存器 IE;中断优先级控制寄存器 IP。

$\overline{\text{INT0}}$、$\overline{\text{INT1}}$、T0 及 T1 的中断标志存放在 TCON(定时/计数器控制)寄存器中;串行口的中断标志存放在 SCON(串行口控制)寄存器中。IE 用于确定各中断是允许还是禁止,IP 则用于定义各中断源的中断优先级。

编写有关中断程序时,涉及外部中断 0,外部中断 1,以及定时器/计数器 0、1 的中断必须用到寄存器 IE 和 TCON。涉及串行口的中断必须用到寄存器 IE 和 SCON。IP 寄存器如果采用默认值,程序中可以不需要设置。如表 7.1 所示。

表 7.1　中断相关寄存器设置一览表

中断源		相关寄存器	相关位
外部中断源	外部中断$\overline{\text{INT0}}$	IE,TCON,IP	EA,EX0,PX0,IT0,IE0
	外部中断$\overline{\text{INT1}}$	IE,TCON,IP	EA,EX1,PX1,IT1,IE1
内部中断源	定时/计数器 T0	IE,TCON,IP	EA,ET0,PT0,TF0
	定时/计数器 T1	IE,TCON,IP	EA,ET1,PT1,TF1
	串行口	IE,SCON,IP	EA,ES,PS,TI,RI

1. 定时器/计数器 0、1 控制寄存器 TCON

TCON 是定时/计数器和外部中断控制两者合用的一个特殊功能寄存器。定时/计数器控制寄存器 TCON 字节地址为 88H(格式如图 7.3 所示),可以字节寻址和位寻址,复位时为 00H,表示无中断请求信号,同时外部中断 0 和外部中断 1 默认为低电平中断。

	D7	D6	D5	D4	D3	D2	D1	D0	
TCON	TF1	—	TF0	—	IE1	IT1	IE0	IT0	字节地址：88H
位地址	8FH	8EH	8DH	8CH	8BH	8AH	89H	88H	可位寻址

图 7.3 定时/计数器控制寄存器 TCON 的格式

各位定义如下。

TF1(TCON.7)：定时/计数器 1 溢出中断请求标志位。当定时/计数器 1 计数产生溢出信号时，由内部硬件置位 TF1(TF1=1)，向 CPU 请求中断，当 CPU 响应中断转向该中断服务程序执行时，由内部硬件自动将 TF1 清 0。

TF0(TCON.5)：定时/计数器 0 溢出中断请求标志位。当定时/计数器 0 计数产生溢出信号时，经内部硬件置位 TF0(TF0 =1)，向 CPU 请求中断，当 CPU 响应中断并转向该中断服务程序执行时，由内部硬件自动将 TF0 清 0。

IT1 (TCON.2)：软件置位/复位 IT1 来选择外部中断 $\overline{\text{INT1}}$ 是下降沿还是电平触发中断。当 IT1 置位 1 时，则外部中断 $\overline{\text{INT1}}$ 为下降沿触发中断请求，即 $\overline{\text{INT1}}$ 端口由前一个机器周期的高电平，下一个机器周期跳变为低电平，则触发中断请求；当 IT1 复位清 0，则 $\overline{\text{INT1}}$ 端口的低电平触发中断请求。

IT0(TCON.0)：由软件置位/复位 IT0 位来选择外部中断 $\overline{\text{INT0}}$ 是下降沿还是低电平触发中断请求，其控制原理同上。

IE1(TCON.3)：外部中断($\overline{\text{INT1}}$)中断请求标志位。当 CPU 检测到 $\overline{\text{INT1}}$ 低电平或下降沿时，由内部硬件置位 IE1 标志位(IE1=1)，向 CPU 请求中断，当 CPU 响应中断并转向该中断服务程序执行时，由内部硬件自动清 0 IE1 标志位。

IE0(TCON.1)：外部中断($\overline{\text{INT0}}$)中断请求标志位。当 CPU 检测到 $\overline{\text{INT0}}$ 低电平或下降沿时，由内部硬件置位 IE0 标志位(IE0=1)，向 CPU 请求中断，当 CPU 响应中断并转向该中断服务程序执行时，由内部硬件自动复位 IE0 标志位。

2. 串行口控制寄存器 SCON

串行口控制寄存器 SCON 字节地址为 98H(格式如图 7.4 所示)，可以字节寻址和位寻址，复位时为 00H，表示串行口无中断信号。

	D7	D6	D5	D4	D3	D2	D1	D0	
SCON	—	—	—	—	—	—	TI	RI	字节地址：98H
位地址	9FH	9EH	9DH	9CH	9BH	9AH	99H	98H	可位寻址

图 7.4 串行口控制寄存器 SCON 的格式

低两位锁存接收中断标志 RI 和发送中断标志 TI。

TI(SCON.1)：串行口发送中断标志。串口发送完一帧数据后，由硬件置位，即 TI=1。中断响应后，必须用软件将 TI 标志清 0，如 CLR TI。

RI(SCON.0)：串行口接收中断标志。串口接收完一帧数据后，由硬件置位，即 RI=1。中断响应后，必须用软件将 RI 标志清 0，如 CLR RI。

3. 中断允许寄存器 IE

AT89S51 的中断均属可屏蔽中断,即通过软件对特殊功能寄存器 IE 进行设置,实现对各中断源的中断请求允许(开放)或屏蔽(禁止)的控制。由图 7.2 可见 AT89S51 的中断响应为两级控制,EA 为总的中断允许控制位,每一个中断源还有各自的中断允许控制位。只有设置了 EA=1 将总中断打开时,各个中断源的中断请求才可能得到响应。

中断控制寄存器 IE 可以字节寻址和位寻址,复位值为 00H,表示复位后禁止所有中断。其字节地址格式及各位含义如图 7.5 所示:

	D7	D6	D5	D4	D3	D2	D1	D0	
IE	EA	—	—	ES	ET1	EX1	ET0	EX0	字节地址: A8H
位地址	AFH	9EH	ADH	ACH	ABH	AAH	A9H	A8H	可位寻址

图 7.5 中断控制寄存器 IE 格式及各位含义

EA(IE.7):全部中断允许/禁止位。当 EA =0,则禁止响应所有中断;当 EA=1,则各中断源响应与否取决于各自的中断控制位的状态。

—(IE.6):保留位,无意义。

ES(IE.4):串行通信接收/发送中断响应控制位。当 ES=0,禁止串行口中断响应;当 ES=1,则允许串行口的中断响应。

ET1(IE.3):定时/计数器 1 溢出中断响应控制位。当 ET1=0,禁止定时/计数器 1 中断响应;当 ET1=1,则允许定时/计数器 1 中断响应。

EX1(IE.2):外部中断$\overline{\text{INT1}}$中断响应控制位。当 EX1=0,禁止外部中断$\overline{\text{INT1}}$中断响应;当 EX1=1,则允许外部中断$\overline{\text{INT1}}$中断响应。

ET0(IE.1):定时/计数器 0 溢出中断响应控制位。当 ET0=0,禁止定时/计数器 0 中断响应;当 ET0=1,则允许定时/计数器 0 中断响应。

EX0(IE.0):外部中断$\overline{\text{INT0}}$中断响应控制位。当 EX0=0,禁止外部中断$\overline{\text{INT0}}$中断响应;当 EX0=1,则允许外部中断$\overline{\text{INT0}}$中断响应。

4. 中断优先级控制寄存器 IP

AT89S51 的中断设有两级优先级,每个中断源均可通过软件对中断优先级寄存器 IP 中的对应位进行设置,编程为高优先级或低优先级,置 1 为高优先级,清 0 为低优先级。正在执行的低优先级中断服务程序可以被高优先级的中断源中断请求所中断,但不能被同级的或低优先级中断源中断请求所中断;正在执行的高优先级的中断服务程序不能被任何中断源中断请求所中断。两个或两个以上的中断源同时请求中断时,CPU 只响应优先级高的中断请求。为了实现上述规则,中断系统内部设有两个不可寻址的中断优先级状态触发器,其中一个用于指示正在服务于高优先级的中断,并阻止所有其他中断请求的响应,另一个则用于指示正在服务于低优先级的中断,除能被高优先级中断请求所中断外,阻止其他同级或低级的中断请求所中断。

中断优先级控制寄存器 IP,其字节地址为 B8H,可以字节寻址和位寻址,可通过软件设置各个中断源的中断优先级,复位值为 00H,表示各个中断源都处于同级且低优先级。IP 控制寄存器的格式如图 7.6 所示:

	D7	D6	D5	D4	D3	D2	D1	D0	
IP	—	—	—	PS	PT1	PX1	PT0	PX0	字节地址：B8H
位地址				BCH	BBH	BAH	B9H	B8H	可位寻址

图 7.6　IP 控制寄存器的格式

—、—(IP.6、IP.7、IP.5)：保留位，无定义。

PS(IP.4)：串行通信中断优先级设置位。软件设置(PS)＝1，则定义为高优先级；复位(PS)＝0，则定义为低优先级中断。

PT1(IP.3)：定时/计数器 1 中断优先级设置位。具体设置和含义同上。

PX1(IP.2)：外部中断$\overline{INT1}$中断优先级设置位。具体设置和含义同上。

PT0(IP.1)：定时/计数器 0 中断优先级设置位。具体设置和含义同上。

PX0(IP.0)：外部中断$\overline{INT0}$中断优先级设置位。具体设置和含义同上。

复位后 IP 的内容为 00H。具体应用时应将系统中实时性强、要求及时性的中断源设置为高优先级。

当同时有两个或两个以上相同优先级的中断请求时，则由内部按查询顺序决定优先响应的中断请求，排在顺序后面的、未被响应的中断请求将被挂起。其优先顺序由高向低顺序排列。优先顺序排列如表 7.2 所示。

表 7.2　中断优先顺序

顺　序	中断请求标志	中断源名称	优先顺序
1	IE0	外部中断 0($\overline{INT0}$)	最高
2	TF0	定时/计数器 0 溢出中断	↓
3	IE1	外部中断 1($\overline{INT1}$)	
4	TF1	定时/计数器 1 溢出中断	
5	RI+TI	串行通信中断	最低

这种同级内的中断优先顺序，仅用来确认多个(两个或两个以上)同级中断源同时请求中断时的优先响应顺序，而不能中断正在执行的同一优先级的中断服务程序。

以上所述可归纳为如下基本规则。

① 任一中断源的高或低优先级中断均可通过软件对 IP 的相应位进行设置。

② 不同优先级中断源同时请求中断时，优先响应高优先级的中断请求，高优先级中断请求可中断正在执行中的低优先级的服务程序，实现两级嵌套，同级或低优先级中断请求不能实现中断嵌套。

③ 同一优先级的多个中断源同时请求中断时按表 7.2 的优先顺序查询确定，优先响应顺序高的中断。

7.2.3　中断触发条件

1. 外部中断源的中断触发条件

AT89S51 的两个外部中断源($\overline{INT0}$、$\overline{INT1}$)，有电平和下降沿两种触发方式，通过软件编程可对两种中断请求触发方式进行选择。

(1) 电平触发方式

通过软件编程,对中断控制寄存器TCON中的IT×(×为0或1)位设置为0(IT×=0)时,即选择$\overline{\text{INT}\times}$为电平触发方式。CPU在每个机器周期的S5P2检测中断请求输入信号端口$\overline{\text{INT}\times}$,若为低电平,则外部中断请求有效,置位TCON寄存器中的外部中断请求标志位IE×为1,向CPU申请中断。

对电平触发方式的外部中断源,其中断请求信号(低电平)应持续保持请求有效,直至CPU响应该中断请求为止,这是因为中断系统对中断请求不作记忆。CPU响应该中断后必须在该中断服务程序返回前撤销原中断请求(使$\overline{\text{INT}\times}$变为高电平)或者暂时禁止该中断,以避免再次进入该中断服务程序。为保证中断请求能被正确采样,$\overline{\text{INT}\times}$端口的中断请求信号(低电平)至少应保持两个机器周期。

(2) 下降沿触发方式

通过软件设置TCON寄存器中的IT×为1时,则选择外部中断($\overline{\text{INT}\times}$)设为下降沿触发方式。

定义为下降沿触发中断触发方式后,CPU在相继两个机器周期进行检测,前一个机器周期在$\overline{\text{INT}\times}$端口检测到高电平,若紧接的后一个机器周期检测到低电平,则置位TCON寄存器中的IE×中断请求标志位为1,向CPU申请中断。

为保证中断请求能被正确采样,中断请求信号至少保持一个机器周期的高电平、一个机器周期的低电平。

无论低电平触发还是下降沿触发方式,一旦CPU响应中断,转向中断服务程序执行时,由内部硬件自动复位TCON寄存器中的中断请求标志位IE×为0。

2. 内部中断源中断触发条件

定时/计数器0溢出中断。定时/计数器0无论内部定时或对外部事件向上加计数(引脚P3.4输入计数信号),当计数器(TH0、TL0)计数溢出时置位TCON.5的TF0中断请求标志位,即计数溢出时触发中断。CPU在每个机器周期的S5P2状态时采样TF0标志位,当条件满足时CPU响应中断请求,转向对应的中断矢量,执行该中断服务程序,并由硬件自动将TF0标志位清0。

定时/计数器1溢出中断。其功能和操作类似定时/计数器0。其中断请求标志位为TCON.7的TF1。

串行通信中断。当完成一帧串行数据的接收/发送时,分别置位串行通信控制寄存器SCON中的RI/TI中断请求标志位,从而触发中断。当条件满足时CPU响应中断请求。由于串行通信中的接收/发送(RI/TI)中断请求合用同一个中断矢量地址,故必须在中断服务程序中查询、判断是接收(RI)还是发送(TI)请求中断处理,然后转入对应的处理程序。无论采用中断或查询方式进行串行数据的接收/发送处理,响应后均需用软件复位RI/TI。

上述各中断均可通过软件对其中断请求标志位进行置位/复位,这同内部硬件自动置位/复位的效果一样。

7.3　中断响应

7.3.1　中断响应条件

为保证正在执行的程序不因随机出现的中断响应而被破坏或出错，又能正确保护和恢复现场，必须对中断响应提出要求。

当中断源有中断请求，且在总中断允许位 EA 和对应中断的允许位都已经设置为 1 的条件下，CPU 才可能响应中断。CPU 在每个机器周期的 S5P2 状态采样中断请求标志位，在下一个机器周期对采样到的中断请求按中断优先级或优先顺序进行处理，响应确认的中断请求必须满足下列条件：

① 无正在执行的同级或高优先级中断服务程序；

② 当前指令已执行到最后一个机器周期并已结束；

③ 当前正在执行的不是返回(RET，RETI)指令或访问 IE，IP 特殊功能寄存器指令。

满足上述 3 个条件，则中断系统由硬件生成一条内部长调用(LCALL)指令，控制程序转向对应的中断矢量地址去执行相应的中断服务程序。只要上述 3 个条件中有一条不满足，都将丢弃本次中断请求而取消中断响应。

上述 3 个条件中的第一条保证正在执行的同级或高优先级的中断服务不被中断；第二条保证正在执行的当前指令执行完成而不被破坏；第三条除保证正在执行的返回指令或访问 IE、IP 指令执行完外，还必须执行完紧跟其后的下一条指令，以保证子程序的正确返回以及 IE、IP 寄存器功能的正确设置和有效。

7.3.2　中断响应过程

图 7.7 为由中断源发出中断请求至 CPU 响应中断的时间顺序示意图。

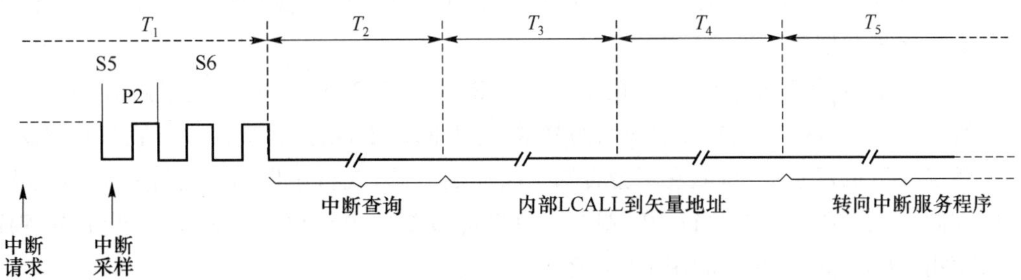

图 7.7　响应中断的时间顺序示意图

1. 中断采样

中断采样是针对外部中断请求信号进行的，而内部中断请求都发生在芯片内部，可以直接置位 TCON 或 SCON 中的中断请求标志。在每个机器周期的 S5P2(第五状态的第二节拍)期间，各中断标志采样相应的中断源，并置位相应标志。这里需注意的是：如中断请求标志已被置位,但因前述响应中断 3 个条件不能满足而未被响应,待到封锁条件已撤除,该中断请求标志已不复存在(标志位已回 0),则被拖延的中断请求就不再被响应(请求丢失)。也就是说,AT89S51 的中断系统对未被响应的中断请求标志(被置位状态)不作记忆。每个查询周期仅对前一个周期采样到的中断请求标志已置位状态进行中断响应处理。为此,未被及时响应的中断请求有可能丢失。

图中 T_1～T_5为机器周期,T_1表示在这个机器周期某中断源请求中断,并置位 TCON 寄存器中相应的中断请求标志位,在该周期的 S5P2 状态被 CPU 采样。在随后的 T_2机器周期,执行中断优先级处理。

2. 中断查询

若查询到某中断标志为 1,则按优先级的高低进行处理,即响应中断。

AT89S51 的中断请求都汇集在 TCON 和 SCON 两个特殊功能寄存器中。而 CPU 则在下一机器周期的 S6 期间按优先级的顺序查询各中断标志,先查询高级中断,再查询低级中断,同级中断按内部中断优先级序列查询。如果查询到有中断标志位为 1,则表明有中断请求发生,接着从相邻的下一个机器周期的 S1 状态开始进行中断响应。

由于中断请求是随机发生的,CPU 无法预先得知,因此中断查询要在指令执行的每个机器周期中不停地重复执行。

3. 中断响应

如当前执行的指令不是返回或访问 IE、IP 指令,而是其他指令的最后机器周期,且中断请求有效,则进入 T_3、T_4 机器周期,由硬件产生内部长调用(LCALL)指令,且置位优先级状态触发器,将断点地址(PC 的当前值)压入堆栈保护,把对应的中断矢量地址送 PC,同时清 0 该中断请求标志位(但不能清除串行通信的中断请求标志位,它们必须由软件另行清 0),从而控制程序转向该中断服务程序去执行。

CPU 从响应中断,控制程序转向对应的中断矢量地址入口处开始执行中断服务程序,直到执行返回(RETI)指令为止。RETI(返回)指令的执行,一方面告知中断控制系统,中断服务程序已执行完毕,清除中断优先级状态触发器;另一方面将之前压入堆栈的断点地址(PC 值)弹出装入程序计数器 PC 中,从而返回原程序的断点处继续往下执行程序。其他断点信息应由软件实现保护和恢复。

AT89S51 的指令系统中设有两条返回指令:RET 和 RETI。子程序返回用 RET 指令,中断服务程序返回用 RETI 指令。如采用的是 RET 返回指令,虽然也能使中断服务程序返回原断点处继续往下执行原程序,但它不会告知中断控制系统,现行中断服务程序已执行完毕,致使中断控制系统误认为仍在执行中断服务程序而屏蔽新的中断请求。因此,中断服务程序的返回必须用 RETI 指令,而不能用 RET 返回指令代替。

可以看出,中断的执行过程与调用子程序有许多相似点。

(1) 都是中断当前正在执行的程序,转去执行子程序或中断服务程序。

(2) 都是由硬件自动地把断点地址压入堆栈,然后通过软件完成现场保护。

(3) 执行完子程序或中断服务程序后,都要通过软件完成现场恢复,并通过执行返回指令,重新返回到断点处,继续往下执行程序。

(4) 二者都可以实现嵌套,如中断嵌套和子程序嵌套。

但是中断的执行与调用子程序也有一些差别。

(1) 中断请求信号可以由外部设备发出，是随机的，如故障产生的中断请求，比如按键中断等，子程序调用却是由软件编排好的。

(2) 中断响应后由固定的矢量地址转入中断服务程序，而子程序地址由软件设定。

(3) 中断响应是受控的，其响应时间会受一些因素影响，子程序响应时间是固定的。

7.3.3 中断响应时间

从中断源发出中断请求，到 CPU 响应中断请求转向对应的中断服务程序开始执行所需要的时间，称为中断响应时间，如图 7.7 所示。中断源发出中断请求信号有效，置位相应的中断请求标志位，每个机器周期的 S5P2 状态被采样并锁存，接着在下一个机器周期进行中断优先查询。CPU 响应中断可能有以下几种情况。

① 经中断优先查询，中断请求有效且满足中断响应 3 个条件，则 CPU 响应中断请求，转向对应的中断矢量地址为入口的中断服务程序开始执行。

长调用(LCALL)是条双周期指令。因此，中断系统从中断采样，经中断优先查询及生成和执行 LCALL 指令，共需 3 个机器周期，才开始执行中断服务程序。这是最快的中断响应，中断响应时间为 3 个机器周期。

② 中断请求发生在指令的开始周期(双周期或 4 周期指令)，或是第一个机器周期的开始，而 CPU 采样有效、响应中断请求必须在指令的最后机器周期的 S5P2 状态。因此，待这个指令执行完就需 2～4 个机器周期，在这种情况，中断响应需 5～7 个机器周期。

③ 当中断请求发生在正在执行的返回指令(RET、RETI)或访问 IE、IP 指令周期，则需将这些指令执行完后，还需执行完紧接其后的一条指令才被响应。这时中断响应延迟时间不会超过 5 个机器周期。这样，总的中断响应时间一般不超过 8 个机器周期。

④ 如果该中断请求遇到正在执行中的高优先级或同级中断服务程序，则本次中断请求将被挂起。

因此，从中断源发出中断请求到 CPU 响应中断、转去执行中断服务程序需 3～8 个机器周期。在实用性要求很高的应用场合可能会造成延误，请在实际应用中加以注意。

中断技术在单片机应用中越来越显示其重要性，特别为满足实时性要求尤为重要。一般单片机中设置的中断源有限，在实际应用中应该巧妙安排，认真设计和编写中断服务程序，尽力确保其正确性，以免给程序调试带来麻烦。

7.4 中断请求的撤除

CPU 响应中断请求，转向中断服务程序执行，在其执行中断返回指令(RETI)之前，中断请求信号必须撤除，否则将会再一次引起中断而出错。中断请求撤除的方式有三种。

1. 由单片机内部硬件自动复位

对于定时/计数器 T0、T1 的溢出中断和采用下降沿触发方式的外部中断请求，在 CPU 响应中断后，由内部硬件自动清除中断标志 TF0 和 TF1、IE0 和 IE1，而自动撤除中断请求。即硬件置位,硬件清除。

2. 应用软件清除相应标志

对于串行接收/发送中断请求,在CPU响应中断后,必须在中断服务程序中应用软件清除RI、TI这些中断标志,才能撤除中断,即硬件置位,硬件清除。

3. 采用外加硬件结合软件清除中断请求

7.5 中断程序设计

中断程序一般都包含有两个部分,即主程序中的中断初始化和实现中断操作任务的中断服务程序,如图7.8所示。在主程序中任何地点都可设中断初始化,但只有在中断初始化开中断之后,有中断源请求中断并满足中断响应条件时,才响应中断,将程序立即转移到该中断源的入口地址处,进入中断服务操作。中断服务操作结束后,程序又返回到主程序的中断出口处,继续执行原来被中断的主程序。

1. 主程序中的中断初始化

主程序中的中断初始化包括中断系统初始状态的设置、开中断和中断服务程序的先期初始化等。

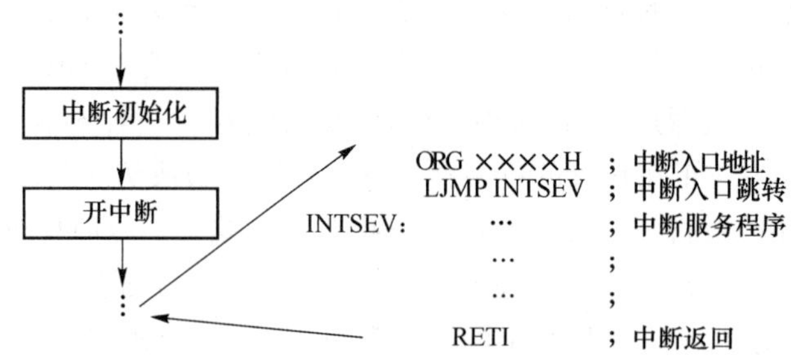

图7.8 中断程序的一般格式

(1) 初始化状态设置

中断初始化状态设置主要是对中断系统特殊功能寄存器设置来保证中断系统的工作状态,如设置中断源的优先级、设置中断源的触发方式等,可参考表7.1。

(2) 开中断

开中断是对中断控制寄存器IE的设置。开中断是主程序中断初始化中唯一不可缺少的指令设置。只有开中断后,才能响应中断请求。

(3) 中断服务程序的前期初始化

中断服务程序中有一些需要在主程序中完成的初始化操作,如对定时器的初始化及计数初值的装载等。

2. 中断响应与中断服务程序

(1) 中断响应

主程序开中断后可随时响应中断。中断响应时,主程序立即中断当前运行程序,断点地址自动压入堆栈,程序转入中断入口地址处。

(2) 中断转移

中断入口地址处设置一个中断服务程序的转移指令，将程序转移到中断服务程序的入口处，这样，中断服务程序可安放在程序存储器的任何空间。

(3) 中断服务

中断服务程序是中断响应后的主要操作内容，是一段完整的中断请求功能操作。一般情况下，在完成功能操作后便返回主程序。但考虑中断系统运行特点，提高在某些状态下系统运行的可靠性，在中断服务程序中要进行主程序资源保护、中断源清除和关中断等操作。

① 主程序的资源保护。由于中断响应是对主程序的随机插入性操作，在主程序断点前后资源必须连续使用，而该资源又会被中断服务程序占用时，必须将主程序中的资源压入堆栈保护，待中断返回前弹出堆栈。

② 中断源的清除。对于串行接收/发送中断请求，在 CPU 响应中断后，必须在中断服务程序中应用软件清除 RI、TI 这些中断标志，才能撤除中断(硬件置位，硬件清除)。

③ 关中断。对于只需要一次中断服务操作的中断服务程序，中断返回前可设关中断操作指令。

(4) 中断返回

中断返回是任何中断服务程序都必须具备的最后一条操作指令 RETI，执行到 RETI 时，主程序中的中断断点地址自动装入 PC 指针，程序便自动返回主程序，从中断断点后继续运行。正常情况下，中断服务程序中压入堆栈的数据在中断返回前必须如数退出，以保证断点地址在堆栈顶部，中断返回时能准确返回到中断响应的断点处。

3. 中断程序设计实例

例 7.1　编写外部键输入的中断操作演示程序。要求：按图 7.9 所示电路，根据 S_0、S_1 按键的状态，点亮 L0、L1。按下 S_0 点亮 L0 片刻，按下 S_1 后点亮 L1 片刻。

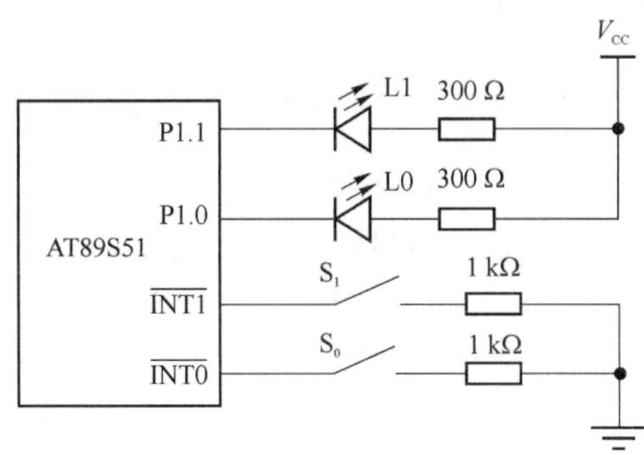

图 7.9　键盘中断电路图

解：(1) 设计思路

这是一个两路外部中断输入演示电路，按下 S_0、S_1 都会立即中断原来的操作，来点亮 L0 或 L1。中断初始化包括：

① 保证 L0、L1 为熄灭状态。

② 设$\overline{INT0}$、$\overline{INT1}$的触发方式。根据按键输入信号特点，选电平触发方式。

③ 设中断优先级。假定$\overline{INT0}$、$\overline{INT1}$都设为低优先级。

(2) 中断应用程序设计包括主程序设计和中断服务程序设计主程序清单

```
    ORG 0000H
    LJMP      MKL
    ORG       0003H                  ;INT0中断入口地址
    LJMP      KL0                    ;INT0中断入口转移
    ORG       0013H                  ;INT1中断入口地址
    LJMP      KL1                    ;INT1中断入口转移
    data0     EQU     30H            ;data0 赋值
    data1     EQU     31H            ;data1 赋值
    ORG       0100H
MKL:          ⋮
    ORL   P1,#03H                    ;L0,L1 初始化,熄灭 L0,L1
    ANL   TCON,#00H                  ;置INT0、INT1电平触发方式
    ANL   IP,#0FAH                   ;置INT0、INT1低优先级
    MOV   IE,#85H                    ;开 CPU 中断,开INT0、INT1中断
          ⋮
```

$\overline{\text{INT0}}$中断服务程序清单:

```
          ORG     0800H
    KL0:  CLR     P1.0               ;点亮 L0
          MOV     R7,data0           ;延时数据 data0 入 R7
          LCALL   DELAY              ;调延时子程序
          SETB    P1.0               ;熄灭 L0
          RETI                       ;中断返回
```

$\overline{\text{INT1}}$中断服务程序:

```
          ORG     0900H
    KL1:  CLR     P1.1               ;点亮 L1
          MOV     R7,data1           ;延时数据入 R7
          LCALL   DELAY              ;调延时子程序
          SETB    P1.1               ;熄灭 L1
          RETI                       ;中断返回
```

延时子程序:

```
            ORG     09A0H
    DELAY:  MOV     R6,#0FFH          ;延时时间常数预先设置在 R7 中
    TM1:    MOV     R5,#0FFH
    TM0:    DJNZ    R5,TM0
            DJNZ    R6,TM1
            DJNZ    R7,DELAY
            RET
```

例 7.2 按图 7.10 电路,主程序循环点亮 L4～L7。根据 S_0、S_1 按键的状态,点亮 L1,L2。

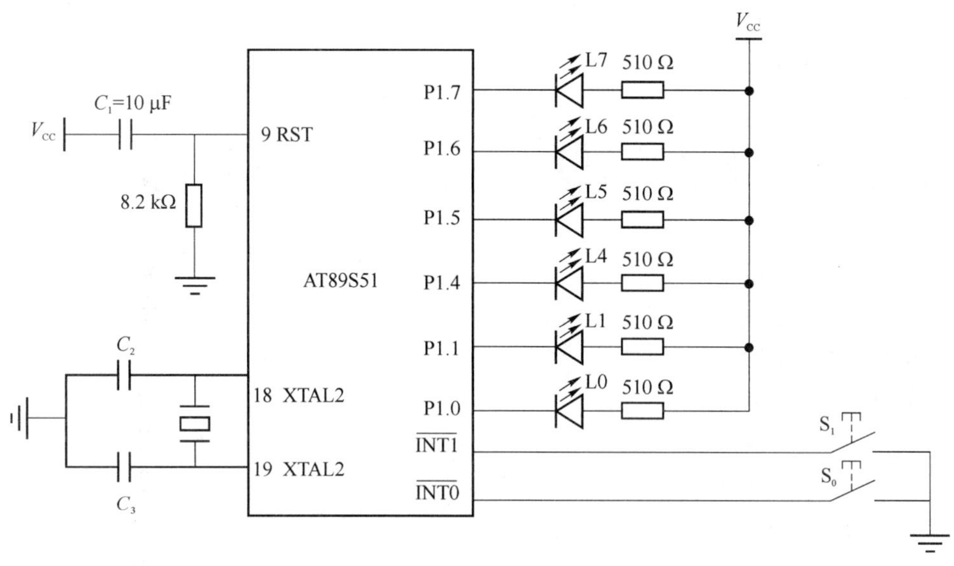

图 7.10　外部中断对主程序影响的演示电路

解：观察在主程序中出现中断时，中断服务程序对主程序的影响。

程序设计包括主程序和中断服务程序设计。

(1) 循环点亮 L4～L7 及中断初始化主程序 MLED

设主程序 MLED 的入口地址为 0050H。主程序先熄灭所有 LED，然后依次点亮 L4～L7，不断循环，每次点亮时间由 data 给定。主程序清单如下：

```
ORG     0000H
LJMP    MLED
ORG     0003H                       ;INT0中断入口地址
LJMP    K0L0
ORG     0013H                       ;INT1中断入口地址
LJMP    K1L1
data0   EQU     30H
data1   EQU     31H
data    EQU     32H                 ;延时时间设定
        ORG     0050H               ;给定主程序入口地址
MLED:   ORL     P1,#0F3H            ;熄灭所有 LED
MOV     IE,     #85H
DIS:    CLR     P1.4                ;点亮 L4
        MOV     R7,data             ;设定延时时间常数
        LCALL   DELAY               ;延时
        SETB    P1.4                ;L4 熄灭
        CLR     P1.5                ;点亮 L5
        MOV     R7,data
        LCALL   DELAY
        SETB    P1.5                ;熄灭 L5
        CLR     P1.6                ;点亮 L6
```

```
        MOV     R7,data
        LCALL   DELAY
        SETB    P1.6                ;熄灭 L6
        CLR     P1.7                ;点亮 L7
        MOV     R7,data
        LCALL   DELAY
        SETB    P1.7                ;熄灭 L7
        AJMP    DIS                 ;转再次循环点亮
```

(2) 中断服务程序设计

$\overline{\text{INT0}}$中断服务程序:

```
K0L0:   PUSH    PSW                 ;PSW 压栈
        MOV     PSW,#18H            ;寄存器组 3 区
        CLR     P1.0
        MOV     R7,data0
        LCALL   DELAY
        SETB    P1.0
        POP     PSW                 ;弹栈 PSW
        RETI                        ;中断返回
```

$\overline{\text{INT1}}$中断服务程序:

```
K1L1:   PUSH    PSW                 ;PSW 压栈
        MOV     PSW,#10H            ;寄存器组 2 区
        CLR     P1.1
        MOV     R7,data1
        LCALL   DELAY
        SETB    P1.1
        POP     PSW                 ;弹栈 PSW
        RETI                        ;中断返回
```

主程序 MLED 执行后,L4～L7 轮流点亮,当按下 S_0 或 S_1 后,L4～L7 点亮循环中断,转而点亮 L0 或 L1 后再从中断处继续 L4～L7 的轮流点亮。从这些操作可以了解中断对主程序的影响。

习　题

1. 中断的含义是什么?为什么要采用中断技术?

2. 何谓查询中断?何谓中断入口地址?

3. AT89S51 提供哪几种中断?什么是中断优先级?什么是中断嵌套?什么是同级内的优先权管理?

4. 外部中断请求有哪两种触发方式?对触发信号有什么要求?如何选择和设置?

5. 何谓断点?为什么要进行断点现场保护?有哪些信息应考虑压栈保护?

6. 在 AT89S51 中，哪些中断请求标志可以随着 CPU 响应而自动撤除？哪些中断请求标志需由用户通过程序来撤除？

7. 请叙述中断程序设计的一般格式。在什么情况下，中断服务中要设保护指令 PUSH 和 PSW？通常该指令设在何处？

8. 请写出$\overline{\text{INT0}}$为下降沿触发方式的中断初始化程序。

9. 当中断优先级寄存器的内容为 09H 时，其含义是什么？

10. 根据下图电路，编写程序，当对应的 S_0～S_7 按键按下时，相应的发光管 L0～L7 点亮。开关状态通过中断检测。考虑 S_0～S_7 按键的中断优先级如何确定？如何改变其优先级顺序？

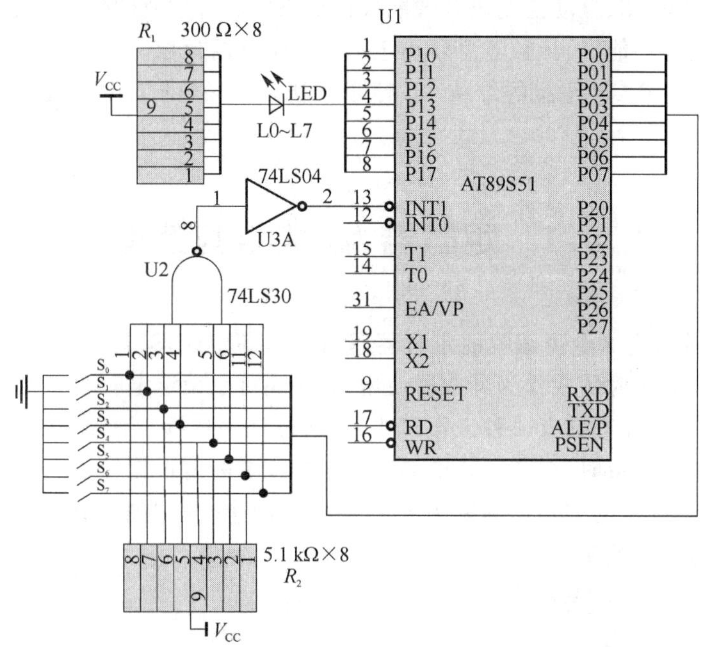

第 8 章　AT89S51 定时器/计数器

定时器/计数器是单片机的重要功能模块之一，可实现定时控制、延时、对外部事件计数和检测等功能，在工业检测、自动控制以及智能仪器等方面起着重要的作用。定时器主要完成系统运行过程中的定时功能，而计数器主要用于对外部事件的计数。

本章的主要内容有：定时器的结构、定时器控制、定时器的工作模式及应用以及定时监视器。

8.1　定时器/计数器的结构

AT89S51 单片机有 2 个可编程的定时器/计数器，即定时器/计数器 0 和定时器/计数器 1，可由程序设定作为定时器或作为计数器使用，同时还可以设定定时时间或计数值。

每个定时器/计数器都具有 4 种工作模式，可通过程序选择。任意一个定时器/计数器在定时时间到或者计数结束时，会产生相应的触发信号或中断请求信号。

定时器/计数器 0、1 的结构框图见图 8.1，主要由两个 16 位加 1 计数器和两个特殊功能寄存器 TMOD、TCON 组成。

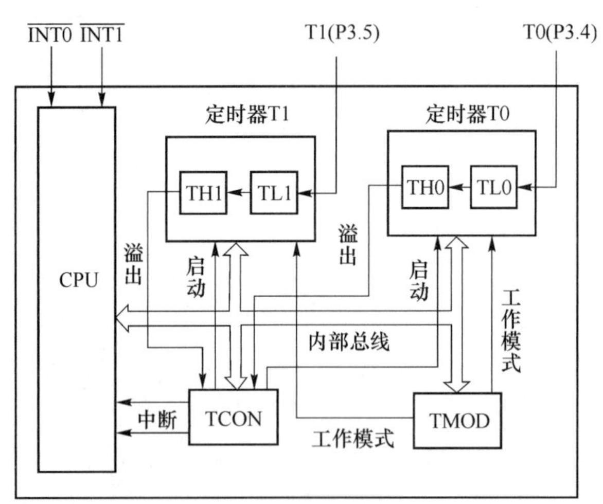

图 8.1　单片机 T0 和 T1 定时器结构图

定时器/计数器的计数功能由 TH× 和 TL×（×＝0 或 1）两个 8 位加 1 计数器实现，TH×、TL×分别是定时器/计数器的高 8 位和低 8 位，TH×、TL×一起组成定时器/计数器的 16 位加 1 计数器。

定时器/计数器设置为定时工作方式时，加 1 计数器对内部机器周期脉冲计数，即每个机器周期加 1 则计数器的数值加 1。由于机器周期是固定的，所以对机器周期的计数也就是定时，当单片机采用 12 MHz 晶振时，一个机器周期是 1 μs，若计数值是 100，则相当于定时 100 μs。

定时器/计数器设置为计数工作方式时，加 1 计数器通过引脚 T0（P3.4）和 T1（P3.5）对外部脉冲信号计数。当外部脉冲信号产生由 1 至 0 的负跳变时，加 1 计数器的值加 1，加 1 计数溢出时可向 CPU 发出中断请求信号。具体地说，单片机每个机器周期都会对 T0 和 T1 引脚的输入电平进行采样，如果前一个机器周期采样值为 1，而下一个机器周期的采样值为 0，则加 1 计数器的值加 1。由此可见，检测一个 1 至 0 的跳变至少需要两个机器周期，所以最高计数频率为振荡频率的 1/24。对输入信号的占空比没有要求，但必须保证输入脉冲高电平和低电平的宽度都要大于 1 个机器周期。

从上面分析可以看出，定时器功能也是通过计数器实现，只不过由于它所计数的是时间长度固定的机器周期，所以就转化为定时器。

8.2　定时器/计数器相关寄存器

定时器/计数器的工作模式设定和定时器的控制是由 TMOD 和 TCON 两个特殊功能寄存器来完成的，当单片机系统复位后，两个特殊功能寄存器的值都被清 0。

8.2.1　定时器/计数器工作模式寄存器 TMOD

TMOD 用于选择定时器/计数器 0、1 的工作模式，低 4 位用于定时器/计数器 0，高 4 位用于定时器/计数器 1，其值可由软件设定。各位的定义格式如图 8.2 所示，该寄存器只能按地址寻址，不能位寻址。

M1 和 M0：定时器/计数器工作模式选择位。M1 和 M0 的不同取值设定了定时器/计数器的 4 种工作模式，见表 8.1。

	D7	D6	D5	D4	D3	D2	D1	D0
TMOD (89H)	GATE	$C/\overline{T}$	M1	M0	GATE	$C/\overline{T}$	M1	M0

图 8.2　工作模式寄存器 TMOD 的位定义

其中：

$C/\overline{T}$：定时器/计数器功能选择位。$C/\overline{T}=0$ 为定时器方式，对单片机内部的机器周期（振荡周期的 12 倍）计数；$C/\overline{T}=1$ 为计数器方式，计数器的输入是来自 T0(P3.4)和 T1(P3.5)引脚的外部脉冲。

GATE：门控位。GATE＝0，通过软件置位 TR0（或 TR1）就可以启动定时器/计数器 0（或定时器/计数器 1）；GATE＝1，只有 $\overline{INT0}$（或 $\overline{INT1}$）引脚为高电平且软件使 TR0（或 TR1）置 1 时，才能启动定时器。一般情况下 GATE＝0。

表 8.1 M1,M0 控制的四种工作模式

M1 M0	工作模式	功能描述
0 0	模式 0	13 位计数器
0 1	模式 1	16 位计数器
1 0	模式 2	8 位自动重装载计数器
1 1	模式 3	定时器 0:分成两个 8 位计数器 定时器 1:停止工作,即定时器 1 只有模式 0,模式 1,模式 2 工作模式。

应该注意的是,由于 TMOD 不能位寻址,所以只能用字节设置定时器的工作模式,而不能采用位操作指令进行置 1 与清 0。

8.2.2 定时器/计数器控制寄存器 TCON

定时器/计数器控制寄存器 TCON 除可进行字节寻址外,还可以进行位寻址。各位定义及格式如图 8.3 所示。

	D7	D6	D5	D4	D3	D2	D1	D0
TCON (88H)	TF1	TR1	TF0	TR0	IE1	IT1	IE0	IT0

图 8.3 控制寄存器 TCON 的位定义

其中:

TF1(TCON.7):T1 溢出标志位。当 T1 溢出时,由硬件自动使中断触发器 TF1 置 1,在中断允许的条件下向 CPU 申请中断。当 CPU 响应中断进入中断服务程序后,TF1 又被硬件自动清 0。在中断屏蔽的情况下,TF1 一般用作软件查询标志。软件查询到中断标志后,需软件清 0,以清除中断标志。

TR1(TCON.6):T1 运行控制位。TR1=1,定时器/计数器 1 启动;TR1=0,定时器/计数器 1 停止。TR1 由软件置 1 或清 0。

TF0(TCON.5):T0 溢出标志位。其功能和操作情况同 TF1。

TR0(TCON.4):T0 运行控制位。其功能和操作情况同 TR1。

IE1, IT1, IE0 和 IT0(TCON.3~TCON.0):外部中断请求及请求方式控制位,已在前面的章节中介绍过了,在此不再赘述。

8.3 定时器/计数器的 4 种模式及应用

通过对特殊功能寄存器 TMOD 中控制位 M1 和 M0 进行设置,可以设定定时器/计数器 T0 和 T1 的 4 种工作模式,其中,在模式 0、模式 1 和模式 2 时,T0 和 T1 的工作情况完全相同;而在模式 3 时,两个定时器/计数器的工作情况不同。

1. 模式 0:13 位定时器/计数器

M1=0、M0=0,定时器/计数器工作在模式 0,构成 13 位的定时器/计数器,结构如图 8.4

所示(如果把下标 0 改为 1,就是定时器/计数器 1 在模式 0 时的结构图)。

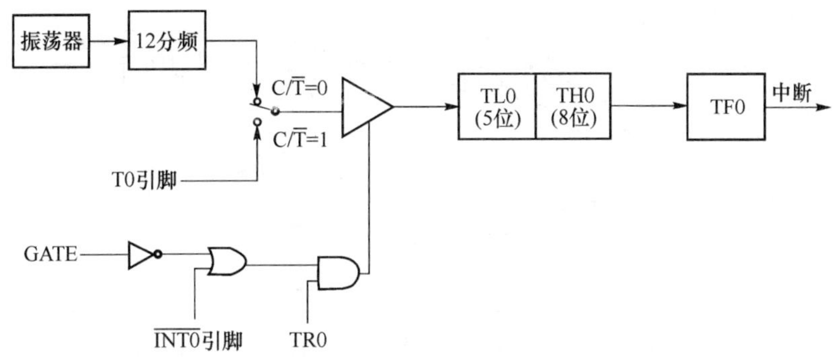

图 8.4　定时器/计数器的模式 0:13 位计数器

在这种模式下,定时器/计数器 0 选择 TH0 的 8 位和 TL0 的低 5 位组成一个 13 位的定时器/计数器,TL0 的高 3 位未用。当 TL0 的低 5 位溢出时,直接向 TH0 的最低位进位;TH0 溢出时,硬件置位 TF0,并向 CPU 申请 T0 中断。

通过程序可以设定 TH0 和 TL0 的初值,初值的大小可以是 0～8191($2^{13}-1$)之间的任何值。TH0 和 TL0 从初值开始加 1 计数,直至溢出为止,所以设置的初值不同,定时时间或计数值也不同。

需要注意的是,当计数器溢出后,需要通过程序重新设置 TH0 和 TL0 的初值,否则下一次 TH0 和 TL0 将从 0 开始加 1 计数。

由于单片机采用加法计数方式,当计数器计满后,再来一个信号将发生溢出并产生中断,所以实际计数的信号个数(可以是定时方式下的机器周期,也可以是计数方式下的外部输入脉冲)就由计数器所能计数的模值和 T0(或 T1)的初值来决定。

$$计数值=模值-初始值$$

其中,模值表示计数器所能计的最大值。13 位计数器的模值为 2^{13},16 位计数器的模值为 2^{16}。因此,若 13 位计数器初值等于 8191 时,计数值最小为 1;若初值等于 0,计数值最大为 8192,即计数范围为 1～8192(2^{13}),同时定时器的定时时间为:

$$T=(模值-初值)\times 机器周期$$

可以计算出初值公式:

$$初值=模值-T/机器周期$$

在采用 12 MHz 晶振的情况下,定时时间范围是 1～8 192 μs。

2. 模式 1:16 位定时器/计数器

M1=0、M0=1,定时器/计数器工作在模式 1,构成 16 位的定时器/计数器。其结构和操作模式几乎与模式 0 完全相同,唯一的差别是:在模式 1 中,寄存器 TH0 和 TL0 是以全部 16 位参与操作。

在模式 1 中,计数器的计数范围为 1～65 536(2^{16}),如果 f_{osc}=12 MHz,那么定时范围为:1～65 536 μs。

3. 模式 2:8 位自动重装载定时/计数器

M1=1、M0=0,定时器/计数器工作在模式 2,构成自动重新装入初值(自动重装载)的 8 位定时器/计数器。定时器/计数器 0 工作在模式 2 时的结构如图 8.5 所示(如果把下标 0 改为 1,就是定时器/计数器 1 在模式 2 时的结构图)。

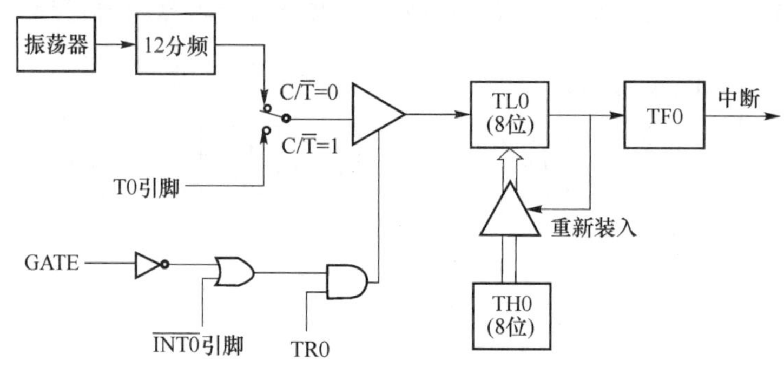

图 8.5　定时器/计数器的模式 2:8 位自动重装载计数器

图 8.5 中,TL0 作为 8 位加 1 计数器用,TH0 作为初值寄存器用。TH0 和 TL0 的初值都由软件预置。TL0 发生计数溢出时,不仅使溢出中断标志 TF0 置 1,而且发出重装载信号,使三态门打开,把 TH0 中所保存的内容自动重新装入到 TL0 中,使 TL0 从初值开始重新计数。重新装入初值后,TH0 的内容保持不变。

在模式 2 中,计数器的计数范围为 1～256(2^8),如果 f_{osc}＝12 MHz,那么定时范围为:1～256 μs。

这种工作模式常用于定时控制。例如希望每隔 500 μs 产生一个定时控制脉冲,使 TL1＝06H,TH1＝06H,C/$\overline{T}$＝0 就能实现。模式 2 还经常用作串行口波特率发生器。

4. 模式 3:双 8 位定时器/计数器

M1＝1、M0＝1,定时器/计数器工作在模式 3。模式 3 只适用于 T0。当 T0 工作在方式 3 时,TH0 和 TL0 成为两个独立的 8 位计数器,使单片机增加了一个附加的 8 位定时器/计数器。定时器 T0 工作于模式 3 时的结构如图 8.6 所示。

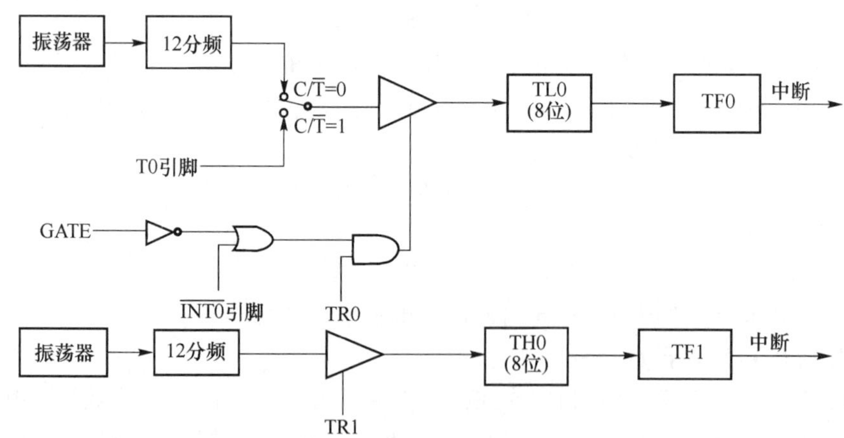

图 8.6　定时器/计数器 0 的模式 3:双 8 位计数器

由图 8.6 可见,TL0 使用了 T0 本身的状态控制位 C/$\overline{T}$、GATE、TF0、TR0、T0(P3.4 引脚)和$\overline{INT0}$(P3.2 引脚),可以工作在定时器方式或计数器方式。而 TH0 只能作 8 位定时器用(不能用作计数器方式),并占用了 T1 的中断资源 TR1 和 TF1。由于 T1 的中断标志被占用,所以在这种情况下,T1 只能用于任何不需要中断控制的场合,可以设置为模式 0、1、2。

8.4　定时器/计数器程序设计

8.4.1　相关寄存器设置

通过程序设置相关寄存器,可以使定时器/计数器正常工作,需要设置的寄存器主要包括 IE,IP,TMOD,TCON,TH×,TL×。定时器/计数器可以工作在中断方式或者查询方式。相关寄存器设置如表 8.2 所示。

表 8.2　寄存器设置一览表

定时器/计数器		相关寄存器	相关位
定时器/计数器 1	查询方式	TMOD,TCON,TH0,TL0	TF0,TR0
	中断方式	IE,TCON,IP,TMOD,TH0,TL0	EA,ET0,PT0,TR0,TF0
定时器/计数器 1	查询方式	TMOD,TCON,TH1,TL1	TF1,TR1
	中断方式	IE,TCON,IP,TMOD,TH1,TL1	EA,ET1,PT1,TR1,TF1

1. 查询程序编写

编写定时器/计数器查询程序,需要设置 TMOD,TCON,TH×,TL×寄存器。编写程序步骤如下。

(1) 根据程序要求确定工作模式,如是定时器方式还是计数器方式,模式的选择等,并设置 TMOD 寄存器。

(2) 根据工作模式和系统的晶振频率计算出相应的计数初值,并赋给 TH×,TL×寄存器。

(3) 置位运行控制位 TR×(TCON 寄存器)启动定时器/计数器 0 或者 1。

(4) 执行主程序同时不断检测 TF×状态,如果为 1 则定时时间到,清零 TF×并进入到相应的处理程序。

2. 中断程序编写

编写定时器/计数器中断程序,需要设置 IE,TCON,IP ,TMOD,TH×,TL×寄存器。编写程序步骤如下。

(1) 根据程序要求确定工作模式,如是定时器方式还是计数器方式,模式的选择等,并设置 TMOD 寄存器。

(2) 根据工作模式和系统的晶振频率计算出相应的计数初值,并赋给 TH×,TL×寄存器。

(3) 设置中断相关寄存器 IP,IE。

(4) 置位运行控制位 TR×(TCON 寄存器)启动定时器/计数器 0 或者 1。

(5) 继续执行主程序或者等待中断,如果申请中断,则进入到相应的中断程序。

8.4.2　程序设计实例

例 8.1　设定时器 T0 选择工作模式 0,利用程序控制在 P1.0 引脚输出周期为 2 ms 的方波。编程实现其功能。设单片机的振荡频率 $f_{osc}=6$ MHz。

解 (1) 设定定时器/计数器工作模式寄存器 TMOD:

分析:要在 P1.0 引脚输出周期为 2 ms 的方波,只要使 P1.0 引脚每隔 1 ms 取反一次即可。T0 工作在模式 0,因此 M1M0=00;当前的定时器/计数器工作在定时方式,因此 $C/\overline{T}=0$;同时设定 GATE=0,表示计数过程不受 $\overline{INT0}$ 影响,只由定时器/计数器控制寄存器 TCON 中的 TR0 位控制定时器/计数器的启动与停止。由于当前的操作没有涉及 T1,因此设定 TMOD 中 T1 的相关位均设为 0,得出 T0 的模式字 TMOD=00H。

(2) 计算 T0 初值:

定时器工作在模式 0 时为 13 位的定时器/计数器。在 $f_{osc}=6$ MHz 的情况下,每个机器周期的时间长度为:$\frac{12}{f_{osc}}=\frac{12}{6\text{ MHz}}=2\ \mu s$。由于定时时间为 1 ms,所以应该计的机器周期个数即计数值为:$\frac{1\text{ ms}}{2\ \mu s}=500$。因此:

$$初始值=模值-计数值=2^{13}-500=7\ 692$$

转换为二进制数为:1111000001100B。

T0 的低 5 位:01100B=0CH。

T0 的高 8 位:11110000=0F0H。

TH0 初值为 0F0H,TL0 的初值为 0CH。

2 ms 方波的实现可以采用查询方式或定时器溢出中断方式完成,分别描述如下。

(3) 查询方式程序清单

```
        ORG     0000H           ;复位入口
RESET:  AJMP    MAIN            ;跳过中断服务程序区
        ORG     0100H           ;主程序
MAIN:   MOV     TMOD, #00H      ;设置 TMOD 寄存器
        MOV     TH0, #0F0H      ;送初值
        MOV     TL0, #0CH
        SETB    TR0             ;启动定时器 0
LOOP:   JBC     TF0, NEXT       ;查询定时时间到否?
        SJMP    LOOP
NEXT:   MOV     TH0, #0F0H      ;重装计数初值
        MOV     TL0, #0CH
        CPL     P1.0            ;输出方波
        SJMP    LOOP            ;重复循环
```

(4) 定时器溢出中断方式程序清单

```
        ORG     0000H           ;复位入口
RESET:  AJMP    MAIN            ;跳过中断服务程序区
        ORG     000BH           ;T0 中断服务程序入口
        AJMP    ISOT0
        ORG     0100H           ;主程序
MAIN:   MOV     SP, #60H        ;设堆栈指针
```

```
        ACALL  INIT
HERE:   AJMP   HERE           ;等待定时时间到,转入中断服务程序
INIT:   MOV    TMOD, #00H     ;设置 TMOD 寄存器
        MOV    TH0, #0F0H     ;送初值
        MOV    TL0, #0CH
        SETB   ET0            ;T0 开中断
        SETB   EA             ;CPU 开中断
        SETB   TR0            ;启动定时器
        RET
        ORG    0200H          ;中断服务程序
ISOT0:  MOV    TH0, #0F0H     ;重新装入初值
        MOV    TL0, #0CH
        CPL    P1.0           ;输出方波
        RETI                  ;中断返回
```

例 8.2　设晶振频率为 11.059 MHz,仍采用定时器控制输出方波,要求方波的周期为 1 s。

解　(1) 计算初值

周期为 1 s 的方波要求定时值为 500 ms,在时钟频率为 11.059 MHz 的情况下,即使采用定时器工作在模式 1(16 位计数器),这个值也超过了模式 1 可能提供的最大定时值。如果采用降低单片机时钟频率的办法来延长定时时间,在一定的范围内当然可以,但这样会降低 CPU 运行速度,而且定时误差也会加大。下面介绍一种利用定时器定时和软件计数来延长定时时间的方法。

要获得 500 ms 的定时,可选用 T0 模式 1,定时时间为 50 ms。另设一个软件计数器,初始值为 10。每隔 50 ms 定时时间到,就产生溢出中断,在中断服务程序中使软件计数器减 1,这样,当软件计数器减到 0 时,就获得 500 ms 定时。

计数初值为:$2^{16}-\dfrac{50\times10^{-3}\times11.059\times10^{6}}{12}=65\,536-46\,079=19\,457=4C01H$

得:TH0=4CH,TL0=01H

(2) 源程序如下

```
       ORG 0000H
       AJMP MAIN
       ORG 000BH
       AJMP CTC0
       ORG 0100H
MAIN:  MOV TMOD, #01H          ;T0 工作在模式 1,定时方式
LOOP:  MOV TH0, #04CH          ;装入 T0 计数初值
       MOV TL0, #01H
       MOV IE, #82H            ;T0 开中断
       SETB TR0                ;启动定时器
       MOV R1, #0AH
```

```
HERE: SJMP HERE
```

中断服务程序。

```
      ORG 0800H
CTC0: DJNZ R1, NEXT           ;R1 不等于 0,则不对 P1.0 取反
      CPL P1.0                ;输出方波
      MOV R1, #0AH
NEXT: MOV TH0, #04CH          ;重装定时器初值
      MOV TL0, #01H
      RETI
```

例 8.3 设 P3.4 输入低频负脉冲信号,要求 P3.4 每次发生负跳变时,P1.0 输出一个 500 μs的同步脉冲。设单片机的振荡频率 f_{osc} =6 MHz。其波形如图 8.7 所示。

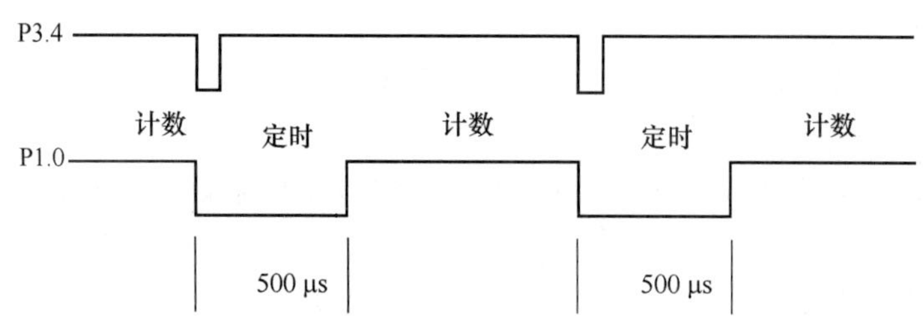

图 8.7 例 8.3 所实现的功能示意图

解 (1) 功能分析

由图知,初始状态 P1.0 输出高电平,T0 选为方式 2,外部事件计数初值为 FFH. 当 P3.4 发生负跳变时,T0 加 1 计数溢出;程序查询到 TF0 为 1 时,改变 T0 为定时器工作方式 2,定时 500 μs,并使 P1.0 输出低电平。当 T0 计数溢出(定时 500 μs 到)后,使 P1.0 恢复高电平,以后 T0 又恢复为外部事件计数器方式。

(2) 程序清单

```
START:  MOV TMOD, #06H        ;T0 为模式 2,外部计数
        MOV TH0, #0FFH        ;计数初值
        MOV TL0, #0FFH
        SETB TR0              ;启动计数器
LOOP1:  JBC TF0, PTF01        ;TF0 为 1,溢出转 PTF01
        AJMP LOOP1            ;TF0 不为 1,等待
PTF01:  CLR TR0
        MOV TMOD, #02H        ;T0 设为模式 2 定时器
        MOV TH0, #06H         ;定时 500 μs
        MOV TL0, #06H
        CLR P1.0              ;P1.0 输出低电平
        SETB TR0              ;启动定时器
LOOP2:  JBC TF0, PTF02        ;500 μs 到否
        AJMP LOOP2            ;未到循环等待
PTF02:  SETB P1.0             ;500 μs 到 P1.0 输出高电平
```

```
        CLR TR0
        AJMP START                  ;程序循环
```

例 8.4　设某用户系统中已使用了两个外部中断源，并置定时器 T1 工作在模式 2，作串行口波特率发生器。现要求再增加一个外部中断源，并由 P1.0 输出一个 5 kHz 的方波。设单片机的振荡频率 $f_{osc}=11.059$ MHz。

解　(1) 功能分析

系统要求的由 P1.0 输出一个 5 kHz 方波的功能可以由定时器实现，而需要增加的一个外部中断源可以通过计数器来模拟实现，所以可以设置 T0 工作于模式 3，分成两个 8 位计数器。TH0 工作于定时器方式，由它来实现由 P1.0 输出一个 5 kHz 方波的功能；而 TL0 工作于计数方式，把 T0 的引脚作为附加的外部中断输入端，TL0 的计数初值为 0FFH，当检测到 T0 引脚电平出现由 1 至 0 的负跳变时，TL0 产生溢出，申请 T0 中断。这相当于边沿触发的外部中断源。

TL0 的计数初值为：0FFH。

TH0 的计数初值计算如下。

方波的频率为 5 kHz，则周期为 0.2 ms，其半周期为 0.1 ms＝100 μs，因此计数初值为：

$$256-\frac{100\times10^{-6}\times11.059\times10^{6}}{12}=256-92=164=0A4H。$$

(2) 程序如下

```
        ORG   0H
        LJMP  START
        ORG   000BH
        LJMP  TL0INT
        ORG   001BH
        LJMP  TH0INT
        ORG   0050H
START:  MOV TMOD, #27H              ;T0 为模式 3 计数，T1 为模式 2 定时
        MOV TL0, #0FFH
        MOV TH0, #0A4H
        MOV TL1, #band              ;band 是根据波特率要求设置的常数
        MOV TH1, #band
        MOV TCON, #55H              ;设定中断触发方式并启动 T0,T1
        MOV IE, #9FH                ;开中断
              ⋮
```

TL0 溢出中断服务程序：

```
        ORG 0900H
TL0INT: MOV TL0, #0FFH              ;TL0 重新赋初值
          ⋮                         (中断处理)
        RETI
```

TH0 溢出中断服务程序：

```
TH0INT: MOV TH0, #0A4H              ;TH0 重新赋初值
```

```
CPL P1.0                ;输出方波
RETI
```

串行口和外部中断0、外部中断1的服务程序在此不再一一列出。

8.5 定时监视器(看门狗定时器)

单片机应用系统一般应用于工业现场,虽然单片机本身具有很强的抗干扰能力,但仍然存在系统由于受到外界干扰使所运行的程序失控引起程序“跑飞”的可能性,从而使程序陷入“死循环”,这时系统将完全瘫痪。如果操作者在场,可以通过人工复位的方式强制系统复位,但操作者不可能一直监视着系统,即使监视着系统,也往往是在引起不良后果之后才进行人工复位。为此常采用程序监视技术,就是“看门狗”(Watch Dog)技术。

“看门狗”(Watch Dog)是一个很重要的资源,能够有效地防止系统进入死循环或者程序“跑飞”。系统开始运行的同时启动看门狗计数器,看门狗计数器就开始自动计数,如果到了一定的时间还未清除看门狗计数器,看门狗计数器就会溢出从而产生复位信号,强制系统复位。

“看门狗”电路一般具有如下特性:

(1) 本身能独立工作,基本上不依赖于CPU;

(2) CPU在一个固定的时间间隔内和该系统打一次交道(喂狗),表明系统正常;

(3) 当CPU陷入死循环,能及时发现并使系统复位。

8.5.1 AT89S51的定时监视器

AT89S51的定时监视器(WDT)是由14位计数器和特殊功能寄存器中的看门狗定时器复位寄存器WDTRST组成,WDTRST的地址为0A6H。系统复位后定时监视器的默认状态为无效状态,用户必须依次将1EH和0E1H写入特殊功能寄存器WDTRST,才能启动定时监视器。启动后每个机器周期对定时监视器中的13位的计数器进行加1计数,当计数器计满发生溢出时将在RST引脚上输出高电平,从而使系统复位。只有硬件复位(Reset)或WDT溢出复位才能使已启动的WDT无效。

依次将01EH和0E1H写入特殊功能寄存器WDTRST可以启动定时监视器,为了避免在系统正确运行过程中WDT溢出而使系统复位,必须在WDT溢出之前再将01EH和0E1H依次写入特殊功能寄存器WDTRST(喂狗),从而使13位的计数器清0并重新开始计数。也就是说,在振荡电路已经正常起振并且启动了WDT的情况下,每次计数在达到8191(1FFFH)个机器周期以前,用户必须进行“喂狗”操作,即写WDTRST操作。定时监视器复位寄存器WDTRST只能写不能读,而WDT中的13位计数器则是既不能读也不能写的计数器。13位计数器计满溢出并回0将在RST引脚上产生复位信号,这个复位高电平脉冲宽度为98个振荡周期。

在低功耗状态下WDT和振荡电路均停止工作,这时用户不需要维护WDT,可以通过硬件复位或优先进入低功耗状态的外部中断来终止低功耗状态。通常情况下若通过硬件复位来终止低功耗状态,则任何时候维护WDT都会使单片机复位。为保证在终止低功耗过程中,包括退出低功耗状态在内WDT不产生溢出,最好在刚刚进入退出低功耗模式前复位WDT。

在进入休眠状态前，特殊功能寄存器 AUXR 中的 WDIDLE 位将决定在休眠过程中 WDT 是否继续运行和计数。

8.5.2　WDT 程序编写

在编写定时监视器程序之前，需要对辅助功能寄存器进行设置。辅助功能寄存器 AUXR 是一个多功能选择控制寄存器，地址是 8EH，不能位寻址。各位定义及格式如图 8.8 所示。

	D7	D6	D5	D4	D3	D2	D1	D0
AUXR (8EH)	—	—	—	WDIDLE	DISRT0	—	—	DISALE

图 8.8　辅助功能寄存器 AUXR 的位定义

其中：

—：未定义位。

WDIDLE：休眠模式下 WDT 控制位。当 WDIDLE =0 时，在休眠模式下 WDT 继续运行计数；当 WDIDLE =1 时，在休眠模式下 WDT 停止运行计数。

DISRTO：RST 输出控制位。当 DISRTO =0 时，定时监视器定时输出后 RST 置成高电平状态使单片机复位；当 DISRTO =1 时，仅仅为 RST 引脚输入。

DISALE：ALE 输出控制位。当 DISALE =0 时，ALE 输出 $f_{osc}/6$ 的波形信号，占空比为 1∶2；当 DISALE =1 时，ALE 只有在 MOVX 和 MOVC 指令下有效。

8.5.3　WDT 程序

WDT 定时监视器程序，主要包括初始化程序和喂狗程序两个部分：

```
      ORG 0H
      LJMP    MAIN
      ORG     0100H
MAIN: MOV AUXR, #10H          ;初始化 AUXR
      MOV WDTRST, #1EH        ;启动定时监视器
      MOV WDTRST, #0E1H
          ⋮
      LCALL DOG               ;两次 DOG 程序的调用时间间隔要保证小于溢出时间
          ⋮
      LCALL DOG
          ⋮
      ORG 0800H
DOG:  MOV WDTRST, #1EH        ;喂狗程序
      MOV WDTRST, #0E1H
      RET
```

习　题

1. AT89S51单片机内部设有几个定时器/计数器？它们是由哪些特殊功能寄存器组成的？

2. 定时器/计数器T0和T1有几种工作模式？各完成什么功能？

3. 定时器/计数器用作定时器时，其定时时间与哪些因素有关？作为计数器时，对外界计数频率有何要求？

4. 利用T0方式0产生1 ms的定时，在P1.0引脚上输出周期为2 ms的方波。设单片机振荡频率为11.059 MHz，请编程实现。若方波周期为1 s，该如何实现？

5. 单片机产生频率为10 kHz的方波并从P1.0输出，设其振荡频率为12 MHz，请编程实现。

6. 利用T0和P1.0输出矩形波，高电平宽度为50 μs，低电平宽度为100 μs。振荡频率为6 MHz。

7. 已知单片机的振荡频率为6 MHz，试编写程序，利用定时器T0工作在方式3，使P1.0和P1.1分别输出周期为1 ms和400 μs的方波。

第9章 AT89S51单片机串行通信

AT89S51 具有一个全双工串行口，可以通过编程设定为4种工作方式。和并行接口一样，串行接口也是单片机和外界通信联系的纽带，在数据传输、人机接口设计等方面起着重要的作用。

本章的主要内容有：串行通信中的基本概念，RS232C 接口标准，RS232 接口设备与单片机连接电路，波特率计算，串行口应用。

9.1 串行通信概述

9.1.1 串行通信方式

单片机之间以及单片机与计算机或其他外部设备之间的信息交换称为数据通信。数据通信方式有两种，即并行通信和串行通信。

并行通信时数据的各位同时传送。其优点是传送速度快；缺点是数据有多少位，就需要多少根数据线，在长距离传输的过程中，传输线过多是不经济的，并使系统的抗干扰能力下降。

串行通信时数据的各位按一定的顺序逐位分时传送。它的突出优点是只需要一对数据线，大大降低了网络成本，特别适用于远距离通信；其缺点是传送速度较低。

信道是指以传输媒质为基础的信号通道。根据串行通信所占用信道的方式，串行通信的传输方式可以分为单工、半双工及全双工三种。

1. 单工通信

单工通信是指数据只能单方向传输的工作方式，因此只占用一个信道。广播、遥控、遥测、无线寻呼等就是单工通信的例子。

2. 半双工通信

半双工通信是指通信双方都能交替地进行双向数据传送，但两个方向的数据传送不能同时进行。例如，使用同一载波频率的对讲机、收发报机等都是半双工的通信方式。

3. 全双工通信

全双工通信是指通信双方可同时进行数据收发的工作方式。一般情况下，全双工通信的信道必须是双向信道。普通电话，手机都是最常用的全双工通信方式，计算机之间的高速数据通信也是这种方式。

AT89S51 单片机的串行口是全双工传输方式。

9.1.2 串行通信协议及帧格式

在串行通信中,发送方和接收方通过传输线连接起来,发送方把要发送的1、0数据转换成高低电平放到传输线上,经过一定的延迟之后,接收方采样这条传输线,并把采样到的高低电平转换成1、0数据。由于信息在一个方向上传输只占用一根传输线,而这根线上既传送数据(即通信双方真正要传送的数据信息),又传送联络信号,例如起始位、停止位等,为区分传送的信息中哪一部分是联络信号,哪一部分是数据,就必须对串行通信的联络信号与数据给予明确的规定。串行通信有同步通信和异步通信两种基本通信方式,不同的通信方式对联络信号和数据有着不同的规定。

1. 同步通信

同步通信的基本特征是发送和接收时钟保持严格同步。采用同步通信时,将许多字符组成一个信息组,这样字符可以一个接一个地传输,但是在每组信息(通常称为帧)的开始要加上同步字符,在没有信息要传输时,要填上空字符,因为同步传输不允许有间隙,也不存在起始位和停止位,仅在数据块传输开始时用同步字符来指示。因此同步通信技术难度较大,但其通信速度较高,而且误码率较低。

在同步通信中,要求用时钟来实现发送端与接收端之间的同步,接收和发送时钟对于收/发双方之间的数据传送达到同步是至关重要的。在发送方,一般都是在发送时钟的下降沿将数据串行移位输出;在接收方,一般都是在接收时钟的上升沿将数据串行移位输入。

2. 异步通信协议

异步通信不需要同步字符,也不需要发送设备保持数据块的连续性。可以准备好一个发送一个,但要发送的每一字符都必须先按照通信双方约定好的格式进行格式化,在其前后分别加上起始位和停止位,用以指示每一字符的开始和结束。正是由于每一字符都包含有起始位和停止位,因此,异步通信的传输效率不如同步通信的效率高。但对接收与发送时钟的要求可以低一些。到第8位到来时,接收时钟稍微偏离发送时钟,只要不偏离太大,就不会影响字符的正确接收。

通信协议是对数据传送方式的规定,包括数据格式、数据位定义,发送数据速率等。通信双方只有在遵从统一的通信协议的前提下,通信过程才能够正确地进行。异步通信协议一般包含以下几方面的内容。

(1) 起始位

通信线路上没有数据传送时一般处于逻辑1的状态。当发送设备有数据发送时,它首先要发出一个逻辑0信号,这个逻辑低电平就是起始位。当接收设备检测到这个低电平后,就开始准备接收数据位信号。起始位所起的作用就是设备同步,通信双方必须在传送数据位前协调同步。

(2) 数据位

数据位的个数依据通信双方的约定,可以是5位、6位、7位或8位。这些数据位被接收到移位寄存器中,构成传送数据字符。在字符数据传送过程中,数据位一般是从最低有效位开始发送,直至最高位发送结束。

(3) 奇偶校验位(或可编程第9位)

奇偶校验位的主要作用是用于差错控制,校验所接收数据的正确性。通信双方必须选择相同的校验方式。

(4) 停止位

在奇偶位或数据位(当无奇偶校验时)之后发送的是停止位。它是一个字符数据的结束标志,可以是 1 位、1.5 位或 2 位高电平。接收设备收到停止位之后,通信线路上便又恢复逻辑 1 状态,等待下一个起始位的到来。

(5) 波特率

波特率的设置主要是为了设定数据的发送速度。通信线上传送的所有位信号都保持一定的持续时间,以便接收端能够正确接收,而每一位信号持续时间是由数据传送速度决定的。每秒钟传送二进制位的个数,称为波特率。如果数据以每秒 9 600 个二进制位在通信线上传送,那么传送速度就是 9 600 Baud,记作 9 600 bit/s,或者记作 9 600 bps。

3. 异步通信帧格式

帧(Frame)是定义数据在网络上传输的一种单位。异步通信的帧格式如图 9.1 所示。

在异步通信中,一帧字符由四部分组成:起始位、数据位、奇偶校验位和停止位。传送一个字符总是从传送 1 位起始位(0)开始,接着传送字符本身(5～8 位),接着传送奇/偶校验位,最后传送 1 位或 1.5 位或 2 位停止位(1)。从起始位开始到停止位结束,构成一帧信息。传送字符时从最低位开始,逐位传送,直至到传送最高位。一帧信息传送完毕后,可传送不定长度的空闲位(1),作为帧与相邻帧之间的间隔,也可以没有空闲位间隔。

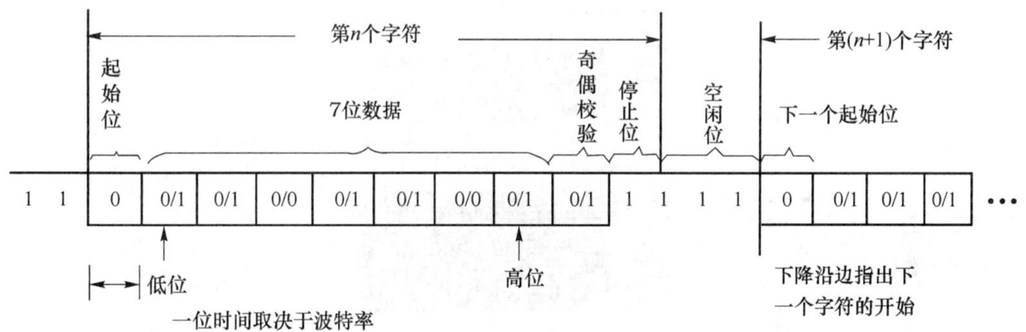

图 9.1　异步通信数据的帧格式

起始位用来通知接收设备开始接收数据。在线路空闲的时候应保持为 1,接收设备不断检测线路的状态,若连续为 1 后又检测到一个 0,就认为是新一帧数据的开始。起始位还被用作同步接收端的时钟,以保证以后的接收能正确进行。

数据位是数据通信中需要传送的信息,它可以是 5～8 位。

奇偶校验位占用一位,根据通信双方的通信协议进行设定。

停止位用来表示通信过程中一帧数据的结束,用 1 来表示。停止位可以是 1 位、1.5 位或者 2 位。计算机接收到停止位后,表示上一帧数据已经传输完成,同时为下一帧数据的接收作准备。

进行串行通信的两台设备必须同步工作才能有效地检测通信线路上的信号变化,从而正确采样接收和发送数据脉冲。通信双方必须采用统一的编码方式且必须产生相同的传送速率(即相同的波特率)。

采用统一的编码方法确定了一个字符的表达形式以及位发送顺序和位串长度等,当然还包括统一的逻辑电平规定,即电平信号高低与逻辑 1 和逻辑 0 的固定对应关系。

通信双方只有产生相同的传送速率才能确保设备同步,这就要求发送设备和接收设备采用相同的波特率。

9.2 RS232C标准总线与单片机通信

RS232C是由美国电子工业协会(Electronic Industry Association,EIA)制定的用于串行通信的标准通信接口,利用它可以很方便地把各种计算机、外围设备、测量仪器等有机地连接起来,进行串行通信。它包括按位串传输的电气和机械方面的规定,适用于短距离或带调制解调器的通信场合。为了提高数据传输速率和通信距离,EIA还公布了RS422、RS423和RS485等串行总线接口标准。

9.2.1 RS232C标准总线接口引脚描述

RS232C标准规定接口有25根和9根连线方式,D型插头和插座,采用9芯引脚的连接器,RS232C标准接口如图9.2所示。RS232C标准规定接口中9个信号名称如表9.1所示。其中:

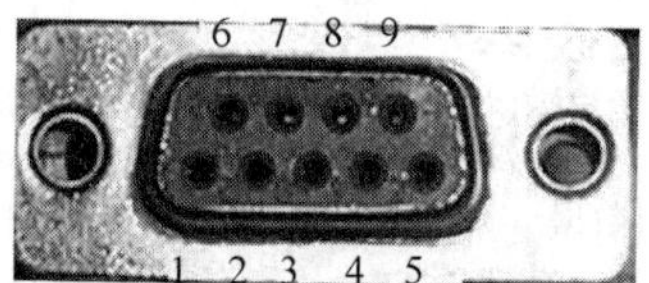

(a) RS232C 9芯引脚D型插座

(b) RS232C 9芯引脚D型插头

图9.2 RS232C标准接口图

TXD:发送数据,输出。

RXD:接收数据,输入。

RTS:请求发送,输出。这是数据终端设备(以下简称DTE)向数据通信设备(以下简称DCE)提出发送要求的请求线。

CTS:准许发送,输入。这是DCE对DTE提出的发送请求做出的响应信号。当CTS在接通状态时,就是通知DTE可以发送数据了。当RTS在断开状态时。CTS也随之断开,以备下一次应答过程的正常进行;当RTS在接通状态时,只有当DCE进入发送态时,即DCE已准备接收DTE送来的数据进行调制,并且DCE与外部线路接通时,CTS才处于接通状态。

表9.1 9针连接器引脚描述

9针连接器	引脚描述
1	DCD
2	RXD

续表

9 针连接器	引脚描述
3	TXD
4	DTR
5	GND
6	DSR
7	RTS
8	CTS
9	RI

DSR:数据通信设备准备就绪,输入。它反映了本端数据通信设备当前的状态。当此线在接通状态时,表明本端 DCE 已经与信道连接上了且并没有处在通话状态或测试状态,通过此线,DCE 通知 DTE,DCE 准备就绪。DSR 也可以作为对 RTS 信号的响应,但 DSR 线优先于 CTS 线成为接通态。

GND:地。

DCD:接收线路信号检测,输入。这是 DCE 送给 DTE 的线路载波检测线。MODEM 在连续载波方式工作时,只要一进入工作状态,将连续不断地向对方发送一个载波信号。每一方的 MODEM 都可以通过对这一信号的检测,判断线路是否接通,对方是否正在工作。

DTR:数据终端准备就绪,输出。如果该线处于接通状态,DTE 通知 DCE,DTE 已经做好了发送或接收数据的准备,DTE 准备发送时,本设备是主动的,可以在准备好时,将 DTR 线置为接通状态。如果 DTE 具有自动转入接收的功能,当 DTE 接到振铃指示信号 RI 后,就自动进入接收状态,同时将 DTR 线置为接通状态。

RI:振铃检测,输入。当 DCE 检测到线路上有振铃信号时,将 RI 线接通,传送给 DTE,在 DTE 中常常把这个信号作为处理机的中断请求信号,使 DTE 进入接收状态,当振铃停止时,RI 也变成断开状态。

9.2.2 RS232C 接口的具体规定

1. 电气性能规定

(1) 在 TXD 和 RXD 线上,RS232C 采用负逻辑。

逻辑正(即数字 1)=−15～−3 V。

逻辑负(即数字 0)=+3～+15 V。

(2) 在联络控制信号线上(如 RTS、CTS、DSR、DTR、RI、DCD 等)。

ON(接通状态)=+3～+15 V。

OFF(断开状态)=−15～−3 V。

2. 传输距离

RS232C 标准适用于 DCE 和 DTE 之间的串行二进制通信,最高的数据速率为 19.2 kbit/s,在使用此波特率进行通信时,最大传送距离在 20 m 之内。降低波特率可以增加传输距离。

9.2.3 RS232C 标准总线接口通信连接

1. 两台 RS232C 设备间的通信

RS232C 总共定义了 9 根信号线,但在实际应用中,使用其中多少根信号线并无约束,也就是说,对于 RS232C 标准接口的使用是非常灵活的,实际通信中经常采用 9 针接口进行数据通信。典型的使用 RS232C 的连接方式,如图 9.3 所示。

图 9.3 是两个 DTE 之间使用 9 针 RS232C 串行接口的典型连接,但这种信号线的连接方式不是唯一的。在图中连接方式下,信号传送的过程是:首先发送方将 RTS 置为接通,向对方请求发送,由于接收方的 DSR 和 DCD 均和发送方的 RTS 相连,故接收方的 DSR 和 DCD 也处于接通状态,分别表示发送方准备就绪和告知接收方对方请求发送数据。当接收方准备就绪,准备接收数据时,就将 DTR 置为接通状态,通知发送方接收方准备就绪,由于发送方的 CTS 接至接收方的 DTR,故发送数据,接收方从 RXD(接至发送方 TXD)接收数据。如果接收方来不及处理数据,接收方可暂时断开 DTR 信号,迫使对方暂停发送。当发送方数据发送完毕,便可断开 RTS 信号,接收方的 DSR 和 DCD 信号状态也就处于断开状态,通知接收方,一次数据传送结束。如果双方都是始终在就绪状态下准备接收数据,连线可减至 3 根,即 TXD、RXD 和 SGND,如图 9.4 所示。

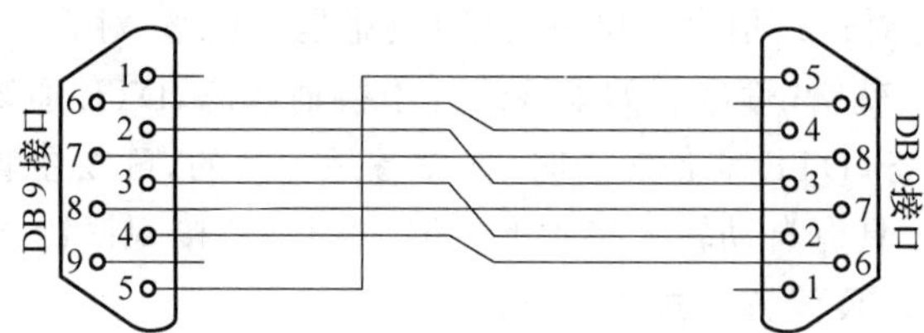

图 9.3 两个 RS232C 设备通信连线图

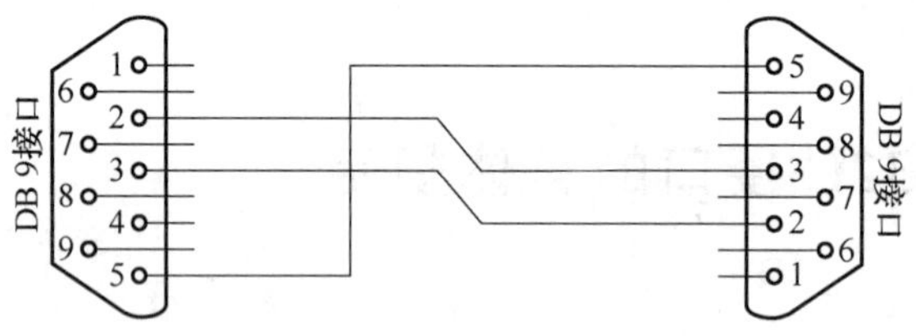

图 9.4 只用三条线的通信连线图

2. 单片机与 RS232L 设备间的通信连接

由表 9.2 可知,具有 RS232 标准总线接口的设备的电压范围、正负逻辑和单片机的串行接口之间有很大的差别,所以不能直接相连。为实现两者之间的串行通信需要进行电压转换和正负逻辑的转换。实际应用中需要用 MAX232 实现相应地转换。

表 9.2 RS232 标准接口与单片机串行接口比较

接口类型	电压范围	逻辑正	逻辑负
RS232C 接口	−15～+15 V	−3～−15 V	+3～+15 V
单片机串行接口	0～5 V	2.0～5.0 V	0～0.8 V

图 9.5 是单片机与计算机之间采用 MAX232 芯片通信的连接电路图。MAX232 是 MAXIM 公司生产的包含两路接收器和驱动器的 IC 芯片，其芯片内部具有电源电压变换器，可以把输入的＋5 V 电压变换成为 RS232C 输出电平所需要的±10 V。此芯片只需＋5 V 供电，因此它的适应性更强。

采用 MAX232 芯片中两路发送接收中的任意一路作为接口。要注意的是其发送和接收的引脚要互相对应。图 9.5 中采用 T1in 引脚接单片机的 TXD，则 PC 机的 RS232 接收端一定要对应接到 T1out 引脚。同时，R1out 接单片机的 RXD 引脚，对应 PC 机的 TXD 应接到 MAX232 中的 R1in 引脚。C_1、C_2、C_3、C_4、和 V_+、V_- 主要用于电源变换，其中的电容选用钽电容效果比较好，4 个电容的典型值一般为 0.1 μF。

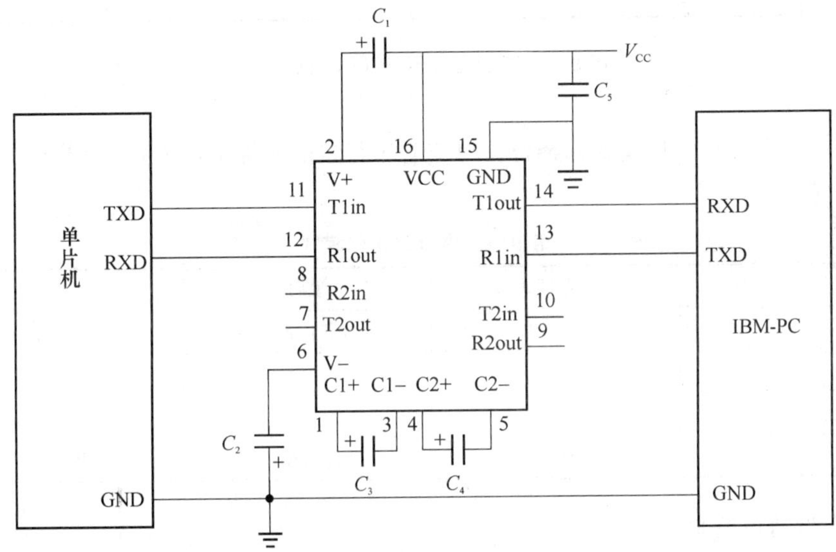

图 9.5　单片机和 PC 采用 MAX232 通信连线图

9.3　AT89S51 串行通信接口

AT89S51 单片机具有一个全双工串行口，既可以工作在同步模式，又可以工作在异步的 UART(通用异步收发器)模式，能方便地构成双机、多机串行通信接口。

9.3.1　串行口的控制

串行口的工作模式设定和控制由特殊功能寄存器 SCON 和 PCON 中的 SMOD 来完成，发送或接收的数据存储在 SBUF 中，系统复位后，SCON 和 PCON 的值被清 0。而 SBUF 中的值不确定。

1. 串行数据缓冲器 SBUF

串行数据缓冲器 SBUF 的地址是 99H。实际上它对应着两个缓冲器，一个是串行发送缓冲器，另一个是串行接收缓冲器，两个缓冲器共用同一个物理地址。CPU 执行写 SBUF 命令，实质上把数据写入串行发送缓冲器，而 CPU 执行读 SBUF 命令，实质上就是从串行接收缓冲器中读取数据。另外，接收缓冲器是双缓冲的，它能够在接收到的第一帧数据从接收寄存器被读出之前就开始接收第二帧数据,以避免 CPU 未能及时将上一帧数据取走而产生两帧数据重叠的问题。发送缓冲器是单缓冲的,主要是为了实现最大的传输速率,因为发送时 CPU 是主动的,所以不会产生重叠的问题。

2. 串行口控制寄存器 SCON

串行口的工作模式设定和基本控制操作是通过设定串行口控制寄存器 SCON 来完成的,串行口控制寄存器 SCON 除可进行字节寻址外,还可以进行位寻址,其各位定义及格式如图 9.6 所示。

	D7	D6	D5	D4	D3	D2	D1	D0
SCON (98H)	SM0	SM1	SM2	REN	TB8	RB8	TI	RI

图 9.6 控制寄存器 SCON 的位定义

其中:

SM0、SM1:串行口工作模式选择位。对应着串行口的 4 种工作模式,见表 9.3。其中 f_{osc} 是振荡器频率。

表 9.3 串行口工作模式

SM0	SM1	工作模式	说明	波特率
0	0	模式 0	同步移位寄存器	$f_{osc}/12$
0	1	模式 1	8 位 UART	由定时器控制
1	0	模式 2	9 位 UART	$f_{osc}/32$ 或 $f_{osc}/64$
1	1	模式 3	9 位 UART	由定时器控制

SM2:多机通信控制位。

- 在模式 0 下,SM2 应为 0,不用 TB8 和 RB8。
- 在模式 1 下,当 SM2=0 时,RB8 是接收到的停止位;当 SM2=1 时,则只有收到有效的停止位才会激活 RI。
- 在模式 2 和模式 3 的情况下,TB8 是发送的第 9 位数据,可以用软件置位或清 0,RB8 是接收到的第九位数据。而且,当 SM2=1 时,同时接收到的第 9 位数据如果是 0,则不激活 RI,就是利用这一特点实现多机通信。

REN:串行接收允许位。由软件置位或清零,REN=1,允许接收;REN=0,不允许接收。

TB8:发送数据的第 9 位数据。由软件置位或清 0,此位既可以用来做奇偶校验位,又可在多机通信应用中,用来做地址帧和数据帧的标志位。

RB8:接收数据的第 9 位数据。此位与 TB8 位相对应。

TI:发送中断标志。在一帧数据发送完时被置位。在模式 0 串行发送第 8 位数据结束或在其他方式下串行发送到停止位的开始时由硬件置位,此标志可由软件查询。它同时也向 CPU 申请中断,TI 置位意味着向 CPU 提供"发送缓冲器 SBUF 已空"的信息,CPU 可以准备发送下一帧数据。串行口发送中断被响应后,TI 不会自动清 0,必须由软件清 0。

RI:接收中断标志。在接收完一帧有效数据接后被置位。在模式 0 接收完第 8 位数据或在其他方式下接收到停止位的中间时由硬件置位,此标志可由软件查询。它同时也向 CPU 申请中断,RI 置位意味着向 CPU 提供"接收缓冲器 SBUF 已满"的信息,要求 CPU 把 SBUF 中的数据取走。串行口发送中断被响应后,RI 不会自动清 0,必须由软件清 0。

串行发送中断标志 TI 和串行接收中断标志 RI 是同一个中断源,CPU 事先并不知道所产生的串行口中断到底是发送中断 TI 还是接收中断 RI 产生的中断请求，所以，在全双工通信时，必须由软件来判断。

3. 电源控制寄存器 PCON

电源控制寄存器 PCON 中只有 SMOD(PCON. 7)位与串行口的工作有关，如图 9.7 所示。需要注意的是，PCON 寄存器不能位寻址，对于 SMOD 位的修改只能采用字节操作方式。

	D7	D6	D5	D4	D3	D2	D1	D0
PCON (87H)	SMOD							

图 9.7　电源控制寄存器 PCON 中与串行口有关的位定义

其中：

SMOD：波特率加倍位。在串行口模式 1、模式 2 和模式 3 时，波特率和 2^{SMOD} 成正比，即当 SMOD=1 时，波特率提高一倍。系统复位后，SMOD=0。

9.3.2　串行口的工作模式

1. 模式 0

当 SM0=0、SM1=0 时，串行口工作在模式 0，即同步移位寄存器模式，其结构如图 9.8 所示。串行口工作在模式 0，其波特率是固定的，为 $f_{osc}/12$，数据由 RXD(P3. 0)端发送或接收，同步移位脉冲由 TXD(P3. 1)端输出，发送、接收的是 8 位数据，低位在先。

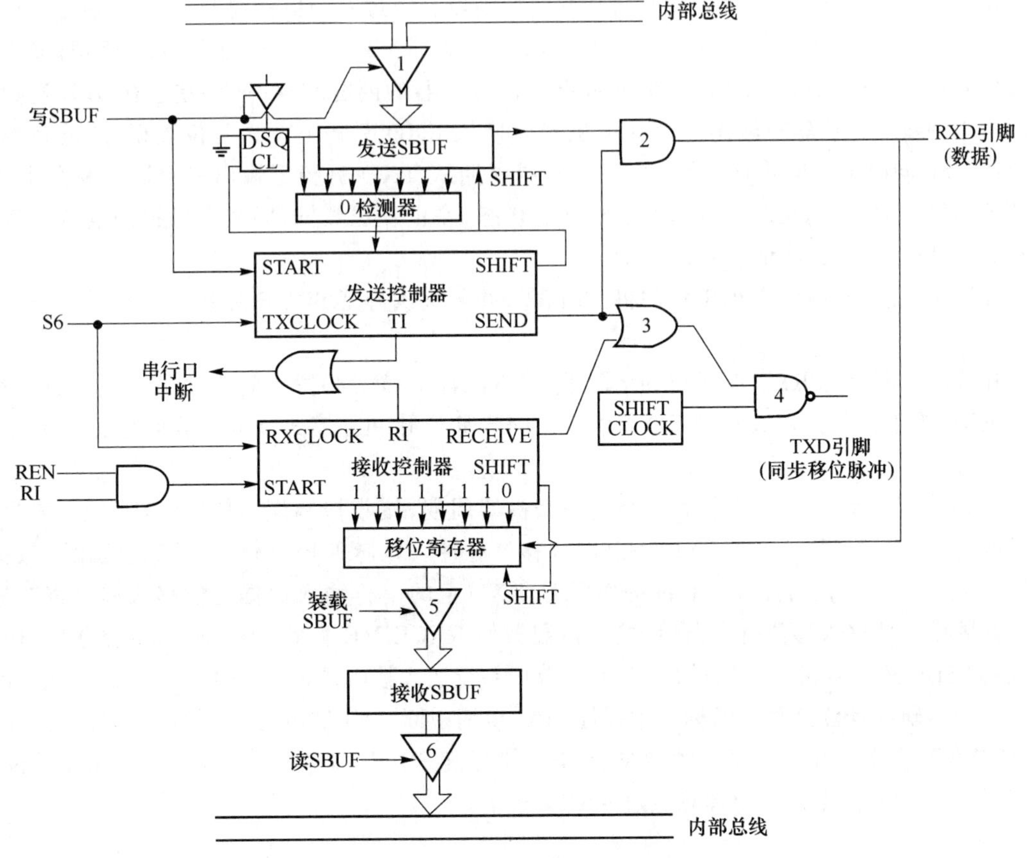

图 9.8　串行口模式 0 的结构原理图

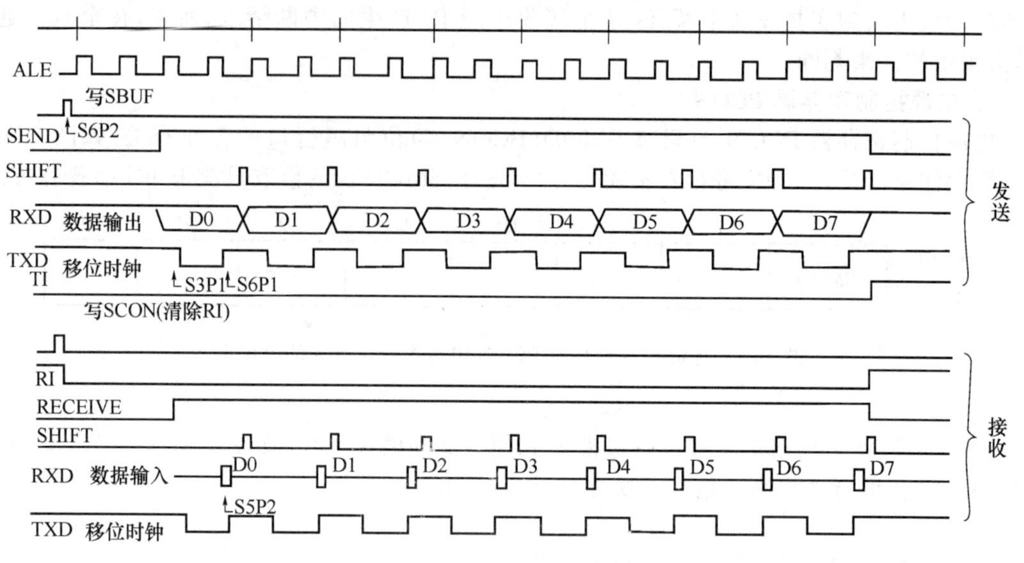

图 9.9　串行口模式 0 的工作时序图

(1) 发送

执行一条以 SBUF 为目的寄存器的指令(如 MOV SBUF,A),就启动了发送过程。发送的时序见图 9.9 的上半部分。

写 SBUF 命令执行过程中的写信号打开了图 9.8 的三态门 1,数据经由数据总线写入串行发送缓冲器 SBUF 中,写信号同时启动发送控制器。经过一个机器周期,发送控制端 SEND 有效(高电平),打开了与门 2、或门 3 和与非门 4,允许 RXD 引脚发送数据,TXD 引脚输出同步移位脉冲。每个机器周期的 S6P2 使输出移位寄存器的内容右移一位,左边补 0,发送数据缓冲器中的数据逐位串行输出。每一个机器周期从 RXD 引脚上发送一位数据,故波特率为 $f_{osc}/12$。S6 同时形成同步移位脉冲,一个机器周期从 TXD 引脚上输出一个同步移位脉冲。一帧数据发送完毕后,SEND 引脚恢复低电平状态,停止发送数据,同时发送控制器置位发送中断标志 TI,向 CPU 申请中断。

如要再次发送数据,必须用软件将 TI 清零,并再次执行写 SBUF 命令。

(2) 接收

在接收中断标志 RI 没有置位的情况下,将 REN(SCON.4)置 1 就启动了一次接收过程。此时 RXD 为串行数据接收端,TXD 依然输出同步移位脉冲。模式 0 的接收时序见图 9.9 的下半部分。

REN 置位启动了接收控制器。经过一个机器周期,接收控制端 RECEIVE 有效,依次打开了或门 3 和与非门 4,允许 TXD 输出同步移位脉冲。该脉冲控制外部设备逐位输入数据,波特率为 $f_{osc}/12$。在内部移位脉冲的作用下,RXD 上的串行输入数据逐位移入移位寄存器。当一帧数据全部移入移位寄存器后,接收控制器使 RECEIVE 失效,停止输出移位脉冲,还发出“装载 SBUF”信号,打开三态门 5,将 8 位数据并行送入接收缓冲器 SBUF 保存。与此同时,接收控制器硬件置位接收中断标志 RI,向 CPU 申请中断。CPU 响应中断后,用软件使 RI 清零,使移位寄存器开始接收下一帧数据。CPU 执行读 SBUF 命令(如 MOV A, SBUF),读信号打开三态门 6,数据经由内部总线进入 CPU。

2. 模式 1

当 SM0＝0,SMl＝1 时,串行接口工作于模式 1,即 8 位异步收发器。此时通过 TXD 发送或 RXD 接收,其结构图如图 9.10 所示。发送或接收的位为:1 位起始位(0),8 位数据位,1 位停止位,每帧 10 位。波特率可变,由定时器的溢出率和 SMOD(PCON.7)决定。

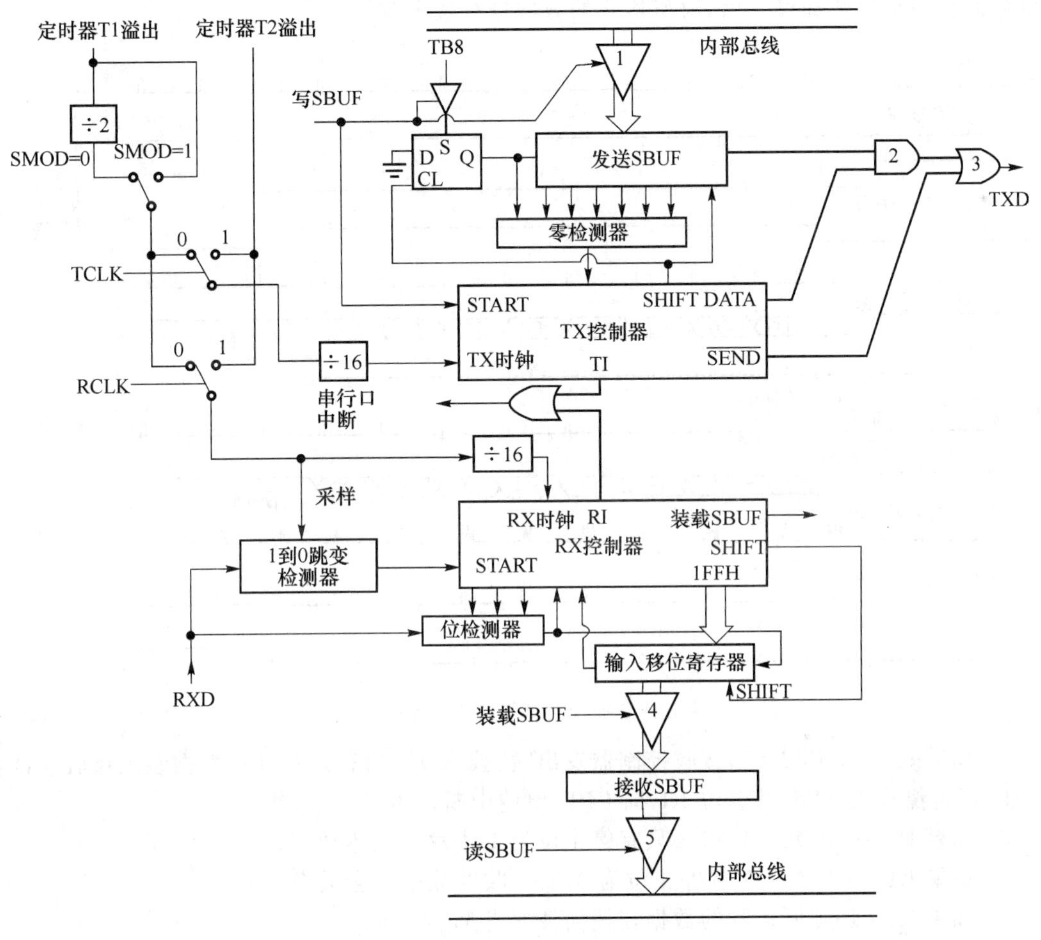

图 9.10　串行接口模式 1、3 的结构原理图

(1) 发送

执行任何一条以 SBUF 为目的寄存器指令时(如 MOV SBUF,A),就启动了发送过程。发送的时序见图 9.11 的上半部分。

写 SBUF 命令打开三态门 1,并行数据传送至发送缓冲器中,同时启动 TX 控制器,经过一个机器周期,TX 控制器的$\overline{\text{SEND}}$、DATA 相继有效,通过输出控制门 2 和 3 从 TXD 上逐位输出一帧信号。一帧信息发送完后,$\overline{\text{SEND}}$、DATA 失效,TX 控制器硬件置位发送中断标志 TI,向 CPU 申请中断。

(2) 接收

模式 1 的接收时序见图 9.11 的下半部分。

允许接收位 REN 被置位,接收器就开始工作。跳变检测器以波特率 16 倍的速率采样 RXD 引脚上的电平。当采样到从 1 到 0 的负跳变(起始位)时,启动接收寄存器接收数据。由于发送、接收双方各自使用自己的时钟,两者的频率总有少许差异。为了避免这种影响,控制器将1位传送时间等分成16份,位检测器在7、8、9三个状态(也就是在位信号中央)采样RXD三次。而且,三次采样值中至少两次相同的值被确认为数据,这是为了减小干扰的影响。如果起始位接收到的值不是0,则起始位无效,复位接收电路。如果起始位是0,则开始接收本帧其他各位数据。RX控制器发出的内部移位脉冲将RXD上的数据逐位移入移位寄存器,当8位数据及停止位全部移入后,对所接收的数据进行数据判别:

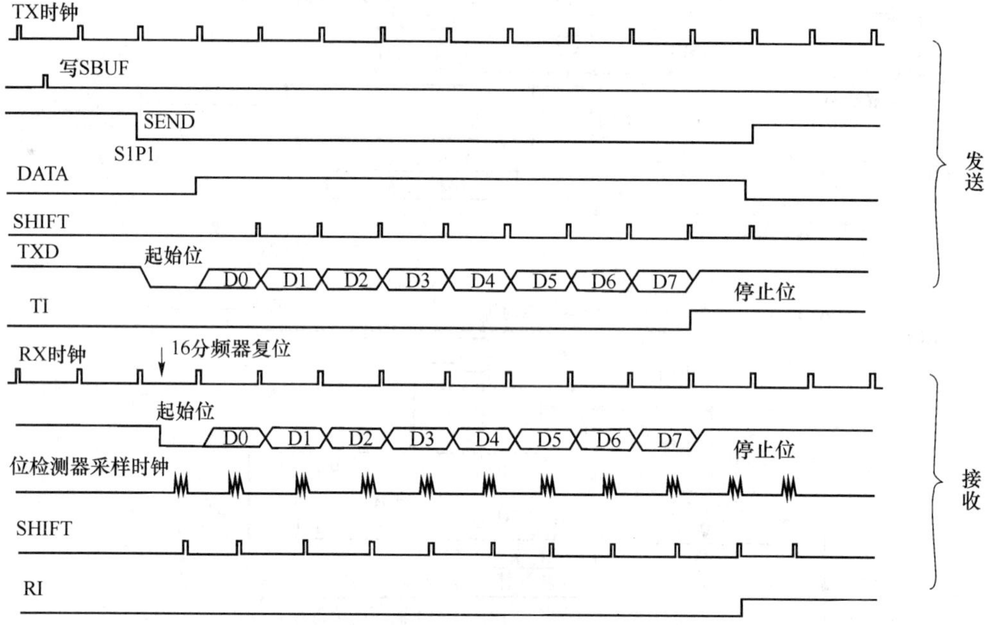

图9.11 串行接口模式1工作时序图

① 如果RI=0、SM2=0,接收控制器发出"装载SBUF"信号,将8位数据装入接收缓冲器SBUF,停止位装入RB8,并置位RI,向CPU申请中断;

② 如果RI=0、SM2=1,那么只有停止位为1才发生上述动作;

③ 如果RI=0、SM2=1且停止位为0,所接收的数据就会丢弃;

④ 如果RI=1,则所接收的数据在任何情况下都会丢弃。

无论出现哪一种情况,跳变检测器将继续采样RXD引脚上的负跳变(起始位),以便接收下一帧数据。

接收器采用移位寄存器和SBUF双缓冲结构,以避免在接收后一帧数据之前,CPU尚未及时响应中断将前一帧数据取走,造成两帧数据重叠的问题。采用双缓冲结构后,前后两帧数据进入SBUF的时间间隔至少有10个位传送周期。在后一帧数据进入SBUF之前,CPU有足够的时间将前一帧数据取走。

3. 模式2和模式3

当SM0=1,SM1=0时,串行接口工作于模式2,即波特率固定的9位异步收发器,其波特率为$f_{osc}/32$(SMOD=1时)或$f_{osc}/64$(SMOD=0时);而当SM0=1,SMl=1时,串行接口工作于模式3,即波特率可变的9位异步收发器,其波特率由定时器1的溢出速率决定。这两种模式都是通过TXD发送或RXD接收。发送或接收的位为:1位起始位(0),8位数据位,可编程第9位和1位停止位。串行口工作于模式2的结构如图9.12所示

(1) 发送

模式2和模式3发送时,数据从TXD引脚上输出,附加的第9位数据由SCON中的TB8

位提供。CPU 执行一条写入 SBUF 的指令后立即启动发送器发送。发送完一帧数据后由硬件置位 TI,向 CPU 申请中断。

(2) 接收

模式 2 和模式 3 在接收时和模式 1 类似,REN 置位后,跳变检测器不断对 RXD 引脚采样。当采样到负跳变后就启动接收控制器。位检测器对每位数据采集 3 个值,3 次采样值中至少 2 次相同的值被确认为数据。当第 9 位数据移入移位寄存器后,将 8 位数据装入 SBUF,第 9 位数据装入 RB8,并置位 RI,向 CPU 申请中断。

串行口工作在模式 2 和模式 3 的情况下其工作时序图与串行口工作在模式 1 的情况下的工作时序图类似,所不同的仅仅是模式 2 和模式 3 在模式 1 发送(接收)完 D7 位后还要发送 TB8(接收 RB8),然后才是停止位。

与模式 1 相同,模式 2 和模式 3 也设置有数据辨别功能。当 RI=0,SM2=0 或 RI=0,SM2=1 时,接收到的第 9 位数据为 1,则接收到的数据送入 SBUF(接收缓冲器),第 9 位数据送入 RB8 并使 RI=1,向 CPU 请求中断。若两个条件都不满足,则接收的信息将被丢弃。

请注意在模式 1 中装入 RB8 的是停止位,而模式 2 和模式 3 中装入 RB8 的是可编程的第 9 位数据。

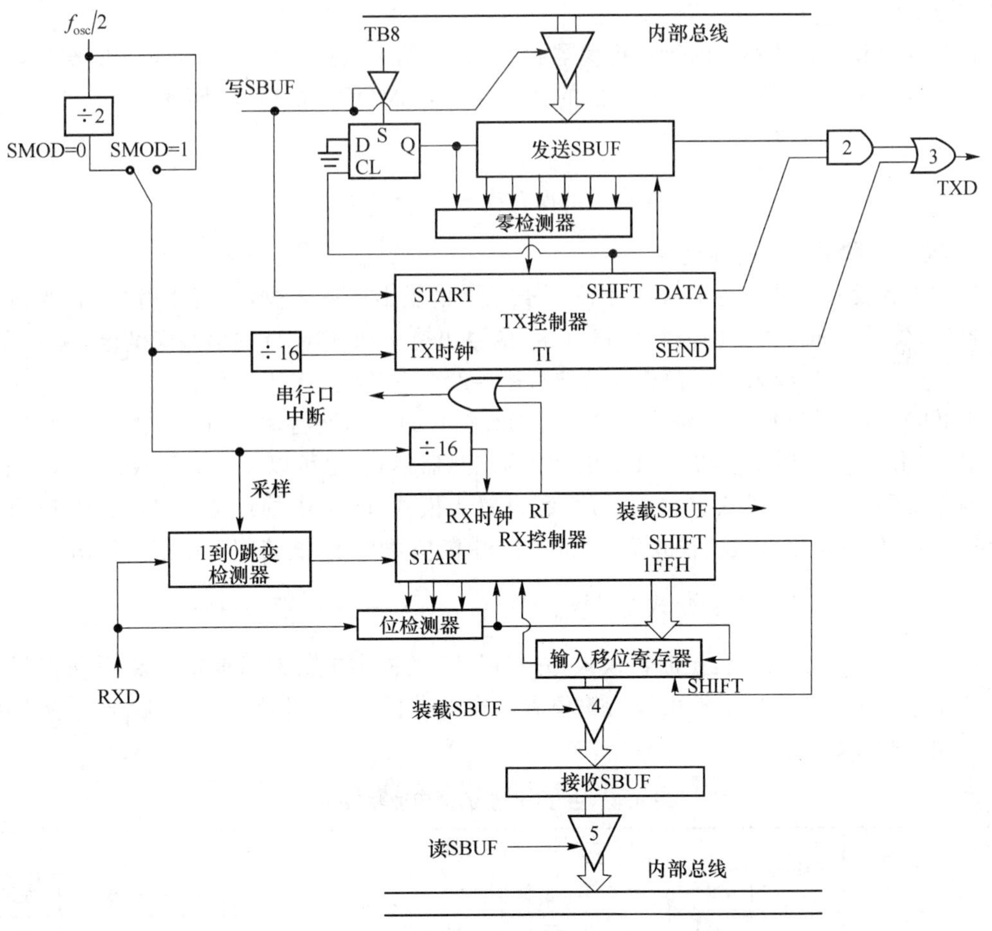

图 9.12　串行口工作在模式 2 的结构原理图

9.3.3 波特率的确定

在串行通信中,收发双方对发送和接收的数据速率有一定的约定,通过软件对单片机串行口编程可设定4种工作模式。其中,模式0和模式2的波特率是固定的;而模式1和模式3的波特率是可变的。

串行口的4种工作模式对应着不同波特率。由于输入的移位时钟来源不同,因此,各种模式的波特率计算公式也不相同。

1. 模式0的波特率

根据模式0的工作原理,发送或接收一位数据的移位时钟由S6P2(即第6个状态周期的第2个节拍)给出,即每个机器周期产生一个移位脉冲,发送或接收一位数据。因此,波特率固定为振荡器频率的1/12,并不受PCON寄存器中SMOD位的影响。

$$\text{模式 0 的波特率} = f_{osc}/12$$

2. 模式2的波特率

串行口模式2波特率的产生与模式0不同,即输入的时钟源不同,其时钟输入部分如图9.12所示。

控制发送和接收的移位时钟由振荡器频率 f_{osc} 的第2节拍P2时钟(即 $f_{osc}/2$)给出,所以,模式2的波特率与PCON中SMOD位的值有关:当SMOD=0时,波特率为 f_{osc} 的1/64;当SMOD=1时,波特率为 f_{osc} 的1/32。即:

$$\text{模式 2 的波特率} = \frac{2^{SMOD}}{64} \times f_{osc}$$

3. 模式1和模式3的波特率

模式1和模式3的波特率由定时器/计数器1的溢出速率来决定,当使用T1作为波特率发生器时,模式1和模式3的波特率就由T1的溢出速率和SMOD的值共同确定,其关系为:

$$\text{模式 1 和模式 3 的波特率} = 2^{SMOD} \times \text{T1 溢出速率}/32$$

SMOD=0,波特率为T1溢出速率的1/32;SMOD=1,波特率为T1溢出率的1/16。当定时器T1作为波特率发生器时,T1可设置为定时器模式,也可以设置为计数器模式。T1的溢出速率是和它的工作模式有关的,可编程设置为模式0~2中的任意一种。最典型的是将T1设置为8位自动重装载的模式2。此时,T1中断应被禁止,波特率可由下式得出:

$$\text{模式 1 和模式 3 的波特率} = \frac{2^{SMOD}}{32} \times \frac{f_{OSC}}{12 \times (256 - TH1)}$$

如果将T1定义为16位定时器模式,并利用T1的溢出中断控制重装常数,就可以得到很低的波特率。表9.4列出了常用波特率值和对应的晶振频率,以及在使用T1产生波特率时的工作模式和计数初值。

表9.4 由T1产生的常用波特率值

波特率/bit·s^{-1}	f_{osc}/MHz	SMOD	T1			波特率/bit·s^{-1}	f_{osc}/MHz	SMOD	T1		
			C/$\overline{T}$	模式	重装值				C/$\overline{T}$	模式	重装值
4 800	16	1	0	2	EFH	2 400	16	0	0	2	EFH
2 400	16	1	0	2	DDH	1 200	16	0	0	2	DDH
1 200	16	1	0	2	BBH	600	16	0	0	2	BBH

续 表

波特率/bit·s^{-1}	f_{osc}/MHz	SMOD	T1			波特率/bit·s^{-1}	f_{osc}/MHz	SMOD	T1		
			C/$\overline{T}$	模式	重装值				C/$\overline{T}$	模式	重装值
600	16	1	0	2	75H	300	16	0	0	2	75H
4 800	12	1	0	2	F3H	2 400	12	0	0	2	F3H
2 400	12	1	0	2	E6H	1 200	12	0	0	2	E6H
1 200	12	1	0	2	CCH	600	12	0	0	2	CCH
600	12	1	0	2	98H	300	12	0	0	2	98H
300	12	1	0	2	30H	110	12	0	0	1	FEEBH
56 800	11.059	1	0	2	FFH	9 600	11.059	0	0	2	FDH
19 200	11.059	1	0	2	FDH	4 800	11.059	0	0	2	FAH
9 600	11.059	1	0	2	FAH	2 400	11.059	0	0	2	F4H
4 800	11.059	1	0	2	F4H	1 200	11.059	0	0	2	E8H
2 400	11.059	1	0	2	E8H	600	11.059	0	0	2	D0H
1 200	11.059	1	0	2	D0H	300	11.059	0	0	2	A0H
600	11.059	1	0	2	A0H	1 200	6	0	0	2	F3H
300	11.059	1	0	2	40H	110	6	0	0	2	72H

9.4　串行通信应用举例

9.4.1　相关寄存器设置

为保证串行口正常工作，需要对串口的相关寄存器进行设置，主要包括 SCON，TMOD，TCON，PCON，IE，IP，THx，TLx，如表 9.5 所示。

表 9.5　寄存器设置一览表

串行口	相关寄存器	相关位
模式 0	SCON，TCON，IE，IP	SM0，SM1，REN，TI，RI，EA，ES
模式 1	SCON，TCON，TMOD，IE，PCON，IP，THx，TLx	SM0，SM1，REN，TI，RI，TRx，EA，ES
模式 2	SCON，TCON，IE，IP	SM0，SM1，REN，TI，RI，EA，ES
模式 3	SCON，TCON，TMOD，IE，PCON，IP，THx，TLx	SM0，SM1，REN，TI，RI，TRx，EA，ES

编写串口程序的步骤：

1. 首先根据具体应用确定工作模式，如果是模式 0 和模式 1，波特率固定，只需要设置 SCON，IE，IP 寄存器。

2. 如果选择模式 1 和 3，此时波特率由定器器 1 的溢出速率决定，定时器 1 工作在模式 2 自动重装载模式，计数器初值可以根据公式计算或者查表获得，启动 TRx 则产生波特率。在查询模式下根据 RI 或 TI 的状态确定是发送或者接收。中断方式要开总中断 EA 和串行口允许中断 ES。

9.4.2 串行口模式 0 的应用

串行口工作在模式 0 时,是同步移位寄存器方式。单片机为了扩展输出口,常利用模式 0 的输出方式外接移位寄存器。

例 9.1 AT89S51 的串行接口外接 74LS164 移位寄存器,每接一片 74LS164 可扩展一个 8 位并行输出口,用以连接一个 LED 作静态显示器或作键盘中 8 根列线使用。图 9.13 为串行口扩展两位 LED 显示器的实用电路。

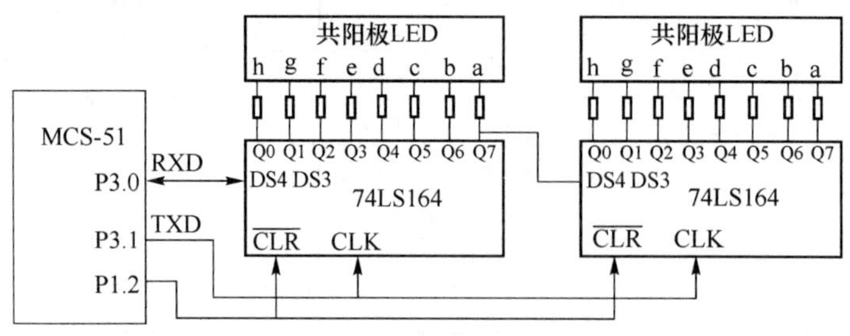

图 9.13 串行口扩展输出口

解 (1) 功能分析

图 9.13 中,单片机的串行口工作在模式 0 时,RXD 用于输出数据,与 74LS164 的数据输入端相连,而 TXD 用于输出同步移位脉冲,接 74LS164 的 CLK 端,第一片 74LS164 的最高位接入第二片 74LS164 的最低位,移位过程用单片机的 P1.2 引脚控制。下面为从内部 RAM 的 61H 和 62H 单元中取出要显示的数据,查表获得 7 段显示码,由串行口送给显示器的程序清单,其中 R0 作为数据缓冲区指针。

(2) 程序清单:

```
        ORG     0500H                   ;子程序入口地址
DISP:   SETB P1.2                       ;控制端打开
        MOV R7, #02H
        MOV R0, #61H
        MOV SCON, #00H                  ;串行口方式 0 初始化
DL1:    MOV A, @R0
        ADD A, #0DH                     ;0DH 为该条语句到 TAB 的字节数
        MOVC A, @A+PC                   ;查 7 段代码表
        MOV SBUF, A                     ;发送数据
DL2:    JNB TI, DL2                     ;等待发送完成
        CLR TI
        INC R0
        DJNZ R7, DL1
        CLR P1.2
```

```
        RET
TAB:    DB 0C0H, 0F9H, 0A4H, 0B0H, 99H       ;7 段代码表
        DB 92H, 82H, 0F8H, 80H, 90H, 88H
        DB 83H, 0C6H, 0A2H, 86H, 84H
```

9.4.3 串行口模式 1 的应用

串行口工作在模式 1,属于波特率可变的 8 位通用异步收发器,其中波特率一般由定时器的溢出速率来决定。

例 9.2 设有两个单片机应用系统相距很近,将它们的串行口直接相连,以实现全双工的双机通信。设甲机发送乙机接收,待发送的数据是标准的 ASCII 码,存储在内部 RAM 单元 20H～3FH 中,要求在最高位上加奇校验位后由串行口发送出去,发送的波特率为 1 200 bit/s,$f_{osc}=11.059$ MHz。

解 (1) 功能分析

7 位 ASCII 码加上 1 位奇偶校验位共 8 位数据,所以可以采用串行口模式 1 来完成。

单片机的奇偶校验位 P 是当累加器 A 中 1 的个数为奇数时,P=1。如果直接把 P 的值放入 ASCII 码的最高位,恰好形成了偶校验,与要求不符。因此,要把 P 的值取反后放入 ASCII 码的最高位,才是要求的奇校验。

双工通信要求收、发能同时进行。实际上,串行口在采用中断方式工作的情况下,收、发主要是在串行口中进行,CPU 只负责把数据从接收缓冲器中读出和把数据写入发送缓冲器。在中断请求产生的情况下响应中断,通过检测是 RI 置位还是 TI 置位来决定 CPU 是进行发送操作还是进行接收操作。发送和接收都通过子程序来完成。

(2) 波特率的计算

串行口工作在模式 1,定时器 T1 工作在模式 2 作波特率发生器。波特率计算公式为:

$$\text{波特率}=\frac{2^{\text{SMOD}}}{32}\times\frac{f_{\text{OSC}}}{12(256-\text{TH1})}$$

设 SMOD=0,则 $\text{TH1}=256-\frac{f_{\text{OSC}}}{32\times 12\times 1\,200}=256-24=232=\text{0E8H}$

当然也可以通过查表 9.3 得到时间常数 0E8H。

(3) 甲机发送子程序

```
ORG 0500H: MOV TMOD, #20H          ;T1 工作在模式 2
           MOV TL1, #0E8H          ;装载预置常数
           MOV TH1, #0E8H
           SETB TR1
           MOV SCON, #40H          ;串行口工作在模式 1
           MOV R0, #20H            ;数据区首地址
           MOV R7, #20H            ;数据块长度
LOOP:      MOV A, @R0              ;取数据
           MOV C, P                ;取奇偶校验位
           CPL C
```

```
            MOV ACC.7, C
            MOV SBUF, A              ;启动发送
DONE:       JNB TI, DONE
            CLR TI                   ;软件清除RI
            INC R0
            DJNZ R7, LOOP
            RET
```

(4) 乙机接收子程序

```
ORG 0600H:  CLR F0H                  ;清错误标志位
            MOV TMOD, #20H           ;T1工作在模式2
            MOV TL1, #0E8H           ;装载预置常数
            MOV TH1, #0E8H
            SETB TR1
            MOV SCON, #50H           ;串行口工作在模式1
            MOV R0, #20H             ;数据区首地址
            MOV R7, #20H             ;数据块长度
DONE:       JNB RI, DONE             ;等待接收结束
            CLR RI
            MOV A, SBUF              ;取数据
            MOV C, P                 ;检查奇偶校验位
            CPL C
            ANL A, #7FH              ;去掉校验位
            JC ERROR                 ;转去出错处理
            MOV @R0, A               ;保存所接收数据
            INC R0
            DJNZ R7, DONE
            RET                      ;退出子程序
ERROR:      SETB F0H                 ;置位错误标志位
            RET                      ;退出子程序
```

9.4.4 串行口模式2和模式3的应用

串行口的模式2与模式3基本一样,只是波特率设置不同,都是接收和发送11位信息:开始为1位起始位(0),中间是8位数据位,数据位之后是1位可编程控制位,最后是1位停止位。与方式1相比,只是多了一位可编程控制位。

例9.3 编写串行发送程序,被发送的数据存储在内部RAM的30H~4FH单元中,要求每个数据要加上奇偶检验。

解 (1) 功能分析

RAM的30H~3FH单元中存储着普通的8位数据,要求把每个数据的奇偶校验位一同发送出去,则每帧数据的基本信息为9位,所以可以采用模式2或者模式3来进行发送。本例

中，串行口设定为模式 2，9 位波特率固定的 UART，TB8 作奇偶校验位。在数据写入发送缓冲器之前，先将数据的奇偶校验位 P 写入 TB8，在采用模式 2 的情况下，单片机会在发送完基本的 8 位数据后，自动把 TB8 的数据也发送出去，接收端把接收到的第 9 位数据存储在自己的 RB8 中。本例采用查询和中断两种方式发送。

(2) 采用查询方式程序清单

```
        ORG 0000H
        AJMP START
        ORG 0100H
START:  MOV SCON, #80H          ;串行口工作在模式 2
        MOV PCON, #80H          ;取波特率为 fosc/32
        MOV R0, #30H            ;数据段首址
        MOV R7, #20H            ;数据段长度
LOOP:   MOV A, @R0
        MOV C, P
        MOV TB8, C              ;奇偶校验标志送入 TB8
        MOV SBUF ,A             ;数据发送
WAIT:   JBC TI, NEXT            ;查询是否一帧数据发送完毕
        SJMP WAIT
NEXT:   INC R0
        DJNZ R7, LOOP           ;未完，则发送下一个数据
HERE:   AJMP HERE
```

(3) 采用中断方式程序清单

```
        ORG 0000H
        AJMP START
        ORG 0023H               ;串行口中断入口地址
        AJMP SINT               ;转到串行口中断服务程序
        ORG 0100H
START:  MOV SP, #60H            ;设置堆栈指针
        MOV SCON, #80H          ;串行口工作在模式 2
        MOV PCON, #80H          ;取波特率为 fosc/32
        MOV R0, #30H
        MOV R7, #20H
        SETB ES                 ;串行口开中断
        SETB EA                 ;系统开中断
        MOV A, @R0
        MOV C, P
        MOV TB8, C              ;奇偶校验标志送入 TB8
        MOV SBUF ,A             ;数据发送
HERE:   AJMP HERE               ;等待中断
SINT:   CLR TI
```

```
        DEC R7
        INC R0
        MOV A, @R0
        MOV C, P
        MOV TB8, C
        MOV SBUF ,A                 ;数据发送
        DJNZ R7, ENDS               ;未完,则转去中断返回
        CLR ES                      ;所有数据发完,禁止串行口中断
ENDS:   RETI                        ;中断返回
```

习　题

1. 串行通信和并行通信各有什么优缺点？它们分别适用于什么场合？

2. 串行口有几种工作方式？它们各有什么特点？

3. 简述串行口接收和发送数据的过程。

4. 某异步通信接口，其帧格式由1个起始位0、7个数据位、一个奇偶校验位和一个停止位1组成。当该接口每分钟发送1 800个字符时，请计算出波特率。

5. 若晶振为11.059 MHz，串行口工作在方式1，波特率为4 800 bit/s。分别写出用T1作为波特率发生器的方式字和计数初值。

6. 若定时器T1设置成模式2作波特率发生器，已知频率为6 MHz。求可能产生的最高波特率和最低波特率是多少？

7. 串行口工作在模式1和模式3，其波特率与频率、定时器T1工作模式2的初值及SMOD位的关系如何？已知频率为6 MHz，利用T1产生110 bit/s的波特率，试计算定时器初值。

编程实践篇

第 10 章　KEIL C51 软件的使用指导

10.1　如何建立一个 C 项目

KEIL C51 软件的编程语言常用的有两种:一种是汇编语言,另一种是 C 语言。汇编语言的机器代码生成效率很高但可读性却并不强,复杂一点的程序就更是难以读懂,而 C 语言在大多数情况下其机器代码生成效率和汇编语言相当,但可读性和可移植性却远远超过汇编语言,并且 C 语言还可以嵌入汇编来解决高时效性的代码编写问题。对于开发周期来说,中大型的软件编写用 C 语言的开发周期通常要小于汇编语言很多。使用 C 语言肯定要使用到 C 编译器,以便把写好的 C 语言程序编译为机器码,这样单片机才能执行编写好的程序。

KEIL μVISION 是众多单片机应用开发软件中优秀软件之一,它支持众多不同公司的 MCS51 架构的芯片,它集编辑、编译、仿真等于一体,同时还支持 PLM、汇编语言和 C 语言的程序设计。它的界面和常用的微软 VC＋＋的界面相似,界面友好,易学易用,在调试程序、软件仿真方面也有很强大的功能。因此,很多开发 KEIL C51 软件应用的工程师或普通的单片机爱好者都对它十分喜欢。

以上简单介绍了 KEIL C51 软件,它是一个商业的软件。要使用这个软件,必须先要安装它。安装好后,我们可以通过 KEIL 软件仿真看到程序运行的结果。

要建立一个 C 项目,首先是运行 KEIL C51 软件。运行几秒后,出现如图 10.1 所示的屏幕。接着按下面的步骤建立第一个项目。

图 10.1　启动时的屏幕

(1) 单击 Project 菜单,选择弹出的下拉式菜单中的 New Project,如图 10.2 所示。接着弹出一个标准 Windows 文件对话窗口,如图 10.3 所示。在"文件名"中输入第一个 C 程序项目名称,这里我们用"test","保存"后的文件扩展名为. uv2,这是 KEIL μVISION 项目文件扩展名,以后我们可以直接单击此文件来打开先前做的项目。

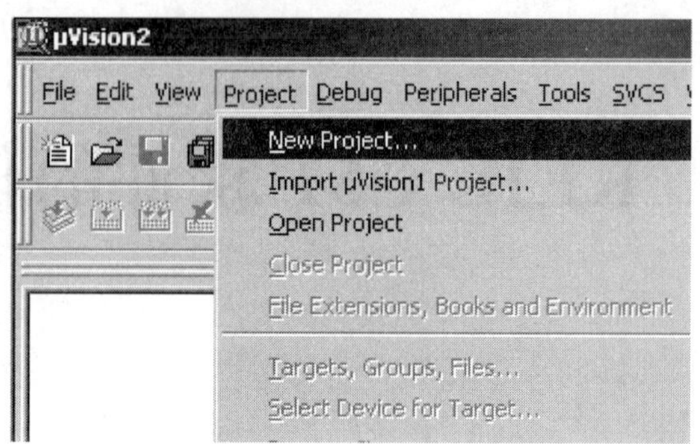

图 10.2 New Project 菜单

图 10.3 文件窗口

(2) 选择所要的单片机,这里我们选择常用的 Ateml 公司的 AT89C51,此时屏幕如图 10.4 所示。完成上述步骤后,开始程序的编写。

(3) 首先要在项目中创建新的程序文件或加入旧程序文件。如果没有现成的程序,那么就要新建一个程序文件。在 KEIL 中有一些程序的样本,但在这里我们还是以一个 C 程序为例介绍如何新建一个 C 程序和加入到一个项目中。单击图 10.5 中 1 新建文件的快捷按钮,在 2 中出现一个新的文字编辑窗口,这个操作也可以通过菜单 File—New 或快捷键 Ctrl+N 来实现。之后就可以编写程序,光标已经出现在文本编辑窗口中等待输入了。下面是经典的一段程序:

```
#include <AT89X51.H>
#include <stdio.h>
void main(void)
{
  SCON = 0x50; //串口方式 1,允许接收
  TMOD = 0x20; //定时器 1 定时方式 2
  TCON = 0x40; //设定时器 1 开始计数
  TH1 = 0xE8; //11.0592 MHz 1 200 波特率
  TL1 = 0xE8;
  TI = 1;
  TR1 = 1; //启动定时器
  while(1)
```

```
    {
      printf ("Hello World! \n"); //显示 Hello World
    }
}
```

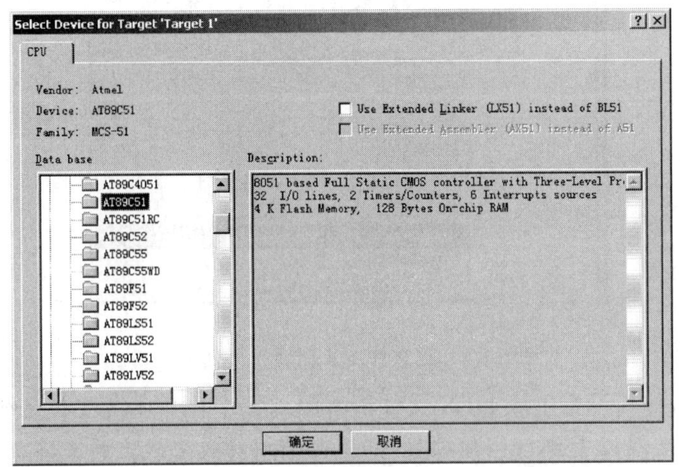

图 10.4　选取芯片

图 10.5　新建程序文件

这段程序的功能是不断从串口输出“Hello World!”字符，先不管程序的语法和意思，先看一下如何把它加入到项目中和如何编译试运行。

(4) 点击图 10.5 中的 3 保存新建的程序，也可以用菜单 File-Save 或快捷键 Ctrl+S 进行保存。因为是新文件，所以保存时会弹出类似图 10.3 的文件操作窗口，我们把第一个程序命名为 test1. c，保存在项目所在的目录中。这时会发现程序单词有了不同的颜色，说明 KEIL 的 C 语法检查生效了。如图 10.6 鼠标在屏幕左边的 Source Group1 文件夹图标上右击弹出菜单，在这里可以实现项目中增加、减少文件等操作。选“Add File to Group ‘Source Group 1’”弹出文件窗口，选择刚刚保存的文件，按 ADD 按钮，关闭文件窗口，程序文件已经加入到项目中了。这时在 Source Group1 文件夹图标左边出现一个“+”，说明文件组中有了文件，单击它可以展开查看。

(5) C 程序文件已经添加到了项目中，下面就是编译运行了。这个项目只是用作学习新建程序项目和编译运行仿真的基本方法，所以使用软件默认的编译设置，它不会生成用于芯片

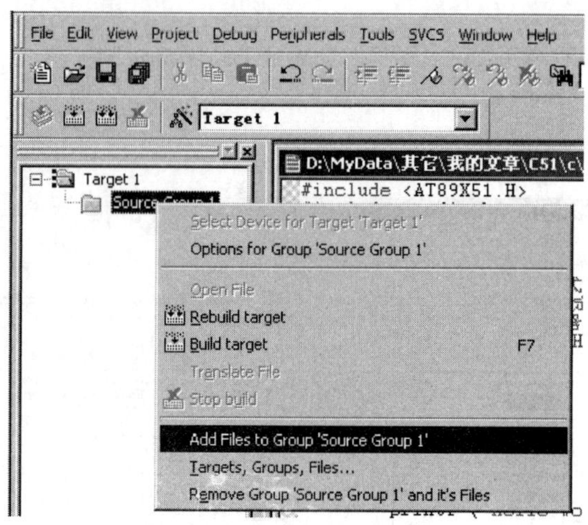

图 10.6 把文件加入到项目文件组中

烧写的 HEX 文件,如何设置生成 HEX 文件请看图 10.7。图中 1、2、3 都是编译按钮,不同是:1 是用于编译单个文件;2 是编译当前项目,如果先前编译过一次之后文件没有做编辑改动,这时再点击是不会重新编译的;3 是重新编译,每点击一次均会再次编译链接一次,不管程序是否有改动。在 3 右边的是停止编译按钮,只有单击了前三个中的任一个,停止按钮才会生效。5 是菜单中的它们。这个项目只有一个文件,按 1、2、3 中的任意一个都可以编译。在 4 中可以看到编译的错误信息和使用的系统资源情况等。6 所在的地方有一个小放大镜的按钮,这就是开启\关闭调试模式的按钮,它也存在于菜单 Debug-Start\Stop Debug Session,快捷键为 Ctrl+F5。

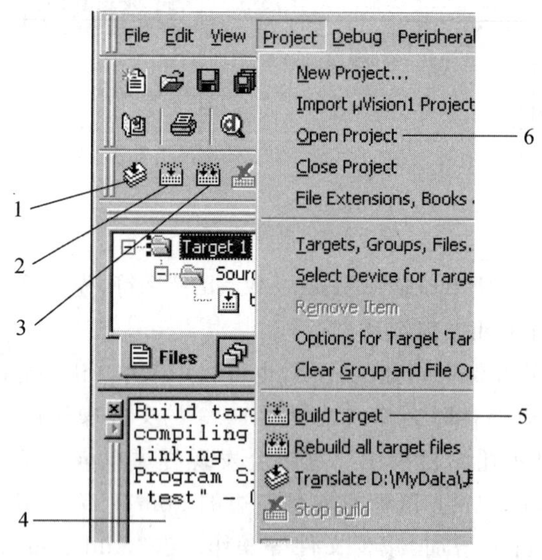

图 10.7 编译程序

(6) 进入调试模式,软件窗口样式大致如图 10.8 所示。图中 1 为运行,当程序处于停止状态时才有效;2 为停止,程序处于运行状态时才有效;3 是复位,模拟芯片的复位,程序回到起始处执行;按 4 我们可以打开 5 中的串行调试窗口,这个窗口可以看到从 51 芯片的串行口输入输出的字符,前面的第一个项目也正是在这里看运行结果。这些功能在菜单中也有,不再一一介绍，大家不妨找找看。调试程序首先要按 4 打开串行调试窗口，再按 1 运行键，此时就可以看到串行调试窗口中不断地打出"Hello World!"。这样就完成了第一个 C 项目。最后我们要停止程序运行回到文件编辑模式中，先要按停止按钮再按开启\关闭调试模式按钮，之后就可以进行关闭 KEIL 等相关操作了。

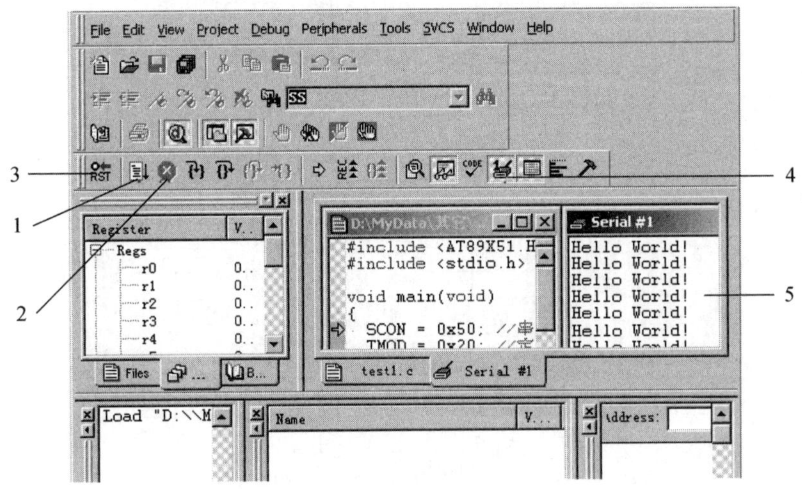

图 10.8　调试运行程序

10.2　如何进行工程详细设置

工程建立好以后，还要对工程进行进一步的设置，以满足要求。

首先点击左边 Project 窗口的 Target 1，然后使用菜单"Project—Option for target 'target1'"就会出现对工程设置的对话框，这个对话框共有 8 个页面，大部分设置项取默认值就行了。

(1) Target 页

如图 10.9 所示，Xtal 后面的数值是晶振频率值，默认值是所选目标 CPU 的最高可用频率值，该值与最终产生的目标代码无关，仅用于软件模拟调试时显示程序执行时间。正确设置该数值可使显示时间与实际所用时间一致，一般将其设置成与所用的硬件晶振频率相同，如果没必要了解程序执行的时间，也可以不进行设置。

Memory Model 用于设置 RAM 使用情况，有三个选择项。

Small：所有变量都在单片机的内部 RAM 中。

Compact：可以使用一页(256 B)外部扩展 RAM。

Larget：可以使用全部外部的扩展 RAM。

Code Model 用于设置 ROM 空间的使用，同样也有三个选择项。

Small：只用低于 2 KB 的程序空间。

Compact：单个函数的代码量不能超过 2 KB，整个程序可以使用 64 KB 程序空间。

Larget：可用全部 64 KB 空间。

这些选择项必须根据所用硬件来决定，由于本例是单片应用，所以均不重新选择，按默认值设置。

Operating:选择是否使用操作系统,可以选择 Keil 提供的两种操作系统:Rtx tiny 和 Rtx full,也可以不用操作系统(None),这里使用默认项 None,即不使用操作系统。

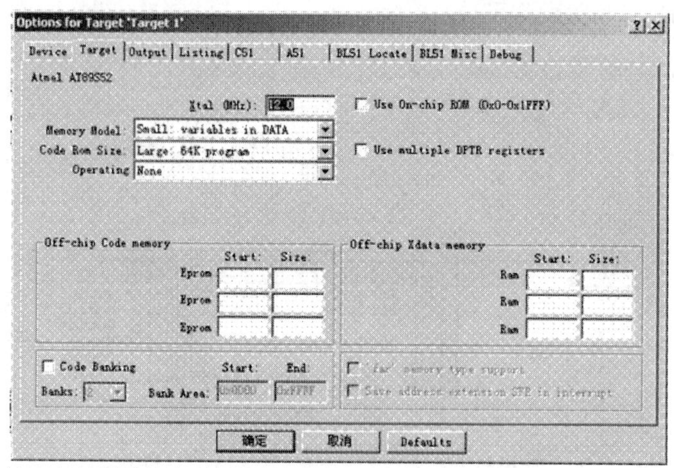

图 10.9　工程设置对话框 Target 页面

(2) Output 页

如图 10.10 所示,这里面也有多个选择项,其中 Creat Hex file 用于生成可执行代码文件,该文件可以用编程器写入单片机芯片,其格式为 intelHEX 格式,文件的扩展名为. HEX,默认情况下该项未被选中,如果要写片做硬件实验,就必须选中该项。

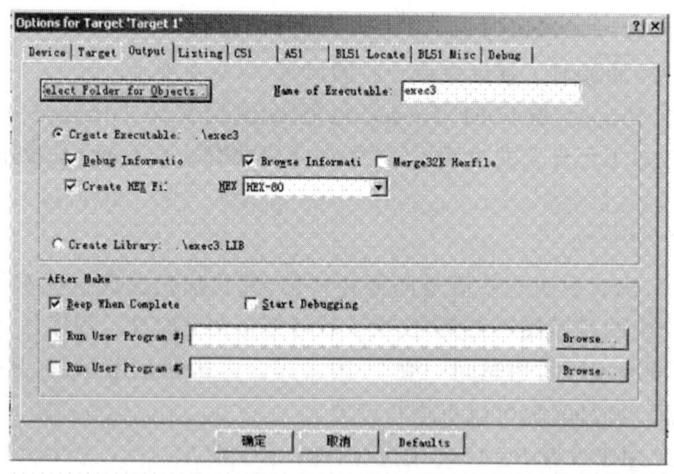

图 10.10　工程设置对话框 Output 页面

工程设置对话框中的其他各页面与 C51 编译选项、A51 的汇编选项、BL51 连接器的连接选项等用法有关,这里均取默认值,不做任何修改。以下仅对一些有关页面中常用的选项作一个简单介绍。

(3) Listing 页

该页用于调整生成的列表文件选项。在汇编或编译完成后将产生(*.lst)的列表文件,在连接完成后也将产生(*.m51)的列表文件。该页用于对列表文件的内容和形式进行细致的调节，其中比较常用的选项是 C Compile Listing 下的 Assamble Code 项，选中该项可以在列表文件中生成 C 语言源程序所对应的汇编代码，建议会使用汇编语言的 C 初学者选中该项，在编译完成后多观察相应的 List 文件，查看 C 源代码与对应汇编代码，对于提高 C 语言编程能力大有好处。

(4) C51 页

该页用于对 Keil 的 C51 编译器的编译过程进行控制，其中比较常用的是“Code Optimization”组，如图 10.11 所示，该组中 Level 是优化等级，C51 在对源程序进行编译时，可以对代码多至 9 级优化，默认使用第 8 级，一般不必修改，如果在编译中出现一些问题，可以降低优化级别试一试。Emphasis 是选择编译优先方式，第一项是代码量优先（最终生成的代码量小）；第二项是速度优先（最终生成的代码速度快）；第三项是缺省。默认采用速度优先，可根据需要更改。

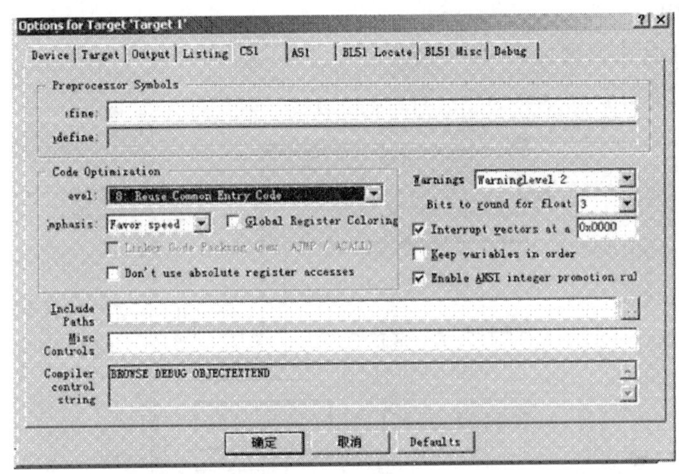

图 10.11　工程设置对话框 C51 页面

(5) Debug 页

该页用于设置调试器，Keil 提供了仿真器和一些硬件调试方法，如果没有相应的硬件调试器，应选择 Use Simulator，其余设置一般不必更改。

至此，设置完成，进行在线程序的调试工作需要连接硬件仿真器，在此不再进行介绍了。后面部分将讲解具体应用程序的编写。

第 11 章　I/O 的应用实例

11.1　实例 1　位移法流水灯

1. 电路原理图

位移法流水灯电路原理如图 11.1 所示。

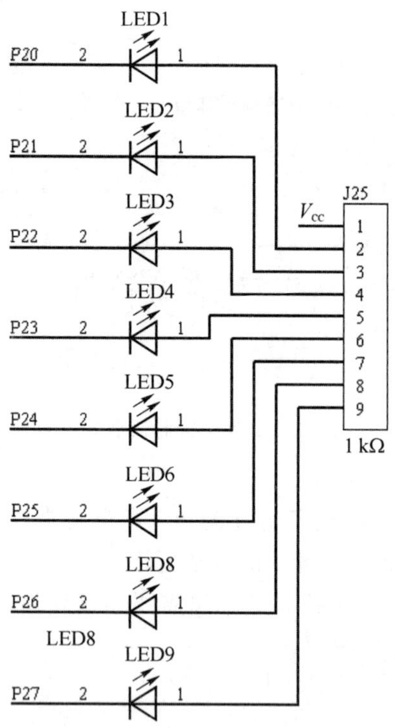

图 11.1　位移法流水灯电路原理图

2. 原理

LED 灯是与 AT89S51 的 P2 口相连的，发光二极管的正极通过阻排 J25 接 5 V 电源，当 P2 口引脚为低电平时，对应的灯就会亮；否则，灯就会灭。也就是说，要运用电平的高低来控制 LED 灯的亮与灭，由图 11.1 可知 LED 的正极接的是高电平端，负极接的是 P2 口，正常状态下 P2 输出的是高电平，于是 LED 灯两端都是高电平，这样 LED 灯是不亮的，所以要通过 P2 口送出一个低电平，灯才会发光。这样可以通过控制 P2 口来控制 LED 的亮灭，从而实现流水灯效果。

3. 任务

这个程序的任务是:利用位移法设计程序用单片机控制发光二极管循环亮灭。

4. 程序

(1) 汇编语言程序

```
;/ ***********************************************************************
; *   Descriptoon:LED 流水灯                                              *
; *                                                                       *
; * 本程序实现了 led 灯的轮流点亮功能,即所谓跑马灯                          *
; * 程序采用移位法实现                                                     *
; * 由 P2 口输出显示                                                       *
; *                                                                       *
; *                                                                       *
; ***********************************************************************
          ORG 0000H
          LJMP MAIN

MAIN:     MOV       P2,#0FEH              ;初始点亮 LED1
          MOV       R7,#0FEH              ;保存 P0
MAIN_LP:  LCALL     DELAY                 ;调用延时子程序
          MOV       A,R7
          RL        A                     ;循环移位
          MOV       R7,A                  ;保存到 R7
          MOV       P2,A                  ;点亮下一个 LED
          JMP       MAIN_LP               ;不停循环

; =======================================================================
DELAY:    MOV       R0,#0FFH              ;延时子程序
          MOV       R1,#0FFH
DLY_LP:   NOP
          NOP
          DJNZ      R0,DLY_LP
          MOV       R0,#0FFH
          DJNZ      R1,DLY_LP
          RET

END
```

(2) C 语言程序

```
/ ***********************************************************************
模块名称:001.c
功    能:八路跑马灯(流水灯)
```

```
说    明:移位送数
************************************************************************/
#include <AT89X51.H>

unsigned char i;
unsigned char temp;
unsigned char a,b;
/************************************************************************
函 数 名:delay()
功    能:延时子程序
说    明:无
入口参数:无
返 回 值:无
************************************************************************/
void delay(void)

{
  unsigned char m,n,s;
  for(m = 20;m>0;m --)
  for(n = 20;n>0;n --)
  for(s = 248;s>0;s --);
}
/************************************************************************
函 数 名:main()
功    能:主程序
说    明:左移灯移位送数
入口参数:无
返 回 值:无
************************************************************************/
void main(void)
{
  while(1)
    {
      temp = 0xfe;
      P2 = temp;                          //led 初始化
      delay();
      for(i = 1;i<8;i ++ )
        {
          a = temp<<i;                    //左移 i 位
          b = temp>>(8 - i);              //右移 8 - i 位
```

```
        P2 = a|b;                       //按位或得到相应的数送 P2
        delay();
      }
//        for(i = 1;i<8;i++)            //右移
// for (i = 1; i<8; i++)
// {
//      a = temp>>i;
//      b = temp<<(18 - i);
//      P2 = a|b;
//      delay( );
// }
  }
}
```

11.2　实例 2　逐个送数法流水灯

1. 电路原理图

逐个送数法流水灯电路原理如图 11.2 所示。

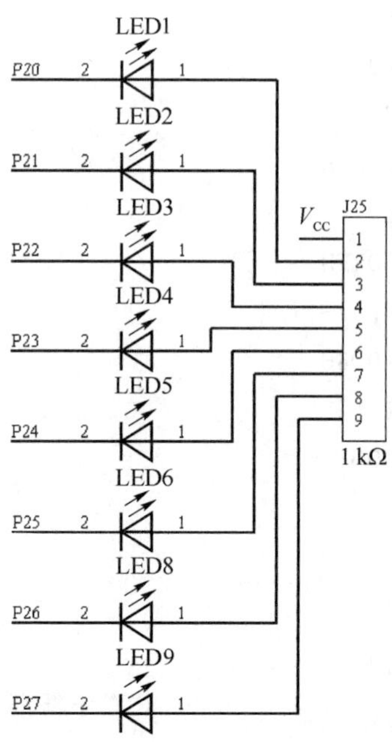

图 11.2　逐个送数法流水灯电路原理图

2. 原理

同实例 1 一样 LED 灯是与 AT89S51 的 P2 口相连的，发光二极管的正极通过阻排 J25 接 5 V 电源。当 P2 口引脚为低电平时，对应的灯就会亮；否则，灯就灭。这样可以通过控制 P2 口来控制 LED 的亮灭，从而实现流水灯效果。

3. 任务

这个程序的任务是:利用逐个送数的方式,设计用单片机控制发光二极管循环亮灭。

4. 程序

(1) 汇编语言的程序

```
;/***************************************************************************
; *     Descriptoon:LED 流水灯                                              *
; *                                                                         *
; * 本程序采用逐步送数法实现流水灯功能                                      *
; *                                                                         *
; *                                                                         *
; *                                                                         *
; *                                                                         *
; **************************************************************************
         ORG 0000H
         LJMP MAIN
         ORG 0100H
MAIN:    MOV      P2,#0FEH          ;初始点亮 LED1
         LCALL    DELAY             ;延时
         MOV      P2,#0FDH
         LCALL    DELAY
         MOV      P2,#0FBH
         LCALL    DELAY
         MOV      P2,#0F7H
         LCALL    DELAY
         MOV      P2,#0EFH
         LCALL    DELAY;
         MOV      P2,#0DFH
         LCALL    DELAY
         MOV      P2,#0BFH
         LCALL    DELAY
         MOV      P2,#07FH
         LCALL    DELAY

         JMP      MAIN              ;不停循环

;==========================================================================
DELAY:   MOV      R0,#0FFH          ;延时子程序
         MOV      R1,#0FFH
DLY_LP:  NOP
         NOP
```

```
        DJNZ     R0,DLY_LP
        MOV      R0,#0FFH
        DJNZ     R1,DLY_LP
        RET

        END
```

(2) C 语言程序

```
/*********************************************************************
模块名称:002.c
功    能:八路跑马灯(流水灯)
说    明:移位送数
*********************************************************************/
#include <AT89X51.H>

unsigned char i;
unsigned char temp;
unsigned char a,b;
/*********************************************************************

函 数 名:delay()
功    能:延时子程序
说    明:无
入口参数:无
返 回 值:无
*********************************************************************/
void delay(void)

{
  unsigned char m,n,s;
  for(m = 20;m>0;m--)
  for(n = 20;n>0;n--)
  for(s = 248;s>0;s--);
}
/*********************************************************************

函 数 名:main()
功    能:主程序
说    明:左移灯逐个送数
入口参数:无
返 回 值:无
```

```
*************************************************************************/
void main(void)
{
  while(1)
    {
          P2 = 0xfe;              //11111110
          delay();
          P2 = 0xfc;              //11111101
          delay();
          P2 = 0xfb;              //11111011
          delay();
          P2 = 0xf7;              //11110111
          delay();
          P2 = 0xef;              //11101111
          delay();
          P2 = 0xcf;              //11011111
          delay();
          P2 = 0xbf;              //10111111
          delay();
          P2 = 0x7f;              //01111111
          delay();

    }
}
```

11.3　实例3　蜂鸣器嘀嘀声

1. 电路原理图

蜂鸣器电路原理如图11.3所示。

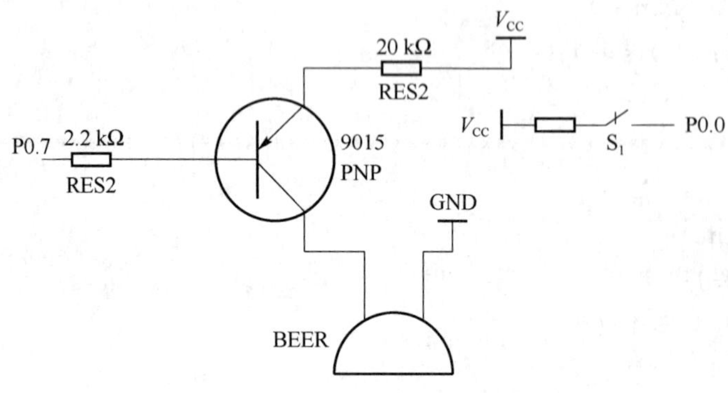

图11.3　蜂鸣器电路原理图

2. 原理

蜂鸣器发声原理是电流通过电磁线圈，使电磁线圈产生磁场来驱动振动膜发声的，因此需要一定的电流才能驱动它，单片机 IO 引脚输出的电流较小，单片机输出的 TTL 电平基本上驱动不了蜂鸣器，因此需要增加一个电流放大的电路。本单片机实验板通过一个三极管 9015 来放大驱动蜂鸣器。

蜂鸣器的正极接到 V_{CC}(+5 V)电源上面，蜂鸣器的负极接到三极管的发射极 E，三极管的基级 B 经过限流电阻后由单片机的 P0.7 引脚控制，当 P0.7 输出高电平时，三极管截止，没有电流流过线圈，蜂鸣器不发声；当 P0.7 输出低电平时，三极管导通，这样蜂鸣器的电流形成回路，发出声音。因此，我们可以通过程序控制 P0.7 脚的电平来使蜂鸣器发出声音和关闭。

程序中改变单片机 P0.7 引脚输出波形的频率，就可以调整控制蜂鸣器音调，产生各种不同音色、音调的声音。另外，改变 P0.7 输出电平的高低电平占空比，则可以控制蜂鸣器的声音大小，这些都可以通过编程实验来验证。

3. 任务

设计程序使单片机实现简单的报警功能，即按下键蜂鸣器就会发出声音，蜂鸣器所用端口位 P0.7。

4. 实验程序

(1) 汇编语言的程序

```
;/***********************************************************************
;* criptoon:蜂鸣器滴滴声                                                *
;*                                                                      *
;* 按下按键 1 蜂鸣器开始间断的响                                        *
;*                                                                      *
;***********************************************************************

              ORG     0000H
              AJMP    START
              ORG     0100H
START:        JNB     P0.0,BAOJING
              AJMP    START
BAOJING:      CPL     P0.7
              ACALL   DELAY
              JNB     P0.1,START
              AJMP    BAOJING
;;;;;;;;;;;;延时;;;;;;;;;;;;;;;;
DELAY:        MOV     R7,#10
D1:           MOV     R6,#0FFH
D2:           MOV     R5,#0FFH
              DJNZ    R5,$
              DJNZ    R6,D2
              DJNZ    R7,D1
```

```
        RET
        END
```

(2) C语言程序

```
/*************************************************************

模块名称:003.c
功　能:蜂鸣器报警
说　　明:按键控制
*****************************************************************/
#include <AT89X51.H>
#include <INTRINS.H>
/*************************************************************

函 数 名:delay()
功　　能:延时子程序
说　　明:无
入口参数:无
返 回 值:无
*****************************************************************/
void delay(void)
{
  unsigned int i;
  unsigned int j;
  for(i=20000;i>0;i--)
    {
      for(j=2;j>0;j--)
      _nop_();
    }
}
/*************************************************************
函 数 名:main()
功　　能:主程序
说　　明:
入口参数:无
返 回 值:无
*****************************************************************/
void main(void)
{
  while(1)
    {
```

```
        if(P0_0 == 0)
          {
        while(1)
          {
                P0_7 = ～P0_7;     //蜂鸣器发声
                delay();           //短延时
                P0_7 = ～P0_7;     //蜂鸣器关闭
                delay();           //长延时(容易分辨蜂鸣器间断响声)
                delay();
          }
            }
      }
}
```

第 12 章　键盘与 6 段数码管显示

12.1　实例 1　数码管显示 123456

1. 电路原理图

数码管显示电路原理如图 12.1 所示。

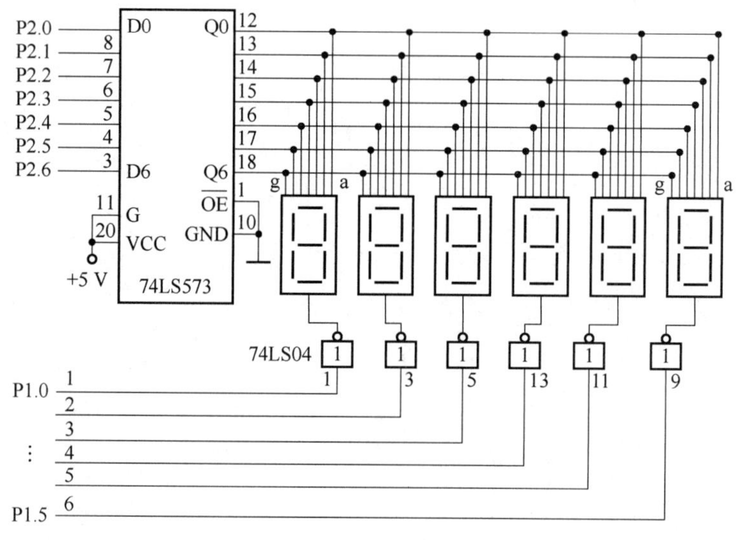

图 12.1　数码显示电路原理图

2. 原理

本实例中，共阴极数码管的段码 a、b、c、d、e、f、g、dp 分别与单片机的 P2.0～P2.7 相连，控制数码管中显示的字形；数码管的位选通由 6 个非门控制，分别接到单片机的 P1.0、P1.1、P1.2、P1.3、P1.4、P1.5 端口上，程序中通过控制 P1.0～P1.5 端口的输出电平就可以控制数码管的显示与关闭。如 P1.0 输出高电平时，第一个数码管的 COM 端为低电平，那么第一个数码管 DG1 就会显示出相应的数字，显示的数字由单片机 P2.0～P2.7 输出段码决定，当 P1.0 输出低电平时，数码管 DG1 就不显示，从而实现数码管位选通控制。同理，当 P1.1 输出低电平时，则数码管 DG2 显示，依此类推。

3. 任务

程序实现六位数码管显示功能，六个数码管分别显示 123456，p2 口控制数码管段码位，P1.0～P1.5 数码管位控制。

4. 实验程序

(1) 汇编语言程序

```
;************************************************************************
;*    Description:                                                      *
;*                 LED 数码管显示演示程序                                 *
;*在 6 个 LED 数码管上依次显示    1、2、3、4、5、6                         *
;*                                                                      *
;************************************************************************

;===========================================================

          ORG      00000H             ; Reset 向量
          LJMP     MAIN


;===========================================================
MAIN:     MOV      SP,#60H            ; 初始化堆栈指针
          MOV      P1,#00H            ; 初始化 I/O 口
          MOV      P2,#0FFH
MAIN_LP:  LCALL    DISPLAY
          MOV      DPTR,#DIS_CODE     ; 设定显示初值
          MOV      A,#1
          MOVC     A,@A+DPTR
          MOV      30H,A
          MOV      A,#2
          MOVC     A,@A+DPTR
          MOV      31H,A
          MOV      A,#3
          MOVC     A,@A+DPTR
          MOV      32H,A
          MOV      A,#4
          MOVC     A,@A+DPTR
          MOV      33H,A
          MOV      A,#5
          MOVC     A,@A+DPTR
          MOV      34H,A
          MOV      A,#6
          MOVC     A,@A+DPTR
          MOV      35H,A
          LCALL    DISPLAY
```

```
            SJMP     MAIN_LP

    ; END OF main

    ; ============================================================

DISPLAY:    PUSH     ACC
            MOV      P1,#00H               ;先关闭所有数码管
            MOV      A,#01H
            MOV      P1,A
            MOV      P2,30H
            LCALL    DELAY1
            MOV      A,#02H
            MOV      P1,A
            MOV      P2,31H
            LCALL    DELAY1
            MOV      A,#04H
            MOV      P1,A
            MOV      P2,32H
            LCALL    DELAY1
            MOV      A,#08H
            MOV      P1,A
            MOV      P2,33H
            ACALL    DELAY1
            MOV      A,#10H
            MOV      P1,A
            MOV      P2,34H
            ACALL    DELAY1
            MOV      A,#20H
            MOV      P1,A
            MOV      P2,35H
            ACALL    DELAY1
            POP      ACC
            RET

    ; END OF timer0
    ; ============================================================
DELAY1:     MOV      R5,#4
```

```
D3：      MOV     R6,#123
          NOP
          DJNZ    R6,$
          DJNZ    R5,D3
          RET
DIS_CODE：DB      0DFH              ;0
          DB      086H              ;1
          DB      0BBH              ;2
          DB      0AFH              ;3
          DB      0E6H              ;4
          DB      0EDH              ;5
          DB      0FDH              ;6
          DB      087H              ;7
          DB      0FFH              ;8
          DB      0EFH              ;9
          DB      0F7H              ;A
          DB      0FCH              ;B
          DB      0D9H              ;C
          DB      0BEH              ;D
          DB      0F9H              ;E
          DB      0F1H              ;F
          END
```

(2) C 语言程序

```
/*****************************************************************
模块名称:006.c
功    能:数码管显示 654321
说    明:查表送数
******************************************************************/
#include <AT89X51.H>
unsigned char i;
unsigned char temp;
unsigned char a,b;
unsigned char code table[] =                    //段码表
{0x86,0xbb,0xaf,0xe6,0xed,0xfd,0x87,
0xff,0xef,0xf7,0xfc,0xd9,0xbe,0xf9,0xf1};
unsigned char ledaddr[] = {0x20,0x10,0x08,0x04,0x02,0x01}; //位码表(位码值排列组合就能得到不同的显示组合)
/*****************************************************************

函 数 名:delay()
```

```
功    能:延时子程序
说    明:无
入口参数:无
返 回 值:无
******************************************************************* /
void delay(void)
{
  unsigned char m;
  for(m = 100;m>0;m --) ;
}
/ *******************************************************************

函 数 名:main()
功    能:主程序
说    明:
入口参数:无
返 回 值:无
******************************************************************* /
void main(void)
{
  while(1)
    {
for(i = 0;i<6;i ++ )
        {
    P1 = ledaddr[i];
    P2 = table[i];
          delay();
   }
  }
}
```

12.2 实例2 独立按键与数码管综合实验

1. 电路原理图

独立按键电路原理如图12.2所示。

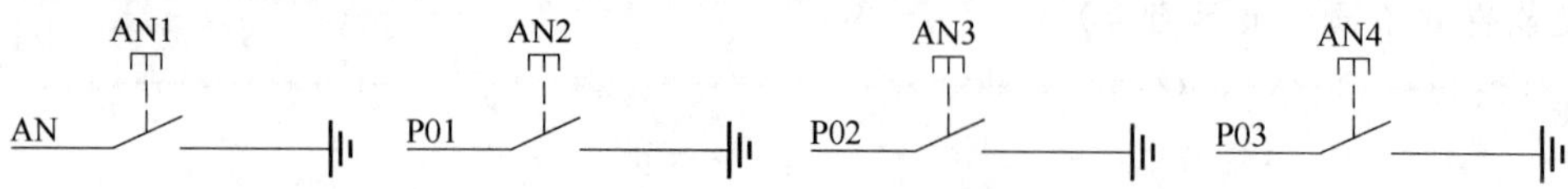

图12.2 独立按键电路原理图

2. 原理

本实例中，主要是使用独立按键，当按键被按下时相应 I/O 管脚回读数据为“0”，没有被按下时相应的 I/O 管脚回读数据为“1”。数码管的段码 a、b、c、d、e、f、g、dp 分别与单片机的 P2.0～P2.7 相连如图 12.1，控制数码管中显示的字形；数码管的位选通由 6 个非门控制，分别接到单片机的 P1.0、P1.1、P1.2、P1.3、P1.4、P1.5 端口上，程序中通过控制 P1.0～P1.5 端口的输出电平就可以控制数码管的显示与关闭。

3. 任务

设计程序功能为：按下 AN1，数码管显示循环加一，按下 AN2 数码管显示循环减一。AN1—P0.0，AN2—P0.1。

4. 实验程序

（注意：本例程运行期间可能按键出现失灵现象，长按一会就可实现其功能）。

（1）汇编语言程序

```
        ORG     0000H
        AJMP    START
        ORG     0030H
START:  JNB     P0.0,ADD1
        JNB     P0.1,SUB1
        AJMP    START
ADD1:   MOV     A,#00H
        MOV     R0,A
        MOV     DPTR,#ZIXINGMA
LOOP:   JNB     P0.0,ADD1
        JNB     P0.1,SUB1
        MOV     A,R0
        MOVC    A,@A+DPTR
        MOV     P2,A
        ACALL   DELAY
        CJNE    A,#00,NEXT
        AJMP    ADD1
NEXT:   INC     R0
        AJMP    LOOP
SUB1:   MOV     A,#00H
        MOV     R1,A
        MOV     DPTR,#ZIXINGMA1
LOOP1:  JNB     P0.0,ADD1
        JNB     P0.1,SUB1
        MOV     A,R1
        MOVC    A,@A+DPTR
        MOV     P2,A
        ACALL   DELAY
```

```
            CJNE    A,#00,NEXT1
            AJMP    SUB1
NEXT1:      INC     R1
            AJMP    LOOP1
DELAY:      MOV     R4,#10
    D2:     MOV     R5,#250
    D3:     MOV     R6,#250
            NOP
            DJNZ    R6,$
            DJNZ    R5,D3
            DJNZ    R4,D2
            RET
ZIXINGMA:   DB      0DFH    ;0
            DB      086H    ;1
            DB      0BBH    ;2
            DB      0AFH    ;3
            DB      0E6H    ;4
            DB      0EDH    ;5
            DB      0FDH    ;6
            DB      087H    ;7
            DB      0FFH    ;8
            DB      0EFH    ;9
            DB      0F7H    ;A
            DB      0FCH    ;B
            DB      0D9H    ;C
            DB      0BEH    ;D
            DB      0F9H    ;E
            DB      0F1H    ;F
            DB      00H
ZIXINGMA1:  DB      0F1H    ;F
            DB      0F9H    ;E
            DB      0BEH    ;D
            DB      0D9H    ;C
            DB      0FCH    ;B
            DB      0F7H    ;A
            DB      0EFH    ;9
            DB      0FFH    ;8
            DB      087H    ;7
            DB      0FDH    ;6
            DB      0EDH    ;5
```

```
        DB      0E6H    ;4
        DB      0AFH    ;3
        DB      0BBH    ;2
        DB      086H    ;1
        DB      0DFH    ;0
        DB      00H

    END
```

(2) C 语言程序

```
/*****************************************************************
模块名称:007.c
功    能:按键控制数码管循环显示
说    明:标志位控制法
*****************************************************************/
#include <AT89X51.H>
#include <INTRINS.H>

bit flag;//定义标志位
bit flag1;
unsigned char code table1[] =
{0xdf,0x86,0xbb,0xaf,0xe6,0xed,0xfd,0x87,
0xff, 0xef, 0xf7, 0xfc, 0xd9, 0xbe, 0xf9, 0xf1};    //数码管显示段码表正向(0123456789abcdef)
unsigned char code table2[] =
{0xf1,0xf9,0xbe,0xd9,0xfc,0xf7,0xef,0xff,
0x87, 0xfd, 0xed, 0xe6, 0xaf, 0xbb, 0x86, 0xdf};//数码管显示段码表反向(fedcba9876543210)
unsigned char i;
unsigned char a,b;
/*****************************************************************
函 数 名:delay()
功    能:延时子程序
说    明:无
入口参数:无
返 回 值:无
*****************************************************************/
void delay(void)
{
  unsigned int i;
  unsigned int j;
```

```
    for(i = 20000;i>0;i--)
      {
        for(j = 2;j>0;j--)
        _nop_();
      }
}
/**********************************************************************
函 数 名:main()
功    能:主程序
说    明:通过标志位判断按键的状态
入口参数:无
返 回 值:无
********************************************************************** /
void main(void)
{
  while(1)
    {
    flag = 0;                                      //初始化标志位
    flag1 = 0;

if(!P0_0)flag = 1;                                 //若按键一被按下 flag 置 1
if(!P0_1)flag1 = 1;                                //若按键二被按下 flag1 置 1
    while(flag == 1)                               //按键一响应
    {
      for(i = 0;i<16;i++)
      {
        P2 = table1[i];                            //查表
        delay();
        if(P0_0 == 0)                              //按键判断
        {
          flag = 1;
          flag1 = 0;
        }
        if(P0_1 == 0)                              //按键判断
        {
        flag1 = 1;
        flag = 0;
        }
        else
        if(flag == 0)                              //如果没有动作循环显示
```

```
            break;
            }

          }

        while(flag1 == 1)                                    //按键二响应
        {
          for(i = 0;i<16;i ++ )
          {
          P2 = table2[i];                                    //查表
          delay();
          if(P0_0 == 0)                                      //按键判断
          {
            flag = 1;
            flag1 = 0;
          }
          if(P0_1 == 0)                                      //按键判断
          {
          flag1 = 1;
          flag = 0;
          }
          else
          if(flag1 == 0)                                     //如果没有动作循环显示
          break;
          }

          }

        }
      }
```

12.3　实例 3　行列式按键

1. 电路原理图

行列式按键原理如图 12.3 所示。

2. 原理

行列式按键解决了独立按键占用过多 I/O 的问题，本例中使用 P00、P01、P02、P03 作为行线，P04、P05、P06、P07 作为列线，行线列线相互交叉实现 4×4 按键。

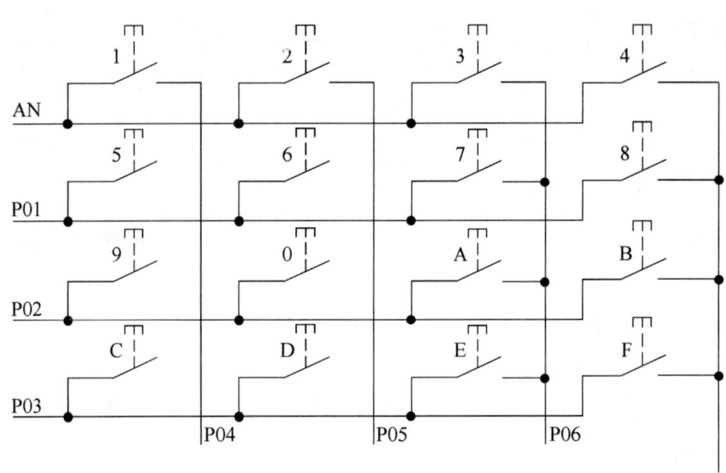

图 12.3　行列式按键电路原理图

3. 实验任务

设计程序实现功能是当有按键按下时,所有数码管显示所按键值,行列式按键连接在P0口。

4. 实验原理

(1) 汇编语言程序

```
;;;;;;;;;;;;;;;;;;;;;;;;;;;;;;;;;;;;;;;;;;;;;;;;;;;;;;;;;;;;;;;
;
;本程序实现功能是当有按键按下时,所有数码管显示所按键值,
;行列式,按键连接在 P0 口;跳线 J6 跳在靠近键盘一端
;;;;;;;;;;;;;;;;;;;;;;;;;;;;;;;;;;;;;;;;;;;;;;;;;;;;;;;;;;;;;;;
;
DIS6     EQU      35H
KEY      EQU      36H
;;;;;;;;;;;;;;;;;;;;;;;;;;;;;;;;;;;;;;;;;
         ORG      0000H
         LJMP     MAIN
         ORG      0035H
MAIN:    MOV      SP,#70H
         MOV      DPTR,#ZIXINGMA
         MOV      A,#00H
         MOVC     A,@A+DPTR
         MOV      DIS6,A ;
;;;;;;;;;;;;;;;;;;;;;;;;;;;;;;;;;;;;;;;;;主程序,循环程序
LOOP:    LCALL    DISPLAY         ;调用显示程序
         LCALL    SCANKEY         ;调用键盘扫描程序
         LCALL    CHAZHAO         ;调用查找程序
         LJMP     LOOP
```

```
;;;;;;;;;;;;;;;;;;;;;;;;;;;;;;;;;;;;;;;;键盘扫描程序,得到键盘编码
SCANKEY: MOV      P0,#0FH          ;P0 口的高四位置 0,低四位置 1
         MOV      A,P0             ;读取 P0 口
         ANL      A,#0FH           ;提取 P0 口的低四位
         MOV      B,A              ;保存 P0 口的低四位
         MOV      P0,#0F0H         ;P0 口的高四位置 1,低四位置 0
         MOV      A,P0             ;读取 P0 口
         ANL      A,#0F0H          ;提取 P0 口的高四位
         ORL      A,B              ;合并高低四位得到键盘编码
         RET
;;;;;;;;;;;;;;;;;;;;;;;;;;;;;;;;;;;;;;;;查找程序,把键盘编码转换为键盘值
CHAZHAO: MOV      KEY,A            ;保存键盘编码
         CJNE     A,#0FFH,SCAN     ;有按键按下则继续扫描键盘
         LJMP     CHAOUT           ;没有按键按下则退出查找程序
SCAN:    LCALL    DISPLAY          ;调用显示程序
         LCALL    SCANKEY          ;调用键盘扫描程序
         CJNE     A,#0FFH,SCAN     ;按键松开以后再查找键值
         MOV      A,KEY
         MOV      B,A
         MOV      DPTR,#KEYCODE
         MOV      R3,#0FFH
KEYIN2:  INC      R3
         MOV      A,R3
         MOVC     A,@A+DPTR
         CJNE     A,B,KEYIN3
         MOV      A,R3
         MOV      DPTR,#ZIXINGMA
         MOVC     A,@A+DPTR
         MOV      DIS6,A
         RET
KEYIN3:  CJNE     A,#0FFH,KEYIN2
         LCALL    DISPLAY
CHAOUT:  RET
;;;;;;;;;;;;;;;;;;;;;;;;;;;;;;;;;;;;;;;;显示程序,六位数码管同时显示键值
DISPLAY: MOV      P2,DIS6
         LCALL    DELAY
         RET
;;;;;;;;;;;;;;;;;;;;;;;;;;;;;;;;;;;;;;;;延时程序,延时 1 ms
DELAY:   MOV      R6,#4
D01:     MOV      R5,#123
```

```
        NOP
D02:    DJNZ    R5,D02
        DJNZ    R6,D01
        RET
;;;;;;;;;;;;;;;;;;;;;;;;;;;;;;;;;;;;;;;;;;;;;;键盘编码
KEYCODE:DB      0EEH,0DEH,0BEH,7EH
        DB      0EDH,0DDH,0BDH,7DH
        DB      0EBH,0DBH,0BBH,7BH
        DB      0E7H,0D7H,0B7H,77H,0FFH

;;;;;;;;;;;;;;;;;;;;;;;;;;;;;;;;;;;;;;;;;;;;;;数码管显示代码
ZIXINGMA:DB     086H            ;1
        DB      0BBH            ;2
        DB      0AFH            ;3
        DB      0E6H            ;4
        DB      0EDH            ;5
        DB      0FDH            ;6
        DB      087H            ;7
        DB      0FFH            ;8
        DB      0EFH            ;9
        DB      0DFH            ;0
        DB      0F7H            ;A
        DB      0FCH            ;B
        DB      0D9H            ;C
        DB      0BEH            ;D
        DB      0F9H            ;E
        DB      0F1H            ;F
        END
```

(2) C 语言程序

```
/*************************************************************************
模块名称:008.c
功    能:矩阵键盘按键识别
说    明:
*************************************************************************/
#include <reg52.h>
#include <intrins.h>
#define uchar unsigned char

int key;
int del;
```

```
void Key_Scan(void);
/ ****************************************************************

函 数 名:main()
功    能:主程序
说    明:左移灯移位送数
入口参数:无
返 回 值:无
**************************************************************** /
void main(void)
{
void Key_Scan(void);
void delay(int);
while(1)
{
  Key_Scan();
  delay(2000);
}
}
/ ****************************************************************

函 数 名:Key_Scan()
功    能:键盘扫描子程序
说    明:无
入口参数:无
返 回 值:无

**************************************************************** /
/ ******** 矩键查寻键值 4 * 4 程序 ****** /
void Key_Scan(void)
{
uchar readkey;
uchar x_temp,y_temp;                          //定义矩阵坐标
P0 = 0x0f;
x_temp = P0&0x0f;                             //读取 P0 口低四位的值
if(x_temp == 0x0f) goto keyout;               //如果没有按键跳转
P0 = 0xf0;
y_temp = P0&0xf0;
readkey = x_temp|y_temp;                      //得到键值
readkey = ~readkey;                           //取反(可以省略但是要修改 key 值)
```

```
switch(readkey)
    {
case 0x11:key = 0x86;P2 = key; break;   //1
case 0x21:key = 0xbb;P2 = key; break;   //2
case 0x41:key = 0xaf;P2 = key; break;   //3
case 0x81:key = 0xe6;P2 = key; break;   //4
case 0x12:key = 0xed;P2 = key; break;   //5
case 0x22:key = 0xfd;P2 = key; break;   //6
case 0x42:key = 0x87;P2 = key; break;   //7
case 0x82:key = 0xff;P2 = key; break;   //8
case 0x14:key = 0xef;P2 = key; break;   //9
case 0x24:key = 0xdf;P2 = key; break;   //0
case 0x44:key = 0xf7;P2 = key;break;    //a
case 0x84:key = 0xfc;P2 = key;break;    //b
case 0x18:key = 0xd9;P2 = key;break;    //c
case 0x28:key = 0xbe;P2 = key;break;    //d
case 0x48:key = 0xf9;P2 = key;break;    //e
case 0x88:key = 0xf1;P2 = key;break;    //f
default: key = 0x86;P2 = key;break;
    }

keyout:_nop_();
}
/ *******************************************************************
函 数 名:delay()
功    能:延时子程序
说    明:无
入口参数:无
返 回 值:无
******************************************************************** /
void delay(del)
{
for(del;del>0;del --);
}
```

第 13 章　中断应用

13.1　实例 1　外部中断

1. 实验电路

外部中断引脚如 13.1 所示。

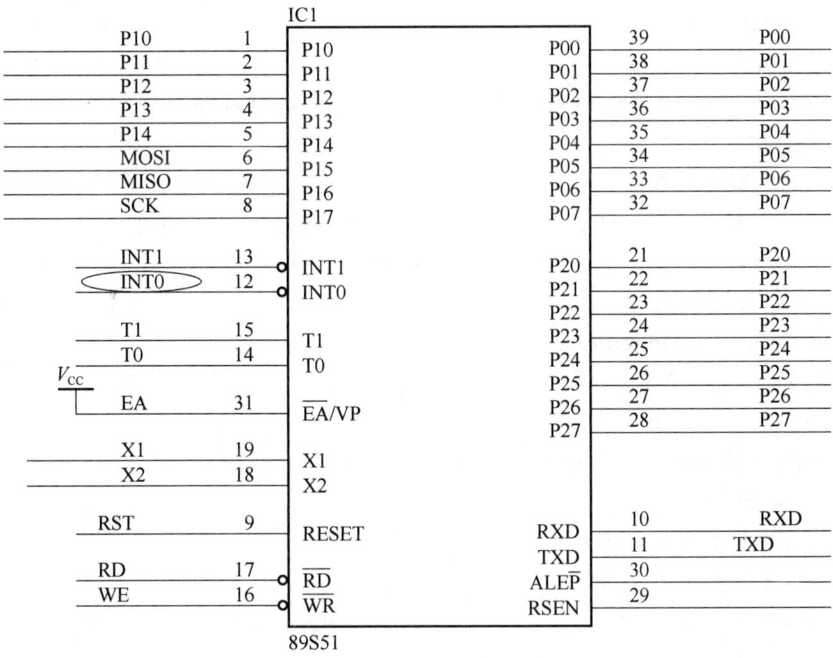

图 13.1　中断引脚图

2. 实验原理

MCS-51 是一个多中断源的单片机，以 AT89S51 为例，有三类共五个中断源，分别是外部中断两个，定时器中断两个和串行中断一个。外部中断是由外部原因引起的，共有两个中断源，即外部中断 0 和外部中断 1，它们的中断请求信号分别由引脚 P3.2 和 P3.3 引入。外部中断请求信号有两种，即低电平有效方式和脉冲后沿负跳变有效方式。

3. 实验任务

用户需要将中断信号产生源接入单片机的 INT0 引脚（P3.2）。每触发一次 INT0 中断，第三个数码管的段显示移动一位。建议用信号源的 TTL 电平输入，或者用另一个单片机产生跳变的信号接入单片机的 INT0 引脚。

4. 实验程序

(1) 汇编语言程序

```
        ORG     0000H
        AJMP    STAR
        ORG     0003H                ;中断服务
        RL      A
        MOV     P2,A
        RETI
STAR:   MOV     P1,#04H              ;第三个数码管亮
        MOV     A,#01H
        MOV     P2,A
        SETB    EA                   ;置 EA = 1
        SETB    EX0                  ;允许 INT0 中断,
        SETB    IT0                  ;沿触发中断
        SJMP    $
```

(2) C 语言程序

```
/*****************************************************************
模块名称:0010.c
功    能:外部中断 0
说    明:每触发一次 INT0 中断,第三个数码管的段显示移动一位
*****************************************************************/
#include <reg51.h>
#define uchar unsigned char

uchar a;
/*****************************************************************
函 数 名:int0()
功    能:外部中断 0 程序
说    明:无
入口参数:无
返 回 值:无
*****************************************************************/
int0() interrupt 0 using 0
{
  a<<=1;                          /*a 左移一位,使数码管的下一段亮*/
  if (a==0)
    {
      a=0x01;
    }
  P2=a|0x80;
}
/*****************************************************************
```

```
函 数 名:main()
功    能:主程序
说    明:无
入口参数:无
返 回 值:无
*******************************************************************/
main()
{
      P1 = 0x04;                      /* 第三个数码管亮 */
      a = 0x01;
      P2 = a|0x80                     /* 使数码管的第一段亮 */
      EA = 1;                         /* 置 EA = 1 */
      EX0 = 1;                        /* 允许 INT0 中断 */
      IT0 = 1;                        /* 边缘触发中断 */
      while(1);                       /* 等中断 */
}
```

13.2　实例 2　定时器计数器

1. 实验电路

定时器计数器实验电路如图 13.2 所示。

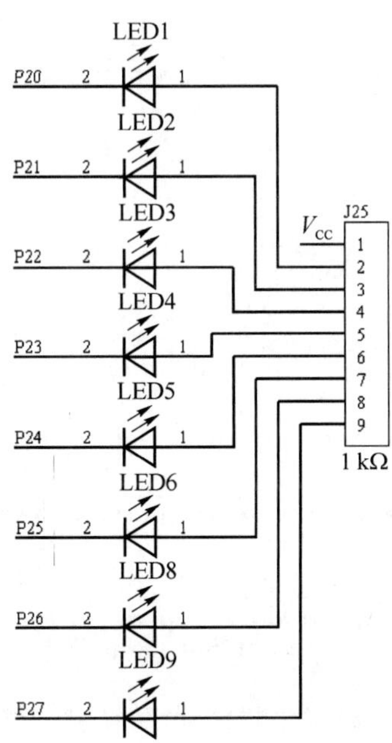

图 13.2　定时器计数器实验电路图

注意:执行本程序时要把跳线 JP1 跳在 LED 上,图 13.2 中 LED 接的是高电平(即 V_{CC})。位置:板子右上角,LED 灯正上方。

2. 实验原理

见本书定时器部分。

3. 实验任务

设计程序实现广告灯移位计时中断。

4. 实验程序

(1) 汇编语言程序

```
        ORG     0000H
        JMP     START
        ORG     0BH
        JMP     TIM0
START:  MOV     TMOD,#00H
        MOV     TH0,#0F0H
        MOV     TL0,#0CH
        SETB    EA
        SETB    TR0
        SETB    ET0
        MOV     R5,#100
        MOV     A,#0FEH
        MOV     P2,A
        LJMP     $
TIM0:   CLR     TR0                     ;中断服务程序
        MOV     TH0,#05H
        MOV     TL0,#01H
        SETB    TR0
        DJNZ    R5,LOOP
        MOV     R5,#100
        RL      A
        MOV     P2,A
LOOP:   RETI
        END
```

(2) C语言程序

```
/**************************************************************
模块名称:011.c
功    能:定时器中断方式的广告灯
说    明:无
****************************************************************/
#define uchar unsigned char                    //定义一下方便使用
#define uint unsigned int
#define ulong unsigned long
#include <reg52.h>                             //包括一个52标准内核的头文件
```

```
uchar code ledp[8] = {0xfe,0xfd,0xfb,0xf7,0xef,0xdf,0xbf,0x7f};//预定的写入 P2
的值
uchar temp;

/*******************************************************************
函 数 名:main()
功    能:主程序
说    明:无
入口参数:无
返 回 值:无
********************************************************************/
void main(void)                              // 主程序
{
temp = 0;
TMOD = 0x01;
TR0 = 1;                                     //启动定时器
ET0 = 1;                                     //打开定时器 2 中断
EA = 1;                                      //打开总中断
while(1)                                     //主程序循环
 {
        ;
 }
}
/*******************************************************************
函 数 名:time0()
功    能:定时器 0 中断服务程序
说    明:无
入口参数:无
返 回 值:无
********************************************************************/
timer0() interrupt 1
{
 TH0 = 0x05;                                 //定时器置初值
 TL0 = 0x01;
 P2 = ledp[temp];                            //查表送数
 temp ++ ;
 if(temp == 8)
 {
    temp = 0;
```

```
    }
}
```

13.3 实例3 串行口通信

1. 电路原理图

九针 COM 口三线通信方式连线如图 13.3 所示。

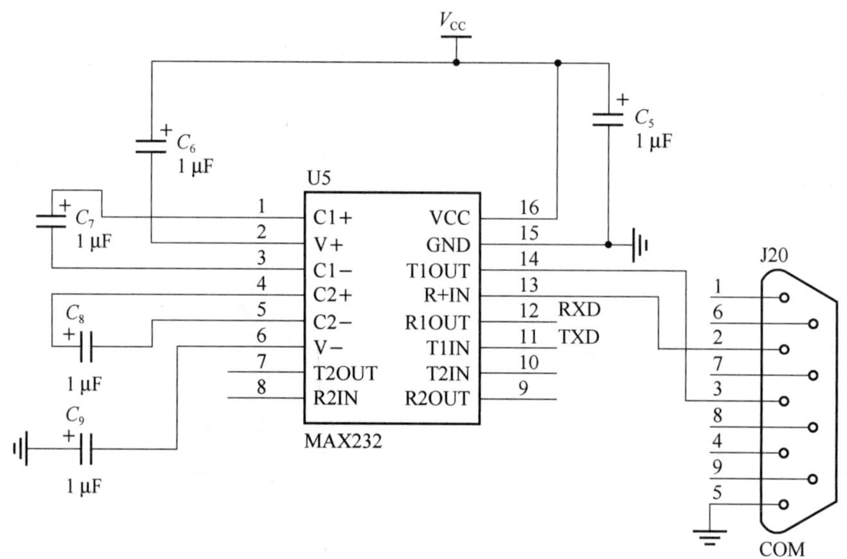

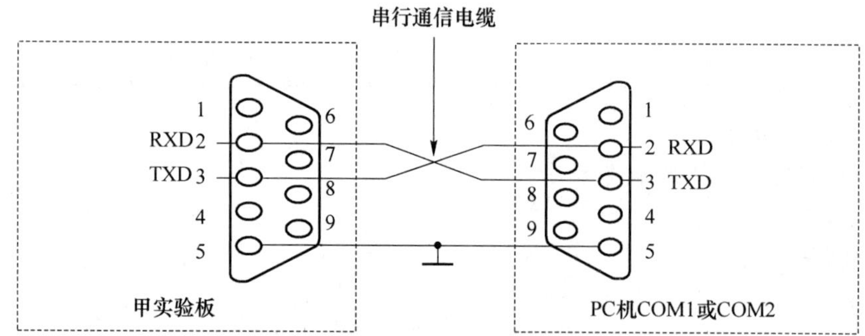

图 13.3 九针 COM 口三线通信连线图

2. 实验原理

见本书串行通信章节。

3. 实验任务

程序实现的功能是单片机向 PC 发送字符串“welcome! www.sfmcu.com”用串口调试助手可以看到。

注意:在进行串口通信时,首先是用串口线把单片机硬件和电脑串口相连,然后给单片机供电。写入程序后,关掉单片机电源拔掉串口线,打开串口调试助手,再给单片机上电即可观察到结果。

4. 实验程序

(1) 汇编语言程序

```
;**********************************************************************
;功能:按下一次 P0.0,实验板向 PC 机的串口单向发送一串字符“welcome.www.sfmcu.com”
;晶振 11.0952 MHz  通讯波特率为 9600 kbps,
;**********************************************************************
          ORG    0000H
          LJMP   MAIN
          ORG    0030H
MAIN:     MOV    SCON,#50H          ;设置成串口 1 方式
          MOV    TMOD,#20H          ;波特率发生器 T1 工作在模式 2 上
          MOV    PCON,#00H          ;SMOD = 0,不加倍
          MOV    TH1,#0FdH          ;预置初值,设波特率为 9 600 kbps
          MOV    TL1,#0FdH          ;预置初值
          SETB   TR1                ;启动定时器 T1

WRIT:     JB     P0.0,$             ;判断 K1 是否按下,如果没有按下就等待
          ACALL  DELAY10            ;延时 10 ms 消触点抖动
          JB     P0.0,WRIT          ;去除干扰信号
          JNB    P0.0,$             ;等待按键松开
          MOV    DPTR,#SENDBUF
LOOP:     MOV    A,#00H
          MOVC   A,@A+DPTR          ;查表取欲传送的数据
          JZ     FINISH             ;如遇到 0 则结束
          MOV    SBUF,A             ;将 AF 通过串口发送出去
BUSY:     JBC    TI,FREE
          SJMP   BUSY
FREE:     INC    DPTR               ;指向下一个地址
          INC    R5
          SJMP   LOOP               ;循环取数

FINISH:   AJMP   WRIT

DELAY10:  MOV    R1,#20             ;10 ms 延时子程序
D2:       MOV    R2,#248
          DJNZ   R2,$
          DJNZ   R1,D2
          RET
```

```
SENDBUF:DB 'welcome! www.sfmcu.com  ',00H
        END
```

(2) C语言程序

```
/*****************************************************************
模块名称:012.c
功    能:单片机与PC通信
说    明:
*****************************************************************/
/*****************************************************************
*     单片机发送字串"welcome! www.sfmcu.com \n\r"到PC      *
*****************************************************************/
#include <reg51.h>
#include <intrins.h>

char code str[] = "welcome! www.sfmcu.com \n\r";

void send_str();

/*****************************************************************
函 数 名:main()
功    能:主程序
说    明:无
入口参数:无
返 回 值:无
*****************************************************************/
main()
{
    TMOD = 0x20;              // 定时器1工作于8位自动重载模式,用于产生波特率
    TH1 = 0xFD;               // 波特率9 600 kbps
    TL1 = 0xFD;
    SCON = 0x50;              // 设定串行口工作方式
    PCON &= 0xef;             // 波特率不倍增

    TR1 = 1;                  // 启动定时器1
    IE = 0x0;                 // 禁止任何中断

    while(1)
    {

        send_str();           // 传送字串"welcome! www.sfmcu.com"
```

```
    }
}

/*********************************************************************
函 数 名:send_str()
功    能:传送字串子程序
说    明:无
入口参数:无
返 回 值:无
*********************************************************************/
void send_str()                    //传送字串
{
    unsigned char i = 0;
    while(str[i] != '\0')
    {
        SBUF = str[i];             //数据传送
        while(! TI);               // 等待数据传送
        TI = 0;                    // 清除数据传送标志
        i++;                       // 下一个字符
    }
}
```

第 14 章　扩展功能

14.1　温度测量(DS18B20)扩展

1. 器件介绍

美国 DALLAS 公司生产的 DS18B20 单总线数字温度传感器，具有微型化、低功耗、高性能、抗干扰能力强、可组网等优点，DS18B20 的测温分辨率较高，为 12 位，即温度分辨率可以达到 0.062 5 ℃；在 0 ～85 ℃温度范围内误差误差仅 0.5 ℃。DS18B20 可直接将温度转化成串行数字信号，因此特别适合和单片机配合使用，直接读取温度数据。目前 DS18B20 数字温度传感器已经广泛应用于恒温室、粮库、计算机机房温度监控及其他各种温度测控系统中。

DS18B20 引脚定义：

(1) DQ 为数字信号输入/输出端；

(2) GND 为电源地；

(3) VDD 为外接供电电源输入端(在寄生电源接线方式时接地)。

图 14.1　DS18B 20 实物图

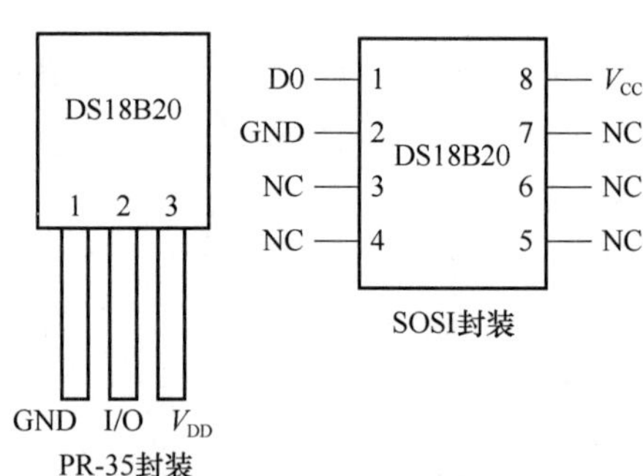

图 14.2　DS18B20 封装介绍

2. 实验电路

温度测量实验电路如图 14.3 所示。

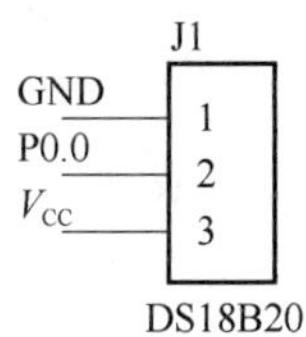

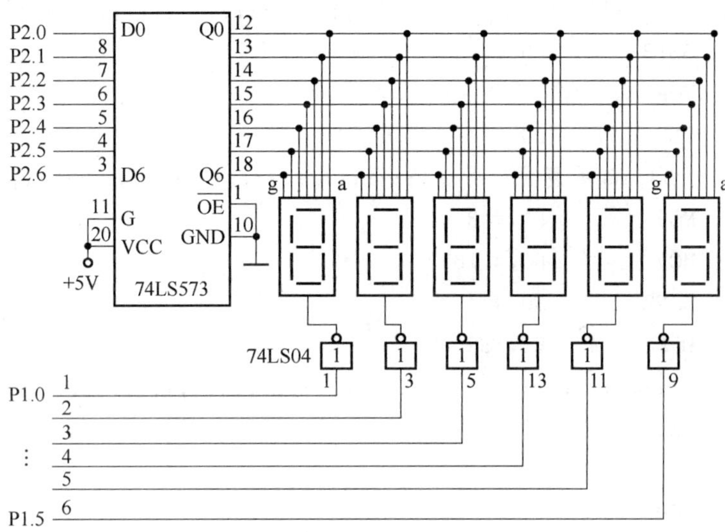

图 14.3　温度测量实验电路图

3. 实验任务

用 DS18B20 检测室内温度，达到报警的功能。

4. 实验程序

（1）汇编语言程序

```
          ORG         0000H
          TEMPER_L    EQU 29H         ;用于保存读出温度的低 8 位
          TEMPER_H    EQU 28H         ;用于保存读出温度的高 8 位
          FLAG1       EQU 38H         ;是否检测到 DS18B20 标志位
          A_BIT       EQU 20h         ;数码管个位数存放内存位置
          B_BIT       EQU 21h         ;数码管十位数存放内存位置
MAIN:     LCALL       GET_TEMPER      ;调用读取温度子程序
          MOV         P1,#00H
          MOV         A,29H
          MOV         C,40H           ;将 28H 中的最低位移入 C
          RRC         A
          MOV         C,41H
          RRC         A
          MOV         C,42H
```

```
            RRC         A
            MOV         C,43H
            RRC         A
            MOV         29H,A
            LCALL       DISPLAY         ;调用数码管显示子程序
            CPL         P0.4
            AJMP        MAIN
;这是DS18B20复位初始化子程序;;;;;;;;;;;;;;;;;;;;;;;;;;;;;;;;;;;;;;;;;
INIT_1820:  SETB        P0.0
            NOP
            CLR         P0.0
;主机发出延时537 ms的复位低脉冲;;;;;;;;;;;;;;;;;;;;;;;;;;;;;;;;;;;;;;;
            MOV         R1,#3
TSR1:       MOV         R0,#107
            DJNZ        R0,$
            DJNZ        R1,TSR1
;拉高数据线;;;;;;;;;;;;;;;;;;;;;;;;;;;;;;;;;;;;;;;;;;;;;;;;;;;;;;;;;;;
            SETB        P0.0
            NOP
            NOP
            NOP
            MOV         R0,#25H
TSR2:       JNB         P0.0,TSR3       ;等待DS18B20回应
            DJNZ        R0,TSR2
            LJMP        TSR4            ;延时
TSR3:       SETB        FLAG1           ;置标志位,表示DS1820存在
            CLR         P0.7            ;检查到DS18B20就点亮P1.7LED
            LJM         PTSR5
TSR4:       CLR         FLAG1           ;清标志位,表示DS1820不存在
            CLR         P0.4
            LJMP        TSR7
TSR5:       MOV         R0,#117
TSR6:       DJNZ        R0,TSR6         ;时序要求延时一段时间
TSR7:       SETB        P0.0
            RET
GET_TEMPER: SETB        P0.0
            LCALL       INIT_1820       ;先复位DS18B20
            JB          FLAG1,TSS2
            CLR         P0.5
            RET                         ;判断DS1820是否存在?若DS18B20不存在,
```

```
                                        ;则返回
TSS2:         CLR       P0.6            ;DS18B20 已经被检测到!
              MOV       A,#0CCH         ;跳过 ROM 匹配
              LCALL     WRITE_1820
              MOV       A,#44H          ;发出温度转换命令
              LCALL     WRITE_1820
              LCALL     DISPLAY
              LCALL     INIT_1820       ;准备读温度前先复位
              MOV       A,#0CCH         ;跳过 ROM 匹配
              LCALL     WRITE_1820
              MOV       A,#0BEH         ;发出读温度命令
              LCALL     WRITE_1820
              LCALL     READ_18200      ;将读出的温度数据保存到 35H/36H
              RET
WRITE_1820:   MOV       R2,#8           ;一共 8 位数据
              CLR       C
WR1:          CLR       P0.0
              MOV       R3,#6
              DJNZ      R3,$
              RRC       A
              MOV       P0.0,C
              MOV       R3,#23
              DJNZ      R3,$
              SETB      P0.0
              NOP
              DJNZ      R2,WR1
              SETB      P0.0
              RET
READ_18200:   MOV       R4,#2           ;将温度高位和低位从 DS18B20 中读出
              MOV       R1,#29H         ;低位存入 29H(TEMPER_L),高位存入
                                        ;28H(TEMPER_H)
RE00:         MOV       R2,#8           ;数据一共有 8 位
RE01:         CLR       C
              SETB      P0.0
              NOP
              NOP
              CLR       P0.0
              NOP
              NOP
              NOP
```

```
          SETB      P0.0
          MOV       R3,#9
RE10:     DJNZ      R3,RE10
          MOV       C,P0.0
          MOV       R3,#23
RE20:     DJNZ      R3,RE20
          RRC       A
          DJNZ      R2,RE01
          MOV       @R1,A
          DEC       R1
          DJNZ      R4,RE00
          RET
DISPLAY:  MOV       A,29H          ;将 29H 中的十六进制数转换成十进制
          MOV       B,#10          ;十进制/10 = 十位
          DIV       AB
          MOV       B_BIT,A        ;十位在 A
          MOV       A_BIT,B        ;个位在 B
          MOV       DPTR,#NUMTAB   ;指定查表起始地址
          MOV       R0,#4
DPL1:     MOV       R1,#250        ;显示 1 000 次
DPLOP:    MOV       A,A_BIT        ;取个位数
          MOVC      A,@A + DPTR    ;查个位数的 7 段代码
          MOV       P2,a           ;送出个位的 7 段代码
          SETB      P1.1           ;开个位显示
          ACALL     D1MS           ;显示 1 ms
          CLR       P1.1
          MOV       A,B_BIT        ;取十位数
          MOVC      A,@A + DPTR    ;查十位数的 7 段代码
          MOV       P2,A           ;送出十位的 7 段代码
          SETB      P1.0           ;开十位显示
          ACALLD1MS                ;显示 1 ms
          CLR       P1.0
          DJNZ      R1,DPLOP       ;100 次没完循环
          DJNZ      R0,DPL1        ;4 个 100 次没完循环
          RET
D1MS:     MOV       R7,#80
          DJNZ      R7,$
          RET
NUMTAB:   DB        03FH           ;0
          DB        006H           ;1
```

```
        DB        05BH        ;3
        DB        04FH        ;3
        DB        066H        ;4
        DB        06DH        ;5
        DB        07DH        ;6
        DB        007H        ;7
        DB        08FH        ;8
        DB        07FH        ;9

END
```

(2) C 语言程序

```
/*****************************************************************
模块名称:015.c
功    能:温度测量
说    明:
******************************************************************/
#include <REG51.H>
#include <intrins.h>
#define uint unsigned int
#define uchar unsigned char
sbit  ACC0 = ACC^0;
sbit  ACC7 = ACC^7;
sbit DQ = P0^0;          //温度传送数据 IO 口
char done,count,temp,flag,up_flag,down_flag;
uchar temp_value;        //温度值
uchar TempBuffer[3];
unsigned char code table1[] =
{0xdf,0x86,0xbb,0xaf,0xe6,0xed,0xfd,0x87,
0xff,0xef,0xf7,0xfc,0xd9,0xbe,0xf9,0xf1};

/*********** ds18b20 延迟子函数(晶振 12 MHz ) *******/
/*****************************************************************

函 数 名:delay_18B20()
功    能:延时程序
说    明:无
入口参数:无
返 回 值:无
******************************************************************/
void delay_18B20(unsigned int i)
```

```
{
    while(i--);
}

/********** ds18b20初始化函数 **********************/
/****************************************************************

函 数 名:Init_18B20()
功    能:ds18b20初始化程序
说    明:无
入口参数:无
返 回 值:无
*****************************************************************/
void Init_DS18B20(void)
{
    unsigned char x = 0;
    DQ  =  1;               //DQ复位
    delay_18B20(8);         //稍做延时
    DQ  =  0;               //单片机将DQ拉低
    delay_18B20(80);        //精确延时 大于480 μs
    DQ  =  1;               //拉高总线
    delay_18B20(14);
    x = DQ;                //稍做延时后,如果x = 0则初始化成功,x = 1则初始化失败
    delay_18B20(20);
}

/*********** ds18b20读一个字节 **************/
/****************************************************************

函 数 名:ReadOneChar()
功    能:ds18b20读一个字节
说    明:无
入口参数:无
返 回 值:无

/*****************************************************************/
unsigned char ReadOneChar(void)
{
    uchar i = 0;
    uchar dat  =  0;
```

```
    for (i=8;i>0;i--)
     {
          DQ = 0;          // 给脉冲信号
          dat>>=1;
          DQ = 1;          // 给脉冲信号
          if(DQ)
          dat|=0x80;
          delay_18B20(4);
     }
    return(dat);
}

/************** ds18b20 写一个字节 ****************/
/*******************************************************************

函 数 名:WriteOneChar()
功    能:ds18b20 写一个字节
说    明:无
入口参数:无
返 回 值:无
********************************************************************/
void WriteOneChar(uchar dat)
{
    unsigned char i=0;
    for (i=8; i>0; i--)
    {
        DQ = 0;
        DQ = dat&0x01;
        delay_18B20(5);
        DQ = 1;
        dat>>=1;
    }
}

/*************** 读取 ds18b20 当前温度 ************/
/*******************************************************************

函 数 名:ReadTemp()
功    能:读取 ds18b20 当前温度
说    明:无
```

```
入口参数:无
返 回 值:无

************************************************************************ /
void ReadTemp(void)
{
    unsigned char a = 0;
    unsigned char b = 0;
    unsigned char t = 0;

    Init_DS18B20();
    WriteOneChar(0xCC);   // 跳过读序号列号的操作
    WriteOneChar(0x44);   // 启动温度转换

    delay_18B20(100);     // this message is very important

    Init_DS18B20();
    WriteOneChar(0xCC);   //跳过读序号列号的操作
    WriteOneChar(0xBE);   //读取温度寄存器等(共可读 9 个寄存器) 前两个就是温度

    delay_18B20(100);

    a = ReadOneChar();    //读取温度值低位
    b = ReadOneChar();    //读取温度值高位
    temp_value = b<<4;
    temp_value + = (a&0xf0)>>4;
}
/ ***********************************************************************

函 数 名:temp_to_str()
功    能:ds18b20 温度数据转换
说    明:无
入口参数:无
返 回 值:无
************************************************************************ /
void temp_to_str()        //温度数据转换
{
  TempBuffer[0] = temp_value/10; //十位
  TempBuffer[1] = temp_value % 10; //个位
  TempBuffer[2] = '\0';
```

```
        P1 = 0x20;
        P2 = table1[TempBuffer[1]];
        delay_18B20(800);
        P1 = 0x10;
        P2 = table1[TempBuffer[0]];
        delay_18B20(800);
}
/ ********************************************************************
函 数 名:Delay1ms()
功    能:延时程序
说    明:无
入口参数:无
返 回 值:无
******************************************************************** /
void Delay1ms(unsigned int count)
{
    unsigned int i,j;
    for(i = 0;i<count;i ++ )
    for(j = 0;j<120;j ++ );
}

/ * 延时子程序 * /
void mdelay(uint delay)
{   uint i;
    for(;delay>0;delay - - )
        {for(i = 0;i<62;i ++ )              //1 ms 延时.
            {;}
        }
}

/ ********************************************************************
函 数 名:main()
功    能:主程序
说    明:无
入口参数:无
返 回 值:无
******************************************************************** /
main()
{
    Init_DS18B20( ) ;         //DS18B20 初始化
```

```
        ReadTemp();
        temp_to_str();
    //while(1)
    //{
    //}
    }
```

14.2 EEPROM 扩展

1. 器件介绍

EEPROM (Electrically Erasable Programmable Read-Only Memory),电可擦可编程只读存储器——一种掉电后数据不丢失的存储芯片。EEPROM 可以在电脑上或专用设备上擦除已有信息,重新编程一般用在即插即用。

EEPROM(电可擦写可编程只读存储器)是可用户更改的只读存储器(ROM),其可通过高于普通电压的作用来擦除和重编程(重写)。不像 EPROM 芯片,EEPROM 不需要从计算机中取出即可修改。在一个 EEPROM 中,当计算机在使用的时候是可频繁地重编程的,因此 EEPROM 的寿命是一个很重要的设计考虑参数。EEPROM 的一种特殊形式是闪存,其应用通常是个人电脑中的电压来擦写和重编程。

Microchip 公司的 24C04 是 4 K 位可擦除 PROM。芯片由 2 个或 4 个 256×8 位存储器块构成,并具有标准的两线串行接口,其引脚图如图 14.4 所示。可在电源电压低到 2.5 V 的条件下工作,等待电流和额定电流分别仅为 5 μA 和 1 mA。24C04 具有 8 B 页面写出能力。

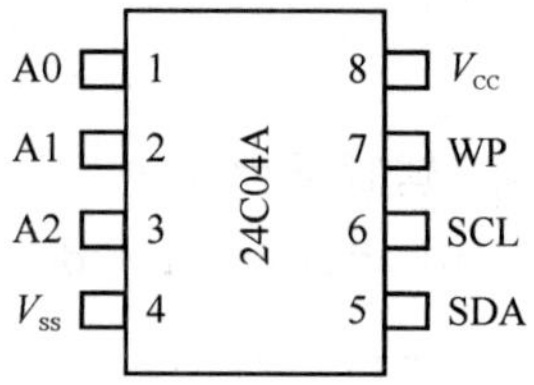

A0 1 · 8 V_{cc}
A1 2 · 7 WP
A2 3 · 6 SCL
V_{ss} 4 · 5 SDA
24C04A

图 14.4　24C04A 引脚图

2. 实验电路

EEPROM 实验原理如图 14.5 所示。

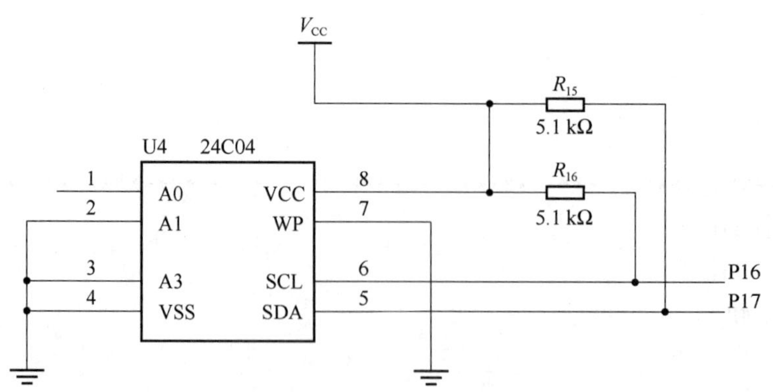

图 14.5　EEPROM 实验原理图

3. 实验任务

利用 24C04 断电以后存储的数据不消失的特点,可以做一个断电不间断计数器。

功能描述:单片机做一个 0～59 s 的自动计时器,用户可以随机关断系统电源,在通电以后计时器接着断电前的计数值继续计时。这个计数值是单片机把当前状态保存在 EEPROM 24C04 中的。

4. 实验程序

C 语言程序

```
/ ***********************************************************************
***********************************************************************
*** description:                                                    *****
*** 利用 24C04 断电以后存储的数据不消失的特点,可以做一个              *****
*** 断电保护装置。首先利用单片机做一个 0-59 s 的自动计时器。          *****
*** 然后随机关断电源,在通电以后计时器接着断电前的状态继续            *****
*** 计时。                                                          *****
***********************************************************************
*********************************************************************** /
/ **************************************************************
模块名称:017.c
功    能:EEPROM
说    明:
*********************************************************************** /
#include <AT89X52.H>
#include <stdio.h>
#include <absacc.h>
unsigned char code table[] = {0xdf,0x86,0xbb,0xaf,0xe6,0xed,0xfd,0x87,
0xff,0xef,};
unsigned char sec; //定义计数值,每过 1 s,sec 加 1
unsigned int tcnt; //定时中断次数
bit write = 0; //写 24C04 的标志;
sbit gewei = P1^0; //个位选通定义
sbit shiwei = P1^1; //十位选通定义
/////////24C04 读写驱动程序////////////////////
sbit scl = P1^6; // 24c04 SCL
sbit sda = P1^7; // 24c04 SDA
/ ***********************************************************************
函 数 名:delay1()
功    能:延时子程序
说    明:无
入口参数:无
返 回 值:无
*********************************************************************** /
void delay1(unsigned char x)
```

```
{
        unsigned int i;
        for(i = 0;i<x;i++);
}
/***************************************************************************
函  数  名:flash()
功      能:空操作程序
说      明:无
入口参数:无
返  回  值:无
***************************************************************************/
void flash()
{ ; ; }
/***************************************************************************
函  数  名:x24c04_init()
功      能:24c04 初始化子程序
说      明:无
入口参数:无
返  回  值:无
***************************************************************************/
void x24c04_init() //24c04 初始化子程序
{
    scl = 1;
    flash();
    sda = 1;
    flash();
}
/***************************************************************************
函  数  名:start()
功      能:启动 I2C 总线子程序
说      明:无
入口参数:无
返  回  值:无
***************************************************************************/
void start() //启动 I2C 总线
{
    sda = 1;
    flash();
```

```
    scl = 1;
    flash();
    sda = 0;
    flash();
    scl = 0;
    flash();
}
/**************************************************************************
函 数 名:stop()
功    能:停止 I2C 总线子程序
说    明:无
入口参数:无
返 回 值:无
************************************************************************* /
void stop() //停止 I2C 总线
{
    sda = 0;
    flash();
    scl = 1;
    flash();
    sda = 1;
    flash();
}
**************************************************************************
函 数 名:writex()
功    能:写一个字节总线子程序
说    明:无
入口参数:无
返 回 值:无
************************************************************************* /
void writex(unsigned char j) //写一个字节
{
    unsigned char i,temp;
    temp = j;
    for (i = 0;i<8;i++)
    {
      temp = temp<<1;
      scl = 0;
```

```
      flash();
      sda = CY;
      flash();
      scl = 1;
      flash();
    }
    scl = 0;
    flash();
    sda = 1;
    flash();
}
/ ***************************************************************************
函 数 名:readx()
功    能:读一个字节子程序
说    明:无
入口参数:无
返 回 值:无
*************************************************************************** /
unsigned char readx() //读一个字节
{
    unsigned char i,j,k = 0;
    scl = 0;
    flash();
    sda = 1;
    for (i = 0;i<8;i ++ )
      {
        flash();
        scl = 1;
        flash();
        if (sda == 1) j = 1;
        else j = 0;
        k = (k<<1)|j;
        scl = 0;
      }
    flash();
    return(k);
}
/ ***************************************************************************
```

```
函 数 名:clock()
功    能:I2C 总线时钟子程序
说    明:无
入口参数:无
返 回 值:无
************************************************************************/
void clock() // I2C 总线时钟
{
    unsigned char i = 0;
    scl = 1;
    flash();
    while ((sda == 1)&&(i<255))i ++ ;
    scl = 0;
    flash();
}
////////从 24c04 的地址 address 中读取一个字节数据/////
/************************************************************************
函 数 名:x24c04_read()
功    能:读 I2C 一字节子程序
说    明:从 I2C 的地址 address 中读取一个字节数据
入口参数:无
返 回 值:无
************************************************************************/
unsigned char x24c04_read(unsigned char address)
{
    unsigned char i;
    start();
    writex(0xa0);
    clock();
    writex(address);
    clock();
    start();
    writex(0xa1);
    clock();
    i = readx();
    stop();
    delay1(10);
    return(i);
```

```
}
//////向 24c04 的 address 地址中写入一字节数据 info/////
/ ************************************************************************
函 数 名:x24c04_write()
功    能:写一字节子程序
说    明:向 I2C 的地址 address 中写入一个字节数据
入口参数:无
返 回 值:无
************************************************************************ /
void x24c04_write(unsigned char address,unsigned char info)
{
    EA = 0;
    start();
    writex(0xa0);
    clock();
    writex(address);
    clock();
    writex(info);
    clock();
    stop();
    EA = 1;
    delay1(50);
}
/////////////24C04 读写驱动程序完/////////////////////
/ ************************************************************************
函 数 名:Delay()
功    能:延时程序
说    明:
入口参数:无
返 回 值:无
************************************************************************ /
void Delay(unsigned int tc) //延时程序
{
    while( tc ! = 0 )
      {
        unsigned int i;
        for(i = 0; i<100; i + + );
        tc - - ;
```

```
        }
}
/**********************************************************************
函 数 名:LED()
功    能:LED 显示子程序
说    明:
入口参数:无
返 回 值:无
**********************************************************************/
void LED()                  //LED 显示函数
{
    shiwei = 0;
    P2 = table[sec/10]|0x80;
    Delay(8);
    shiwei = 1;
    gewei = 0;
    P2 = table[sec % 10]|0x80;
    Delay(5);
    gewei = 1;
}
/**********************************************************************
函 数 名:t0()
功    能:定时中断服务程序
说    明:从 I2C 的地址 address 中读取一个字节数据
入口参数:无
返 回 值:无
**********************************************************************/
void t0(void) interrupt 1 using 0           //定时中断服务函数
{
    TH0 = (65536 - 50000)/256;              //对 TH0 TL0 赋值
    TL0 = (65536 - 50000) % 256;            //重装计数初值
    tcnt ++ ;                               //每过 250 μs tcnt 加 1
    if(tcnt == 20)                          //计满 20 次(1 s)时
      {
        tcnt = 0;                           //重新再计
        sec ++ ;
        write = 1;                          //1 s 写一次 24C04
        if(sec == 60)                       //定时 60 s,再从零开始计时
```

```
            {sec = 0;}
        }
}
/*************************************************************************
函 数 名:main()
功    能:主程序
说    明:
入口参数:无
返 回 值:无
************************************************************************/
void main(void)
{
    P1 = 0;
    TMOD = 0x01;                          //定时器工作在方式1
    ET0 = 1; EA = 1;
    x24c04_init();                        //初始化24C04
    sec = x24c04_read(2);                 //读出保存的数据赋于sec
    TH0 = (65536-50000)/256;              //对TH0 TL0赋值
    TL0 = (65536-50000) % 256;            //使定时器0.05 s中断一次
    TR0 = 1;                              //开始计时
    while(1)
      {
        LED();
        if(write == 1)                    //判断计时器是否计时1 s
          {
            write = 0;                    //清0
            x24c04_write(2,sec);          //在24c08的地址2中写入数据sec
          }
      }
}
```

14.3 继电器控制电路扩展

1. 器件介绍

在各种自动控制设备中,都存在一个低压自动控制电路与高压电气电路的互相连接问题,一方面要使低压的电子电路的控制信号能够控制高压电气电路的执行元件,如电动机、电磁铁、电灯等;另一方面又要为电子线路的电气电路提供良好的电隔离,以保护电子电路和人身的安全,电磁式继电器便能完成这一桥梁作用。

电磁继电器是在输入电路内电流的作用下,由机械部件的相对运动产生预定响应的一种继电器。它包括直流电磁继电器、交流电磁继电器、磁保持继电器、极化继电器、舌簧继电器、节能功率继电器。

(1) 直流电磁继电器：输入电路中的控制电流为直流的电磁继电器。

(2) 交流电磁继电器：输入电路中的控制电流为交流的电磁继电器。

(3) 磁保持继电器：将磁钢引入磁回路，继电器线圈断电后，继电器的衔铁仍能保持在线圈通电时的状态，具有两个稳定状态。

(4) 极化继电器：状态改变取决于输入激励量极性的一种直流继电器。

(5) 舌簧继电器：利用密封在管内，具有触点簧片和衔铁磁路双重作用的舌簧的动作来开、闭或转换线路的继电器。

(6) 节能功率继电器：输入电路中的控制电流为交流的电磁继电器，但它的电流大（一般30～100 A)，体积小，节电功能。

电磁式继电器一般由控制线圈、铁芯、衔铁、触点簧片等组成，控制线圈和接点组之间是相互绝缘的，因此，能够为控制电路起到良好的电气隔离作用。当我们在继电器的线圈两头加上其线圈的额定的电压时，线圈中就会流过一定的电流，从而产生电磁效应，衔铁就会在电磁力吸引的作用下克服返回弹簧的拉力吸向铁芯，从而带动衔铁的动触点与静触点（常开触点）吸合。当线圈断电后，电磁的吸力也随之消失，衔铁就会在弹簧的反作用力返回原来的位置，使动触点与原来的静触点（常闭触点）吸合。这样吸合、释放，从而达到了在电路中的接通、切断的开关目的。

根据图 14.6 所示电路的驱动原理：

(1) 当 AT89S51 单片机的 P1.5 引脚输出低电平时，三极管 Q3 饱和导通，+5 V 电源加到继电器线圈两端，继电器吸合，同时状态指示的发光二极管也点亮，继电器的常开触点闭合，相当于开关闭合；

(2) 当 AT89S51 单片机的 P1.5 引脚输出高电平时，三极管 Q3 截止，继电器线圈两端没有电位差，继电器衔铁释放，同时状态指示的发光二极管也熄灭，继电器的常开触点释放，相当于开关断开。注意：在三极管截止的瞬间，由于线圈中的电流不能突变为零，继电器线圈两端会产生一个较高电压的感应电动势，线圈产生的感应电动势则可以通过二极管 VD10 释放，从而保护了三极管免被击穿，也消除了感应电动势对其他电路的干扰，这就是二极管 VD10 的保护作用。

2. 实验电路

继电器实验电路如图 14.6 所示。

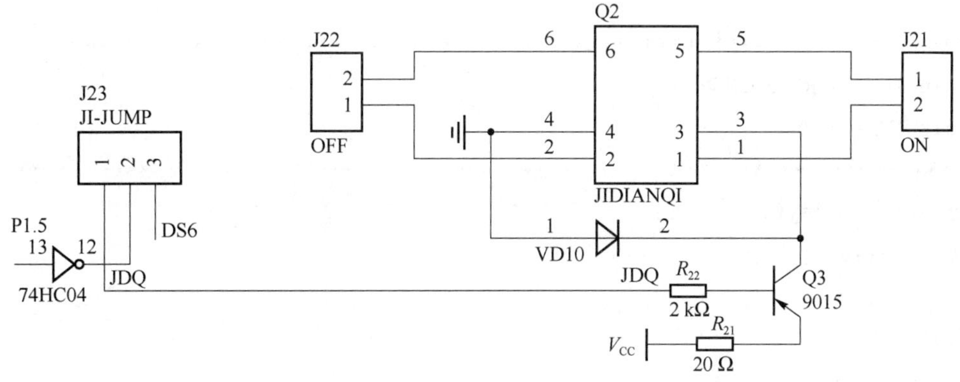

图 14.6　继电器实验电路图

3. 实验任务

实现继电器吸合、断开的控制。单片机驱动继电器吸合延时1 s后释放,继电器输出接点也就跟着继电器的动作而反复通断开关了。

4. 实验程序

(1) 汇编语言程序

```
        ORG     0000H
        AJMP    START           ;跳转到初始化程序
        ORG     0033H
START:  MOV     SP,#50H         ;SP初始化
        MOV     P3,#0FFH        ;端口初始化

MAIN:   CLR     P1.5            ;P1.5输出低电平,继电器释放
        ACALL   DELAY           ;延时保持一段时间
        SETB    P1.5            ;P1.5输出高电平,继电器吸合
        ACALL   DELAY           ;延时保持一段时间
        AJMP    MAIN            ;返回重复循环

DELAY:  MOV     R1,#20          ;延时子程序
Y1:     MOV     R2,#100
Y2:     MOV     R3,#228
        DJNZ    R3,$
        DJNZ    R2,Y2
        DJNZ    R1,Y1
        RET                     ;延时子程序返回
        END
```

(2) C语言程序

```
/*************************************************************************
模块名称:016.c
功    能:继电器控制
说    明:
*************************************************************************/
#include <REG51.H>
sbit P15 = P1^5 ;
/*************************************************************************
函 数 名:delay()
功    能:延时程序
说    明:无
入口参数:无
返 回 值:无
*************************************************************************/
```

```
void delay(void)

{
  unsigned char m,n,s;
  for(m = 20;m>0;m --)
  for(n = 20;n>0;n --)
  for(s = 248;s>0;s --);
}
/ ************************************************************************
函 数 名:main()
功      能:主程序
说      明:无
入口参数:无
返 回 值:无
************************************************************************ /
void main(void)
{
  while(1)
    {
    P15 = ! P15;                    //吸合
    delay();
    delay();
    delay();
    P15 = ! P15;                    //断开
    delay();
    delay();
    delay();
    }
}
```

14.4　时钟芯片(DS1302)扩展

1. 器件介绍

DS1302 是 DALLAS 公司推出的涓流充电时钟芯片,内含有一个实时时钟/日历和 31 字节静态 RAM,通过简单的串行接口与单片机进行通信,实时时钟/日历电路提供秒、分、时、日、星期、月、年的信息,每月的天数和闰年的天数可自动调整,时钟操作可通过 AM/PM 指示决定采用 24 或 12 小时格式。DS1302 与单片机之间能简单地采用同步串行的方式进行通信,仅需用到三个口线:RES 复位、I/O 数据线、SCLK 串行时钟/RAM 的读/写数据,以一个字节或多达 31 个字节的字符组方式通信。DS1302 工作时功耗很低,保持数据和时钟信息时功率小于 1 mW。DS1302 是由 DS1202 改进而来,增加了双电源引脚,用于主电源和备份电源供应。V_{CC1}为可编程涓流充电电源,附加 7 个字节存储器,它广泛应用于电话、传真、便携式仪器以及电池供电的仪器仪表等产品领域,下面将主要的性能指标作一综合。

- 实时时钟具有能计算 2100 年之前的秒、分、时、日期、星期、月和年的能力,还有闰年调整的能力。
- 31 字节 8 位暂存数据存储 RAM。
- 串行 I/O 口方式使得管脚数量最少。
- 宽范围工作电压 2.0～5.5 V。
- 电压 2.0 V 时,工作电流小于 300 nA。
- 读/写时钟或 RAM 数据时,有两种传送方式:单字节传送和多字节传送字符组方式。
- 8 脚 DIP 封装或可选的 8 脚 SOIC 封装根据表面装配。
- 简单 3 线接口。
- 与 TTL 兼容 $V_{CC}=5$ V。
- 可选工业级温度范围 $-40\sim+85$ ℃。
- 与 DS1202 兼容。
- 在 DS1202 基础上增加的特性。
- 对 V_{CC1}有可选的涓流充电能力。
- 双电源引脚用于主电源和备份电源供应。
- 备份电源引脚可由电池或大容量电容输入。
- 附加的 7 字节暂存存储器。

(1) DS1302 的引脚及功能

8 脚 DIP 封装的引脚排列如图 14.7 所示。

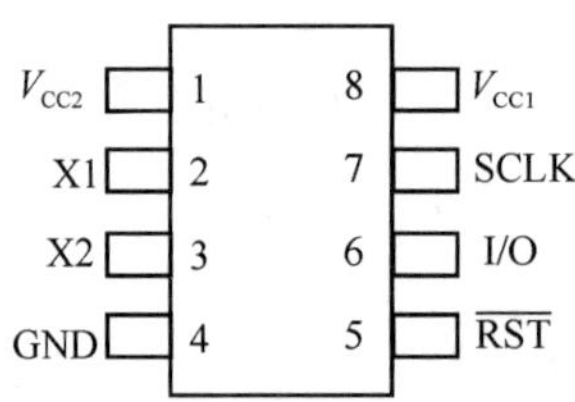

图 14.7　DS1302 的引脚图

V_{CC1}接后备电源,V_{CC2}接主电源:在主电源关闭的情况下,也能保持时钟的连续运行。DS1302 由 V_{CC1}或 V_{CC2}两者中的较大者供电。

当 $V_{CC2}>V_{CC1}+0.2$ V 时,V_{CC2}给 DS1302 供电。当 $V_{CC2}<V_{CC1}$时,DS1302 由 V_{CC1}供电。

X1 和 X2:外接 32.768 kHz 晶振,为芯片提供计时脉冲。

$\overline{RST}$:复位/片选线。

I/O:串行数据输入输出端(双向)。

SCLK:串行时钟输入端。

(2) DS1302 的寄存器

DS1302 有 12 个寄存器,其中有 7 个寄存器与日历、时钟相关,数据格式为 BCD 码,其日历、时间寄存器及其控制字如表 14.1 所示。控制寄存器及其控制字如图 14.8所示,WP=1 为写保护。

表 14.1　日历、时间寄存器及其控制字

寄存器名称	命令字		取值范围	各位内容							
	写操作	读操作		7	6	5	4	3	2	1	0
秒寄存器	80H	81H	00～59	CH	10SEC			SEC			
分寄存器	82H	83H	00～59	0	10MIN			MIN			
时寄存器	84H	85H	01～12 或 00～23	12/24	0	10	HR	HR			
日寄存器	86H	87H	01～28,29,30,31	0	0	10DATE		DATE			
月寄存器	88H	89H	01～12	0	0	0	10M	MONTH			
周寄存器	8AH	8BH	01～07	0	0	0	0	0	DAY		
年寄存器	8CH	8DH	00～99	10YEAR				YEAR			

CONTROL	1	0	0	0	1	1	1	RD/W

WP	0	0	0	0	0	0	0

图 14.8　控制寄存器及控制字

此外，DS1302 还有年份寄存器、控制寄存器、充电寄存器、时钟突发寄存器及与 RAM 相关的寄存器等。时钟突发寄存器可一次性顺序读写除充电寄存器外的所有寄存器内容。DS1302 与 RAM 相关的寄存器分为两类：一类是单个 RAM 单元，共 31 个，每个单元组态为一个 8 位的字节，其命令控制字为 C0H～FDH，其中奇数为读操作，偶数为写操作；另一类为突发方式下的 RAM 寄存器，此方式下可一次性读写所有的 RAM 的31 B，命令控制字为 FEH（写）、FFH（读）。

2. 实验电路

DS1302 时钟实验电路如图 14.9 所示。

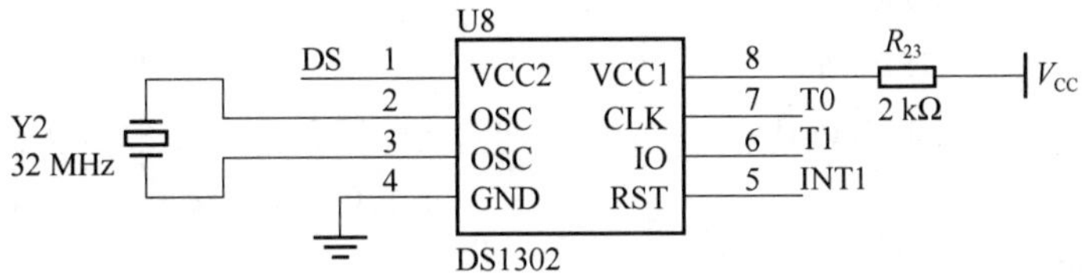

图 14.9　DS1302 时钟实验电路图

3. 实验任务

程序从 DS1302 读取时钟并在数码管中显示。

4. 实验程序

(1) 汇编语言程序

```
;每次上电,必须把秒寄存器高位(第 7 位)设置为 0,时钟才能走时
;如果需要写入数据和时钟日历信息,必须把"写保护"寄存器设置成为 0
;内存数据定义,本程序初始时间为 13:59:59,写入程序后自动走时
    BitCnt        data 30h                ;数据位计数器
    ByteCnt       data 31h                ;数据字节计数器
    Command       data 32h                ;命令字节地址
```

```
    RcvDat      DATA 40H                  ;接收数据缓冲区
    XmtDat      DATA 50H                  ;发送数据缓冲区
;端口位定义
    IO_DATA     bit P3.5                  ;数据传送总线
    SCLK        bit P3.4                  ;时钟控制总线
    RST         bit P3.3                  ;复位总线

        ORG     0000H
        AJMP    START
        ORG     0030H
START:  CLR     RST
        MOV     SP,#2AH
        MOV     P3,#0FFH
;--------------------------------初始化1302-----------------------
SET1302:
        LCALL   Write_Enable              ;写允许
        LCALL   Osc_Disable               ;当把秒寄存器的第7位时钟停止位设
                                          ;置为1时,时钟振荡器停止HT1380进
                                          ;入低功耗方式
        LCALL   CLEAR_Multiplebyte
        LCALL   Write_Singlebyte
        LCALL   Write_Multiplebyte        ;初始化1302,将我们要设定的数据写入
LOOP:   LCALL   Read_Multiplebyte         ;将我们设定的数据读出来
        LCALL   CHANGE
        LCALL   DISPLAY
        LCALL   Osc_Enable                ;当把秒寄存器的第7位时钟停止位设置
                                          ;为0时,起动时钟开始
        LJMP    LOOP


;*************************************************************************
*****************
;发送数据程序
;名称:Send_Byte
;描述:发送ByteCnt个字节给被控器DS1302
;命令字节地址在Command中
;所发送数据的字节数在ByteCnt中发送的数据在XmtDat缓冲区中
;*************************************************************************
*****************
Send_Byte:
```

```
        CLR     RST                    ;复位引脚为低电平所有数据传送终止
        NOP
        CLR     SCLK                   ; 清时钟总线
        NOP
        SETB    RST                    ;复位引脚为高电平逻辑控制有效
        NOP
        MOV     A,Command              ; 准备发送命令字节
        MOV     BitCnt,#08h            ;传送位数为 08h
    S_Byte0:RRCA                       ;将最低位传送给进位位 C
        MOV     IO_DATA,C              ;位传送至数据总线
        NOP
        SETB    SCLK                   ;时钟上升沿发送数据有效
        NOP
        CLR     SCLK                   ;清时钟总线
        DJNZ    BitCnt,S_Byte0         ;位传送未完毕则继续
        NOP
    S_Byte1:                           ;准备发送数据
        MOV     A,@R0                  ;传送数据过程与传送命令相同
        MOV     BitCnt,#08h
    S_Byte2:
        RRC     A
        MOV     IO_DATA,C
        NOP
        SETB    SCLK
        NOP
        CLR     SCLK
        DJNZ    BitCnt,S_Byte2
        INC     R0                     ;发送数据的内存地址加 1
        DJNZ    ByteCnt,S_Byte1        ;字节传送未完毕则继续
        NOP
        CLR     RST                    ;逻辑操作完毕清 RST
        RET
    ;****************************************************************************
*************
    ;接收数据程序;
    ;名称:Receive_Byte
    ;描述:从被控器 DS1302 接收 ByteCnt 个字节数据
    ;命令字节地址在 Command 中
    ;所接收数据的字节数在 ByteCnt 中接收的数据在 RcvDat 缓冲区中
    ;****************************************************************************
```

```
*********
    Receive_Byte:
        CLR     RST                 ;复位引脚为低电平所有数据传送终止
        NOP
        CLR     SCLK                ;清时钟总线
        NOP
        SETB    RST                 ;复位引脚为高电平逻辑控制有效
        MOV     A,Command           ;准备发送命令字节
        MOV     BitCnt,#08h         ;传送位数为 08h
    R_Byte0:
        RRC     A                   ;将最低位传送给进位位 C
        MOV     IO_DATA,C           ;位传送至数据总线
        NOP
        SETB    SCLK                ;时钟上升沿发送数据有效
        NOP
        CLR     SCLK                ;清时钟总线
        DJNZ    BitCnt,R_Byte0      ;位传送未完毕则继续
        NOP
    R_Byte1:                        ;准备接收数据
        CLR     A                   ;清类加器
        CLR     C                   ;清进位位 C
        MOV     BitCnt,#08h         ;接收位数为 08h
    R_Byte2:
        NOP
        MOV     C,IO_DATA           ;数据总线上的数据传送给 C
        RRC     A                   ;从最低位接收数据
        SETB    SCLK                ;时钟总线置高
        NOP
        CLR     SCLK                ;时钟下降沿接收数据有效
        DJNZ    BitCnt,R_Byte2      ;位接收未完毕则继续
        MOV     @R1,A               ;接收到的完整数据字节放入接收内存缓冲区
        INC     R1                  ;接收数据的内存地址加 1
        DJNZ    ByteCnt,R_Byte1     ;字节接收未完毕则继续
        NOP
        CLR     RST                 ;逻辑操作完毕清 RST
        RET

    ;—写保护寄存器操作————————————————————————————
    Write_Enable:
        MOV     Command,#8Eh        ;命令字节为 8Eh
```

```
    MOV     ByteCnt,#1          ;单字节传送模式
    MOV     R0,#XmtDat          ;数据地址覆给 R0
    MOV     XmtDat,#00h         ;数据内容为 00h 写入允许
    ACALL   Send_Byte           ;调用写入数据子程序
    RET

;当写保护寄存器的最高位为 1 时,禁止数据写入寄存器——————————
Write_Disable:
    MOV     Command,#8Eh        ;命令字节为 8Eh
    MOV     ByteCnt,#1          ;单字节传送模式
    MOV     R0,#XmtDat          ;数据地址赋给 R0
    MOV     XmtDat,#80h         ;数据内容为 80h 禁止写入
    ACALL   Send_Byte           ;调用写入数据子程序
    RET                         ;返回调用本子程序处

;当把秒寄存器的第 7 位时钟停止位设置为 0 时,起动时钟开始—————
Osc_Enable:
    MOV     Command,#80h        ;命令字节为 80h
    MOV     ByteCnt,#1          ;单字节传送模式
    MOV     R0,#XmtDat          ;数据地址赋给 R0
    MOV     XmtDat,#00h         ;数据内容为 00h 振荡器工作允许
    ACALL   Send_Byte           ;调用写入数据子程序
    RET                         ;返回调用本子程序处

;当把秒寄存器的第 7 位时钟停止位设置为 1 时,时钟振荡器停止,HT1380 进入低功耗方
式——————————
Osc_Disable:
    MOV     Command,#80h        ;命令字节为 80h
    MOV     ByteCnt,#1          ;单字节传送模式
    MOV     R0,#XmtDat          ;数据地址赋给 R0
    MOV     XmtDat,#80h         ;数据内容为 80h 振荡器停止
    ACALL   Send_Byte           ;调用写入数据子程序
    RET                         ;返回调用本子程序处

;写入 00 年 6 月 21 日星期三 13 时 59 分 59 ——————————————
Write_Multiplebyte:
    MOV     Command,#0BEh       ;命令字节为 0BEh
    MOV     ByteCnt,#8          ;多字节写入模式此模块为 8 个
    MOV     R0,#XmtDat          ;数据地址赋给 R0
    MOV     XmtDat,#59h         ;秒单元内容为 59h
```

```
    MOV     XmtDat+1,#59h        ;分单元内容为59h
    MOV     XmtDat+2,#13h        ;时单元内容为13h
    MOV     XmtDat+3,#21h        ;日期单元内容为21h
    MOV     XmtDat+4,#06h        ;月单元内容为06h
    MOV     XmtDat+5,#03h        ;星期单元内容为03h
    MOV     XmtDat+6,#00h        ;年单元内容为00h
    MOV     XmtDat+7,#00h        ;写保护单元内容为00h
    ACALL   Send_Byte            ;调用写入数据子程序
    RET                          ;返回调用本子程序处

;清0 ——————————————————
CLEAR_Multiplebyte:
    MOV     Command,#0BEh        ;命令字节为BEh
    MOV     ByteCnt,#8           ;多字节写入模式此模块为8个
    MOV     R0,#XmtDat           ;数据地址覆给R0
    MOV     XmtDat,#00h          ;秒单元内容为00h
    MOV     XmtDat+1,#00h        ;分单元内容为00h
    MOV     XmtDat+2,#00h        ;时单元内容为00h
    MOV     XmtDat+3,#00h        ;日期单元内容为00h
    MOV     XmtDat+4,#06h        ;月单元内容为06h
    MOV     XmtDat+5,#03h        ;星期单元内容为03h
    MOV     XmtDat+6,#00h        ;年单元内容为00h
    MOV     XmtDat+7,#00h        ;写保护单元内容为00h
    ACALL   Send_Byte            ;调用写入数据子程序
    RET                          ;返回调用本子程序处

;读出寄存器0-7的内容程序设置如下
Read_Multiplebyte:
    MOV Command,#0BFh            ;命令字节为0BFh
    MOV ByteCnt,#8               ;多字节读出模式此模块为8个
    MOV R1,#RcvDat               ;数据地址赋给R1
    ACALL Receive_Byte           ;调用读出数据子程序
    RET                          ;返回调用本子程序处


;写入8时12小时模式程序设置如下
Write_Singlebyte:
    MOV     Command,#84h         ;命令字节为84h
    MOV     ByteCnt,#1           ;单字节传送模式
    MOV     R0,#XmtDat           ;数据地址赋给R0
```

```
    MOV     XmtDat,#88h           ;数据内容为 88h
    ACALL   Send_Byte             ;调用写入数据子程序
    RET                           ;返回调用本子程序处

DELAY:  MOV     R6,#4
  D01:  MOV     R7,#123
        NOP
  D02:  DJNZ    R7,D02
        DJNZ    R6,D01
        RET
CHANGE:
        MOV     A,40H
        ;DA     A
        MOV     B,A
        ANL     A,#0FH
        MOV     60H,A
        MOV     A,B
        ANL     A,#0F0H
        SWAP    A
        MOV     61H,A
        MOV     A,41H
        ;DA     A
        MOV     B,A
        ANL     A,#0FH
        MOV     62H,A
        MOV     A,B
        ANL     A,#0F0H
        SWAP    A
        MOV     63H,A
        MOV     A,42H
        ;DA     A
        MOV     B,A
        ANL     A,#0FH
        MOV     64H,A
        MOV     A,B
        ANL     A,#0F0H
        SWAP    A
        MOV     65H,A
        RET
DISPLAY: MOV    DPTR,#ZIXINGMA
```

```
        MOV     P1,#20H                         ;选择第一位数码管
        MOV     A,60H
        MOVC    A,@A+DPTR
        MOV     P2,A                            ;送显示数据
        LCALL   DELAY                           ;调用延时程序
;;;;;;;;;;;;;;;;;;;;;;;;;;;;;;;;;;;;;;;;;;;;;;;;;;;;;
        MOV     P1,#10H                         ;下同
        MOV     A,61H
        MOVC    A,@A+DPTR
        MOV     P2,A
        LCALL   DELAY
;;;;;;;;;;;;;;;;;;;;;;;;;;;;;;;;;;;;;;;;;;;;;;;;;;;;;
        MOV     P1,#08H
        MOV     A,62H
        MOVC    A,@A+DPTR
        MOV     P2,A
        LCALL   DELAY
;;;;;;;;;;;;;;;;;;;;;;;;;;;;;;;;;;;;;;;;;;;;;;;;;;;;;;
        MOV     P1,#04H
        MOV     A,63H
        MOVC    A,@A+DPTR
        MOV     P2,A
        LCALL   DELAY
;;;;;;;;;;;;;;;;;;;;;;;;;;;;;;;;;;;;;;;;;;;;;;;;;;;;;;
        MOV     P1,#02H
        MOV     A,64H
        MOVC    A,@A+DPTR
        MOV     P2,A
        LCALL   DELAY
;;;;;;;;;;;;;;;;;;;;;;;;;;;;;;;;;;;;;;;;;;;;;;;;;;
        MOV     P1,#01H
        MOV     A,65H
        MOVC    A,@A+DPTR
        MOV     P2,A
        LCALL   DELAY
        RET
ZIXINGMA:
        DB      05FH    ;0
        DB      006H    ;1
        DB      03BH    ;2
```

```
            DB      02FH    ;3
            DB      066H    ;4
            DB      06DH    ;5
            DB      07DH    ;6
            DB      007H    ;7
            DB      07FH    ;8
            DB      06FH    ;9
            DB      077H    ;A
            DB      07CH    ;B
            DB      059H    ;C
            DB      03EH    ;D
            DB      079H    ;E
            DB      071H    ;F
            DB      000H    ;OFF
;===========================================================================
====================
END
```

(2) C 语言程序

```
/************************************************************************
功    能:实时时钟模块              时钟芯片型号:DS1302
说    明:
************************************************************************/
#include <reg52.h>
#define uchar unsigned char   //宏定义
#define uint unsigned int

sbit     T_CLK      = P3^4;   /*实时时钟时钟线引脚 */
sbit     T_IO       = P3^5;   /*实时时钟数据线引脚 */
sbit     T_RST      = P3^3;   /*实时时钟复位线引脚 */

sbit  ACC0  =  ACC^0;
sbit  ACC7  =  ACC^7;
unsigned char code table[] =
{0xdf,0x86,0xbb,0xaf,0xe6,0xed,0xfd,0x87,
0xff,0xef,0xf7,0xfc,0xd9,0xbe,0xf9,0xf1};
uchar leddaddr[] = {0x20,0x10,0x08,0x04,0x02,0x01};

//函数声明
void     delay1(uint x);        //延时
void     com_set();             //串口
```

```
void    send_char(uchar txd); //串口发送
void    RTInputByte(uchar);   /* 输入 1Byte */
uchar   RTOutputByte(void);   /* 输出 1Byte */
void    W1302(uchar, uchar);  //往 DS1302 写入数据
uchar   R1302(uchar);         //读取 DS1302 某地址的数据
void    Set1302(uchar *);     /* 设置时间 */
void    Bcd2asc(uchar,uchar *);
void    Get1302();            /* 读取 1302 当前时间 */

uchar time1[7];
uchar ucCurtime[7];

/*************************************************************************
函 数 名:delay1()
功    能:延时子程序
说    明:通过调整 x 的值可以改变延时长短
入口参数:x
返 回 值:无
*************************************************************************/
void delay1(uint x)
  {
  uchar tw;
  while (x-->0)
     {
     for (tw=0;tw<125;tw++){;}
     }
  }
/*******************************************************************
函 数 名:com_set()
功    能:串口初始化
说    明:初始化串口
入口参数:无
返 回 值:无
*************************************************************************/

  void com_set()
  {
   TMOD = 0x20;          // 定时器 1 工作于 8 位自动重载模式,用于产生波特率
   TH1 = 0xFD;           // 波特率 9 600 kbps
   TL1 = 0xFD;
```

```
    SCON = 0x50;            // 设定串行口工作方式
    PCON &= 0xef;           // 波特率不倍增

    TR1 = 1;                // 启动定时器 1
    IE = 0x0;               // 禁止任何中断
  }

/**********************************************************************
函 数 名:com_rec()
功    能:串口数据处理
说    明:数据处理
入口参数:无
返 回 值:无
**********************************************************************/

void com_rec()
  {
    uchar tmp;
    uchar newtime[7];
    uchar i;
    uchar *point1;
    point1 = &newtime;
    for(i = 0;i<7;i++)
    {
      if(RI)
      {     RI = 0;
            tmp = SBUF;
            newtime[i] = tmp;
            Set1302(point1);
      }
    }

    //Get1302();
  }

/**********************************************************************
函 数 名:send_char()
功    能:传送一个字符
说    明:串口通信
```

```
入口参数:无
返 回 值:无
*********************************************************************** /
void send_char(uchar txd)
{
    SBUF = txd;
    while(! TI);                    // 等特数据传送
    TI = 0;                         // 清除数据传送标志
}


/ ***********************************************************************
函 数 名:RTInputByte()
功    能:实时时钟写入一字节
说    明:往 DS1302 写入 1Byte 数据 (内部函数)
入口参数:d 写入的数据
返 回 值:无
*********************************************************************** /
void RTInputByte(uchar d)
{
    uchar i;
    ACC = d;
    for(i = 8; i>0; i - - )
    {
        T_IO = ACC0;                /* 相当于汇编中的 RRC */
        T_CLK = 1;
        T_CLK = 0;
        ACC = ACC >> 1;
    }
}
/ ***********************************************************************
函 数 名:RTOutputByte()
功    能:实时时钟读取一字节
说    明:从 DS1302 读取 1Byte 数据 (内部函数)
入口参数:无
返 回 值:ACC
*********************************************************************** /
uchar RTOutputByte(void)
{
    uchar i;
```

```
    for(i = 8; i>0; i - - )
    {
        ACC = ACC >> 1;                /* 相当于汇编中的 RRC */
        ACC7 = T_IO;
        T_CLK = 1;
        T_CLK = 0;
    }
    return(ACC);
}
/*************************************************************************
函 数 名:W1302()
功    能:往 DS1302 写入数据
说    明:先写地址,后写命令/数据(内部函数)
调    用:RTInputByte(), RTOutputByte()
入口参数:ucAddr,DS1302 地址。ucData,要写的数据
返 回 值:无
*************************************************************************/
void W1302(uchar ucAddr, uchar ucDa)
{
    T_RST = 0;
    T_CLK = 0;
    T_RST = 1;
    RTInputByte(ucAddr);               /* 地址,命令 */
    RTInputByte(ucDa);                 /* 写 1Byte 数据 */
    T_CLK = 1;
    T_RST = 0;
}
/*************************************************************************
函 数 名:R1302()
功    能:读取 DS1302 某地址的数据
说    明:先写地址,后读命令/数据(内部函数)
调    用:RTInputByte(), RTOutputByte()
入口参数:ucAddr,DS1302 地址
返 回 值:ucData,读取的数据
*************************************************************************/
uchar R1302(uchar ucAddr)
{
    uchar ucData;
    T_RST = 0;
    T_CLK = 0;
```

```
    T_RST = 1;
    RTInputByte(ucAddr);          /* 地址,命令 */
    ucData = RTOutputByte();      /* 读 1Byte 数据 */
    T_CLK = 1;
    T_RST = 0;
    return(ucData);
}
/*************************************************************************
函 数 名:BurstW1302T()
功    能:往 DS1302 写入时钟数据(多字节方式)
说    明:先写地址,后写命令/数据
调    用:RTInputByte()
入口参数:pWClock,时钟数据地址
格 式 为:     秒  分  时  日  月  星期  年  控制
8Byte (BCD 码): 1B  1B  1B  1B  1B  1B    1B  1B
返 回 值:无
*************************************************************************/
void BurstW1302T(uchar * pWClock)
{
    uchar i;
    W1302(0x8e,0x00);               /* 控制命令,WP = 0,写操作 */
    T_RST = 0;
    T_CLK = 0;
    T_RST = 1;
    RTInputByte(0xbe);              /* 0xbe:时钟多字节写命令 */
    for (i = 8; i>0; i--)           /* 8Byte = 7Byte 时钟数据 + 1Byte 控制 */
    {
        RTInputByte( * pWClock);    /* 写 1Byte 数据 */
        pWClock ++ ;
    }
    T_CLK = 1;
    T_RST = 0;
}
/*************************************************************************
函 数 名:BurstR1302T()
功    能:读取 DS1302 时钟数据
说    明:先写地址/命令,后读数据(时钟多字节方式)
调    用:RTInputByte() , RTOutputByte()
入口参数:pRClock,读取时钟数据地址
格 式 为:       秒  分  时  日  月  星期  年
```

```
7Byte (BCD 码)： 1B  1B  1B  1B  1B  1B    B
返 回 值:无
************************************************************************ /
void BurstR1302T(uchar * pRClock)
{
    uchar i;
    T_RST = 0;
    T_CLK = 0;
    T_RST = 1;
    RTInputByte(0xbf);              /* 0xbf:时钟多字节读命令 */
    for (i = 8; i>0; i--)
    {
       * pRClock = RTOutputByte(); /* 读 1Byte 数据 */
      pRClock++;
    }
    T_CLK = 1;
    T_RST = 0;
}
/ ************************************************************************
函 数 名:BurstW1302R()
功    能:往 DS1302 寄存器数写入数据(多字节方式)
说    明:先写地址,后写数据(寄存器多字节方式)
调    用:RTInputByte()
入口参数:pWReg,寄存器数据地址
返 回 值:无
************************************************************************ /
void BurstW1302R(uchar * pWReg)
{
    uchar i;
    W1302(0x8e,0x00);               /* 控制命令,WP = 0,写操作 */
    T_RST = 0;
    T_CLK = 0;
    T_RST = 1;
    RTInputByte(0xfe);              /* 0xbe:时钟多字节写命令 */
    for (i = 31; i>0; i--)          /* 31Byte 寄存器数据 */
    {
        RTInputByte( * pWReg);      /* 写 1Byte 数据 */
        pWReg++;
    }
    T_CLK = 1;
```

```
    T_RST = 0;
}
/**********************************************************************
函 数 名:BurstR1302R()
功     能:读取 DS1302 寄存器数据
说     明:先写地址,后读命令/数据(寄存器多字节方式)
调     用:RTInputByte() , RTOutputByte()
入口参数:pRReg,寄存器数据地址
返 回 值:无
**********************************************************************/
void BurstR1302R(uchar * pRReg)
{
    uchar i;
    T_RST = 0;
    T_CLK = 0;
    T_RST = 1;
    RTInputByte(0xff);                /* 0xff:时钟多字节读命令 */
    for (i = 31; i>0; i --)           /* 31Byte 寄存器数据 */
    {
        * pRReg = RTOutputByte();   /* 读 1Byte 数据 */
        pRReg ++ ;
    }
    T_CLK = 1;
  T_RST = 0;
}
/**********************************************************************
函 数 名:Set1302()
功     能:设置初始时间
说     明:先写地址,后读命令/数据(寄存器多字节方式)
调     用:W1302()
入口参数:pClock,设置时钟数据地址
格 式 为:      秒   分   时   日   月   星期   年
7Byte (BCD 码): 1B   1B   1B   1B   1B   1B     1B
返 回 值:无
**********************************************************************/
void Set1302(uchar * pClock)
{
    uchar i;
    uchar ucAddr = 0x80;
    W1302(0x8e,0x00);              /* 控制命令,WP = 0,写操作 */
```

```
    for(i =7; i>0; i --)
    {
        W1302(ucAddr, * pClock); /* 秒 分 时 日 月 星期 年 */
        pClock ++ ;
        ucAddr + =2;
    }
    W1302(0x8e,0x80);            /* 控制命令,WP=1,写保护 */
}
/*************************************************************************
函 数 名:Get1302()
功    能:读取 DS1302 当前时间
说    明:
调    用:R1302()
入口参数:ucCurtime,保存当前时间地址
当前时间格式为:      秒   分   时   日   月   星期   年
7Byte (BCD 码):      1B   1B   1B   1B   1B   1B     1B
返 回 值:无
*************************************************************************/
void Get1302()
{
    uchar i;
    uchar ucAddr = 0x81;
    for (i=0; i<7; i++)
    {
    {
        ucCurtime[i] = R1302(ucAddr);/*格式为:秒 分 时 日 月 星期 年 */
        ucAddr + = 2;

        //return ucCurtime[i];
    }
send_char(ucCurtime[i]);
P1 = ledaddr[0];
P2 = table[ucCurtime[0]&0x0f];
delay1(2);
P1 = ledaddr[1];
P2 = table[(ucCurtime[0]&0xf0) >> 4];
delay1(2);
P1 = ledaddr[2];
P2 = table[ucCurtime[1]&0x0f];
delay1(2);
```

```
P1 = ledaddr[3];
P2 = table[(ucCurtime[1]&0xf0) >> 4];
delay1(2);
P1 = ledaddr[4];
P2 = table[ucCurtime[2]&0x0f];
delay1(2);
P1 = ledaddr[5];
P2 = table[(ucCurtime[2]&0xf0) >> 4];
delay1(2);

}
}
/*/////////////////////////////////////////////////////////////////////////*/

main()
{

    uchar i;
    uchar tmp;
    uchar newtime[7];
    uchar ucCurtime[7];
    uchar *point;
    uchar w1[7] = {0x58,0x59,0x23,0x29,0x07,0x07,0x07};
    point = &w1;

    com_set();
    Set1302(point);

    while(1)
    {
    Get1302();
    }
}
```

附　　录

附表 1　AT89S51 指令速查表

低 高	0	1	2	3	4	5	6、7	8～F
0	NOP	* AJMP0	■LJMP addr16	RR A	INC A	▼INC direct	INC @Rj	INC Ri
1	■JBC bit,rel	* ACALL0	■LCALL addr16	RRC A	DECA	▼DEC direct	DEC @Ri	DRC Ri
2	■JB bit,rel	* AJMP1	▲RET	RLA	▼ADD A,# data	▼ADD A,# direct	ADD A,@Rj	ADD A,Ri
3	■JNB bit,rel	* ACALL1	▲RETI	RLC A	▼ADDC A,# data	▼ADDC A,# direct	ADDC A,@Rj	ADDC A,Ri
4	* JC rel	* AJMP2	▼ORL direct,A	■ORL direct,# data	▼ORL A,# data	▼ORL A,direct	ORL A,@Rj	ORL A,Ri
5	* JNC rel	* ACALL2	▼ANL direct,A	■ANL direct,# data	▼ANL A,# data	▼ANL A,direct	ANL A,@Rj	ANL A,Ri
6	* JZ rel	* AJMP3	▼XRL direct,A	■XRL direct,# data	▼XRL A,# data	▼XRL A,direct	XRL A,@Rj	XRL A,Ri
7	* JNZ rel	* ACALL3	* ORL c,bit	▲JMP @A+DPTR	▼MOV A,# data	■MOV direct,# data	▼MOV @Rj,# data	▼MOV Ri,# data
8	* SJMP rel	* AJMP 4	* ANL C,bit	▲MOVC A,@A+PC	DIV+ AB	■MOV direct,direct	* MOV direct,@Rj	* MOV direct,Ri
9	■MOVDRTR ,# data	* ACALL4	▼MOV bit,C	▲MOVC A,@A+DPTR	▼SUBB A,# data	▼SUBB A,direct	SUBB A,@Rj	SUBB A, Ri
A	* ORL C,/bit	* AJMP 5	▼MOV bit,C	▲INC DPTR	+MUL AB		* MOV @Rj,direct	* MOV Ri,direct
B	* ANL C,/bit	* ACALL5	▼CPL bit	CPL C	+DIV AB	■CJNE A,direct,rel	■CJNE @Rj, # data,rel	■CJNE Ri, # data,rel
C	* PUSH direct	* AJMP 6	▼CLR bit	CLR C	SWAPA	▼XCH A,direct	XCH A,@Rj	XCH A,Ri
D	* POP direct	* ACALL6	▼SETB bit	SETB C	DA A	■DJNZ direct,rel	XCHD A,@Rj	* DJNZ Ri,rel
E	▲MOVX A,@DPTR	* AJMP 7	▲MOVX A,@R0	▲MOVX A,@R1	CLR A	▼MOV A,direct	MOV A,@Rj	MOV A,Ri
F	▲MOVX @DRTR,A	* ACALL7	▲MOVX @R0,A	▲MOVX @R1,A	CPL A	▼MOV direct,A	MOV @Rj,A	MOV Ri,A

注:▲为单字节双周期指令。* 双字节双周期指令。■为三字节双周期指令。+为单字节 4 周期指令。▼为双字节单周期指令。其他均为单字节单周期指令。

附表2　AT89S51指令详表

指令名称	指令代码	字节数	机器周期
ACALL addr11	A10A9A810001A7A6A5A4A3A2A1A0	2	2
ADD A,Rn	28H～2FH	1	1
ADD A,direct	25H	2	1
ADD A,@Ri	26H～27H	1	1
ADD A,#data	24H	2	1
ADDC A,Rn	38H～3FH	1	1
ADDC A,direct	35H	2	1
ADDC A,@Ri	36H～37H	1	1
ADDC A,#data	34H	2	1
AJMP addr11	A10A9A800001A7A6A5A4A3A2A1A0	2	2
ANL A,Rn	58H～5FH	1	1
ANL A,direct	55H	2	1
ANL A,@Ri	56H～57H	1	1
ANL A,#data	54H	2	1
ANL direct,A	52H	2	1
ANL direct, #data	53H	3	2
ANL C,bit	82H	2	2
ANL C,/bit	B0H	2	2
CJNE A,dircet,rel	B5H	3	2
CJNE A,#data,rel	B4H	3	2
CJNE Rn,#data,rel	B8H～BFH	3	2
CJNE @Ri,#data,rel	B6H～B7H	3	2
CLR A	E4H	1	1
CLR C	C3H	1	1
CLR bit	C2H	2	1
CPL A	F4H	1	1
CPL C	B3H	1	1
CPL bit	B2H	2	1
DA A	D4H	1	1
DEC A	14H	1	1
DEC Rn	18H～1FH	1	1

续 表

指令名称	指令代码	字节数	机器周期
DEC direct	15H	2	1
DEC @Ri	16H～17H	1	1
DIV AB	84H	1	4
DJNZ Rn,rel	D8H～DFH	2	2
DJNZ direct,rel	D5H	3	2
INC A	04H	1	1
INC Rn	08H～0FH	1	1
INC direct	05H	2	1
INC @Ri	06H～07H	1	1
INC DPTR	A3H	1	2
JB bit,rel	20H	3	2
JBC bit,rel	10H	3	2
JC rel	40H	2	2
JMP @A+DPTR	72H	1	2
JNB bit,rel	30H	3	2
JNC rel	50H	2	2
JNZ rel	70H	2	2
JZ rel	60H	2	2
LCALL addr16	12H	3	2
LJMP addr16	02H	3	2
MOV A,Rn	E8H～EFH	1	1
MOV A,direct	E5H	2	1
MOV A,@Ri	E6H～E7H	1	1
MOV A,#data	74H	2	1
MOV Rn,A	F8H～FFH	1	1
MOV Rn,direct	A8H～AFH	2	2
MOV Rn,#data	78H～7FH	2	1
MOV direct,A	F5H	2	1
MOV direct,Rn	88H～8FH	2	2
MOV direct2,direct1	85H	3	2
MOV direct, @Ri	86H～87H	2	2

续 表

指令名称	指令代码	字节数	机器周期
MOV direct,#data	75H	3	2
MOV @Ri,A	F6H～F7H	1	1
MOV @Ri,direct	A6H～A7H	2	2
MOV @Ri,data	76H～77H	2	1
MOV C,bit	A2H	2	1
MOV bit,C	92H	2	2
MOV DPTR,#data16	90H	3	2
MOVC A,@A+DPTR	93H	1	2
MOVC A,@A+PC	83H	1	2
MOVX A,@Ri	E2H～E3H	1	2
MOVX A,@DPTR	E0H	1	2
MOVX @Ri,A	F2H～F3H	1	2
MOVX @DPTR,A	F0H	1	2
MUL AB	A4H	1	4
NOP	00H	1	1
ORL A,Rn	48H～4FH	1	1
ORL A,direct	45H	2	1
ORL A,@Ri	46H～47H	1	1
ORL A,#data	44H	2	1
ORL direct,A	42H	2	1
ORL direct,#data	43H	3	2
ORL C,bit	72H	2	2
ORL C,/bit	A0H	2	2
POP direct	D0H	2	2
PUSH direct	C0H	2	2
RET	22H	1	2
RETI	32H	1	2
RL A	23H	1	1
RLC A	33H	1	1
RR A	03H	1	1
RRC A	13H	1	1

续表

指令名称	指令代码	字节数	机器周期
SETB C	D3H	1	1
SETB bit	D2H	2	1
SJMP rel	80H	2	2
SUBB A,Rn	98H～9FH	1	1
SUBB A,direct	95H	2	1
SUBB A,@Ri	96H～97H	1	1
SUBB A,#data	94H	2	1
SWAP A	C4H	1	1
XCH A,Rn	C8H～CFH	1	1
XCH A,direct	C5H	2	1
XCH A,@Ri	C6H～C7H	1	1
XCHD A,@Ri	D6H～D7H	1	1
XRL A,Rn	68H～6FH	1	1
XRL A,direct	65H	2	1
XRL A,@Ri	66H～67H	1	1
XRL A,#data	64H	2	1
XRL direct,A	62H	2	1
XRL direct,#data	63H	3	2

参考文献

[1] 张淑清,等.单片微型计算机接口技术及其应用.北京:国防工业出版社,2001.

[2] 李朝青.单片机原理及接口技术.北京:北京航空航天大学出版社,2003.

[3] 孙育才,等.ATMEL新型AT89S52系列单片机原理及其应用.北京:清华大学出版社,2004.

[4] 何立民.MCS-51系列单片机应用系统设计.北京:北京航空航天大学出版社,1990.

[5] 马忠梅,等.单片机的C语言应用程序设计.北京:北京航空航天大学出版社,1998.

[6] 李华,等.MCS-51系列单片机实用接口技术.北京:北京航空航天大学出版社,2002.

[7] 李群芳,等.单片微型计算机与接口技术.北京:电子工业出版社,2001.

[8] 余锡存,等.单片机原理及接口技术.西安:西安电子科技大学出版社,1999.

[9] 徐安,等.单片机原理与应用.北京:北京希望电子出版社,2003.

[10] 扬恢先,等.单片机原理及应用.北京:国防科技大学出版社,2003.

[11] 王幸之,等.AT89系列单片机原理与接口技术.北京:北京航空航天大学出版社,2004.

[12] 林伸茂,等.8051单片机彻底研究经验篇.北京:人民邮电出版社,2004.

[13] ATMEL:8-bit Microcontroller with 8K Bytes in-System Programmable Flash,AT89S51, 2001.

[14] 周立功,等.增强型80C51单片机速成与实战.北京:北京航空航天大学出版社,2003.

[15] 李伯成.基于MCS-51单片机的嵌入式系统设计.北京:电子工业出版社,2004.

[16] Xicor:Xicor Application Note,Interfacing the X84041 to 8051 Microcontrollers,1996.

[17] Xicor:X84041 Micro Port Saver E^2PROM,1996.

[18] TEXAS Instruments: TLV5616C,TLV5616I 2.7 V to 5.5 V Low Power 12-Bit Digital-To-Analog Converters with Power down,1995.

[19] TEXAS Instruments:Microcontroller Based Data Acquistion Using report the TLC2543 12-Bit Serial-out ADC Application,1995.

[20] Dallas:Application Note 82 Using the Dallas Trickle Change Timekeeper,1996.

附图 1　学习板实物图

J14
12864
R18
9015
SP
C1
R13
2K
R14
20
R1
10K
LED2
LED3
LED4
LED5
LED6
AN1
AN2
AN3
AN4
30pF
30pF
J6
18B20
GND
VCC
R16
5K1
R15
5K1
OFF
SW
ON
R17
U8
U2
U3
J24
J23
32MHZ
C9
C5
C8
C7
C6
1uF
Q2
R4
R21
R22
2K
J20
J13
Q3
J3
J4
J22
J21
+5V
GND

附图 2　实践篇电路原理图

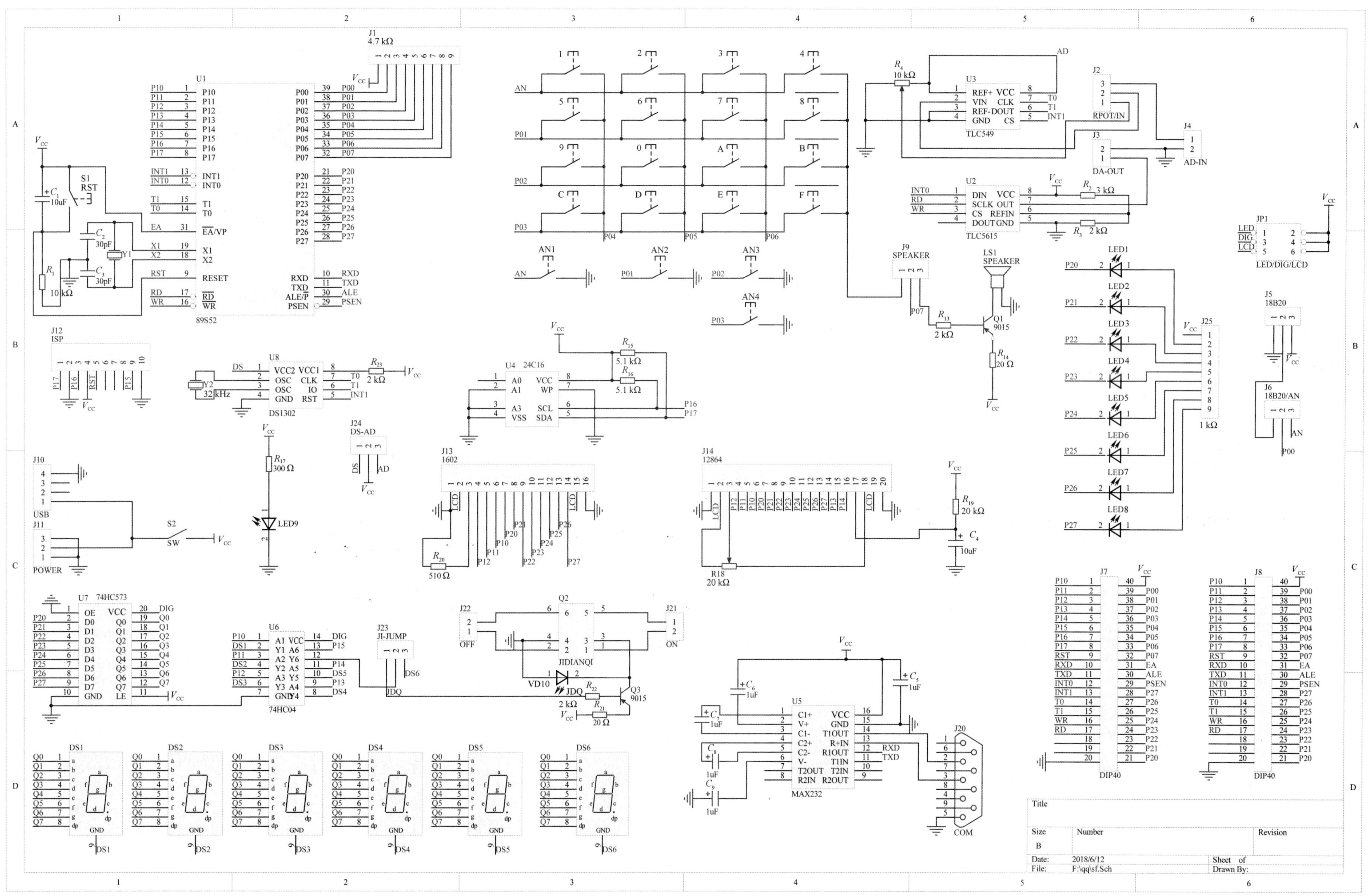